远源次生油气藏油气富集规律与地质评价技术

卫延召 李建忠 等著

石油工业出版社

内 容 提 要

本书在大量研究和勘探实践的基础上，明确和丰富了远源次生油气藏的定义及内涵；梳理了断裂垂向单一输导、断裂—不整合复合输导、断裂—毯砂阶状输导3种远源次生油气藏优势输导体系及特征，建立了6种远源次生油气藏成藏模式，总结了远源次生油气藏富集规律；研发、集成了以输导体系刻画技术、运聚模拟技术为核心的远源次生油气藏地质评价技术系列，并结合准噶尔盆地和柴达木盆地的勘探实践进行了应用。

本书适合从事油气勘探与评价的相关读者，特别是从事油气成藏理论研究、油气成藏模式、输导体系刻画等相关研究的读者阅读。

图书在版编目（CIP）数据

远源次生油气藏油气富集规律与地质评价技术 / 卫延召等著 . -- 北京：石油工业出版社，2024.12.
ISBN 978-7-5183-7134-1

Ⅰ . P618.13

中国国家版本馆 CIP 数据核字第 2024NW0995 号

出版发行：石油工业出版社
（北京安定门外安华里2区1号　100011）
网　　址：www.petropub.com
编辑部：（010）64523825　　图书营销中心：（010）64523633
经　　销：全国新华书店
印　　刷：北京九州迅驰传媒文化有限公司

2024年12月第1版　2024年12月第1次印刷
787毫米×1092毫米　开本：1/16　印张：12.75
字数：274千字

定价：100.00元
（如出现印装质量问题，我社图书营销中心负责调换）
版权所有，翻印必究

前 言 PREFACE

近年来，复杂的国际地缘政治格局强烈冲击国际能源市场，俄乌冲突以及中东地区的动荡等地缘政治因素，对全球油气供应链、油气价格产生重要影响，油气市场的不稳定性给我国能源安全带来重大挑战。2023 年，我国石油和天然气对外依存度分别达到 72% 和 42%，据预测，2030 年之前，我国油气对外依存度仍将保持较高的水平。因此，加大勘探开发力度，增储上产仍将是我国未来稳定油气供给、应对能源安全的重要方式。但是，随着国内油气勘探程度日益增大，油气勘探难度也越来越大，储量品质劣质化趋势明显，造成勘探、开发成本逐年升高。我国石油公司在大力推进增储上产，稳存量、促增量保障能源安全稳定供应的基础上，也致力于降低油气的勘探开发成本，实现效益开发。

中浅层油气藏（埋深小于 3500m）普遍具有源储分离、运移距离远、远源次生成藏等特点，具有埋藏浅、储量优、成本低、建产快、产能高等优势。据中国石油 2022 年相关数据统计，中国石油探区中浅层探明石油储量 $75 \times 10^8 t$，石油剩余资源量 $453 \times 10^8 t$，探明天然气储量 $8 \times 10^{12} m^3$，天然气剩余资源量 $32 \times 10^{12} m^3$，显然，中浅层油气藏对我国石油储量贡献巨大，对控制石油勘探开发成本上涨起到重要抑制作用。近年来，我国石油公司在中浅层油气藏勘探取得重要成果。中国海油在渤海湾盆地渤中坳陷石白坨凸起持续勘探，先后发现秦皇岛 33-1 南和秦皇岛 27-3 两个中浅层亿吨级大油田；中国石化在准噶尔盆地西北缘不整合带获得多个重要发现，新增石油探明与控制储量 $2.6 \times 10^8 t$，截至 2022 年，中国石化在渤海湾盆地济阳坳陷已探明原油地质储量约为 $50 \times 10^8 t$，中浅层常规油气待发现资源约 $10 \times 10^8 t$；2022 年，中国石油在渤海湾盆地保定凹陷东营组发现大型浅层低熟油藏，上交石油地质储量近亿吨。这些实例说明，中浅层油气藏勘探还具有较大勘探潜力，是油气增储上产的重要领域之一。

远源次生油气藏具有成藏复杂性及目标隐蔽性，勘探难度大。第一，源储分离，运移路径长。这类油藏石油运移路径在垂向上可达几百米到几千米，在侧向上可达几十千米到几百千米。例如，准噶尔盆地腹部陆梁油田，石油运移距离大于 50km；大庆油田长垣等地区的油田，石油运移距离为 20~30km。第二，输导体系复杂，输导体系由断层、运载层（主要为砂体）和不整合面等构成，它们之间的连通关系复杂。研究表明，只有位于优势输导通道上的圈闭才能成藏，如石南油气田，二叠系油源——

断层—毯状砂体—砂体顶面鼻凸带构成优势输导通道,探明石油储量 7576×10^4t,建产近 100×10^4t,而附近的石南33井由于砂体、断层与油源之间不能连通,未能成藏。第三,成藏过程复杂,叠合盆地多源多灶、多旋回改造,油气成藏普遍具有多期性和次生改造,油气成藏及富集规律认识难度比较大。因此,亟须开展远源次生油气藏输导体系、成藏模式、富集规律及配套地质评价技术的研究攻关,形成了一套远源次生油气藏成藏理论及地质评价技术体系,指导我国叠合盆地远源次生油气藏的高效开发。

鉴于远源次生油气藏高效勘探潜力及其输导体系、成藏模式等的客观复杂性,从2003年开始,在国家重大专项、中国石油重点科技攻关项目和油田生产支撑项目的支持下,笔者及其项目团队,以准噶尔盆地侏罗系—白垩系、柴达木盆地西部地区古近系等典型远源次生油气藏群为重点解剖区,持续开展了输导体系刻画、成藏要素配置关系分析、成藏模式建立、富集规律梳理及配套技术研发等攻关研究,形成了远源与次生高效油气藏群成藏理论认识及配套技术系列,有力地支撑了以准噶尔盆地侏罗系—白垩系、柴达木盆地古近系等为代表的中浅层高效油气藏勘探。本书的主要内容是笔者及其项目团队完成的多项科研成果的高度总结,同时,撰写过程中也参考了国内外同行公开出版或发布的大量研究成果,在此对他们致以诚挚的感谢。

本书共五章,第一章主要介绍远源次生油气藏的概念、地质特点及资源潜力,由李建忠、杨帆、杨春撰写;第二章主要介绍远源次生油气藏输导体系类型及特征,由李建忠、陈棡、田光荣、陈军、卫延召撰写;第三章主要介绍远源次生油气藏成藏模式与油气富集规律,由卫延召、李建忠、刘刚、陈棡、杨帆撰写;第四章主要介绍远源次生油气藏地质评价流程与关键技术,由卫延召、郭秋麟、龚德瑜、吴卫安、王瑞菊撰写;第五章主要介绍远源次生油气藏地质综合评价技术在准噶尔盆地腹部中浅层油气藏以及柴达木盆地阿尔金山前的应用实践,由陈棡、田光荣、卫延召撰写。全书由卫延召、李建忠统稿。

本书在撰写过程中得到了项目科研团队袁选俊、朱如凯、唐勇、曹正林、张志杰、成大伟、齐雪峰、卢山等的大力支持,同时也得到了中国石油科技管理部、中国石油新疆油田公司、中国石油青海油田公司等单位的帮助,在此对以上单位及个人表示衷心的感谢。

当前,国内外诸多学者对远源及次生油气藏进行了广泛的研究,但是不同学者对远源及次生油气藏概念的认识还不完全一致,同时兼顾远源及次生特点的油气藏类型及相关定义尚无统一标准。本书依据相关研究成果,对远源次生油气藏的定义及范围进行了限定,并结合准噶尔盆地和柴达木盆地的勘探实践,总结了油气富集成藏规律,提出了"六定一综"的地质评价技术序列。由于研究范围有限以及相关理论、技术仍在持续的发展中,本书所撰写内容难免有不足之处,敬请各位同行和专家提出宝贵意见。

目 录 CONTENTS

第一章　绪论 ·· 1

　第一节　远源次生油气藏对象界定 ·· 1

　第二节　远源次生油气藏地质特点 ·· 3

　第三节　我国远源次生油气藏资源潜力及有利区分布 ··· 7

　参考文献 ··· 9

第二章　远源次生油气藏输导体系类型及特征 ··· 10

　第一节　远源次生油气藏输导要素及特征 ·· 10

　第二节　远源次生油气藏主要输导体系类型 ·· 39

　参考文献 ··· 52

第三章　远源次生油气藏成藏模式与油气富集规律 ··· 55

　第一节　典型远源次生油气藏成藏模式 ·· 55

　第二节　远源次生油气藏成藏主控因素 ·· 68

　第三节　远源次生油气藏油气富集规律 ·· 80

　参考文献 ··· 89

第四章　远源次生油气藏地质评价流程与关键技术 ··· 91

　第一节　远源次生油气藏地质评价流程及方法 ··· 91

　第二节　远源次生油气藏输导要素描述与油气示踪技术 ····································· 96

　第三节　远源次生油气藏输导体系建模及运聚模拟技术 ····································· 138

　参考文献 ··· 154

第五章　远源次生油气藏地质综合评价技术应用实践 …………………… 159

第一节　准噶尔盆地腹部中浅层油气藏地质综合评价 ………………… 159

第二节　柴达木盆地阿尔金山前油气藏地质综合评价 ………………… 177

参考文献 ……………………………………………………………………… 195

第一章 绪 论

我国油气藏勘探实践表明，远源次生油气藏是一种重要的油气藏类型，广泛发育于各类盆地，在横向分布上，从盆地边缘到斜坡及盆地中心均有分布，如柴达木盆地阿尔金山前、祁连山前和昆仑山前带，准噶尔盆地腹部，渤海湾盆地黄骅、冀中、渤中等坳陷，在坳陷边缘、陡坡带、缓坡带和坳陷中心均有分布；在纵向分布上，在深、中、浅层均有分布，但高效优质资源主要分布于盆地的中浅层。近几年来，在我国渤海湾盆地新近系、松辽盆地黑帝庙油层、鄂尔多斯盆地侏罗系、准噶尔盆地腹部中浅层等领域勘探取得了重要的勘探发现。勘探研究表明，大多数远源次生油气藏具有埋藏浅、物性好、产能高、建产快、动用程度高的特点，属典型高效优质资源，是低成本高效益勘探开发的重要领域。因此，系统梳理远源次生油气藏的特点、油气成藏与富集规律，对有效指导远源次生油气藏的勘探实践活动具有十分重要的意义。

第一节 远源次生油气藏对象界定

国内外诸多学者对"远源"及"次生"油气藏进行了广泛的研究[1-2]，但是不同学者对"远源"及"次生"油气藏概念的认识还不完全一致，同时兼顾"远源"及"次生"特点的油气藏类型及相关定义尚无统一标准。不同学者依据不同油气勘探时期、不同研究对象的需要，提出了不同的界定标准，但是随着认识程度的提高，远源次生油气藏的概念与内涵在不断地丰富和完善。

一、远源油气藏概念

对于远源油气藏，有学者认为既可以指物源较远，也可以指油气运移距离远[3]，但是更多的学者倾向于用烃源岩与圈闭的空间跨度及油气运移距离来划分"近源"与"远源"油气藏[4]。典型的观点有：远源为纵向上位于烃源岩之外成藏；平面上位于烃源区之外成藏；源盖之间有大的、明显构造变动和沉积间断；远离烃源岩分布区，藏源常跨越大的（一、二级）构造单元；生、储相距远，具有"跨越式"成藏特征，须较长距离运移才成藏；"远源"油气藏为油气生成环境与成藏环境温压条件差异明显的油气藏[5]。

潘建国等[2]近年来进一步丰富了远源油气藏的内涵，认为"远源"与"近源"不仅指与烃源岩生烃中心距离的远近，而强调的是"源、输、圈"三者之间的时空耦合关系，指出近源油气藏是在某一含油气系统中，油气在近邻生烃中心的高效输导体系内聚集，且生烃期与成藏期相匹配的油气藏，相反，不满足上述条件的油气藏为远源油气藏。其将源外远源油气藏定义为在某一含油气系统内，远离生烃中心，在源输体系内的单次或多次远距离油气聚集，且成藏期滞后于大规模排烃期的油气藏。

综上所述，国内学者基本在远源上达成的共识是"圈闭与烃源岩的距离或者时空配置体现出远离的特征，与油气近源成藏存在明显差异"。但是并没有给出距离具体的定义，因此，本书根据国内外文献调研结果及项目研究意图，对远源油气藏研究对象进行了限定：垂向上源—藏跨越二级构造层、平面上位于（但不限于）烃源区之外、埋藏相对较浅、经过远距离运移形成的油气藏。

二、次生油气藏概念

次生油气藏的研究最早要追溯到 1963 年，Silverman 等最先讨论了油气运移路径的化学识别、油气圈闭以后垂向上再次运移相态的变化及再次油气聚集的类型。我国学者自 20 世纪 70 年代以来，对次生油气藏进行了广泛的研究，主要的观点有：原生油气藏被断层、地层不整合或其他地质因素破坏之后，一部分油气沿破坏通道运移出去，另一部分油气在原储层内新形成的新圈闭中重新聚集而形成的油气藏；次生油气藏主要指发育在与生油岩不同的储盖组合中，成藏后再分配的油气藏。叠合盆地次生油气藏指由次级断层调整，不整合输导层分配形成的油气藏；次生油气藏是为了区别原生油气藏而提出，因此把以原生油气藏当成油气母体，原生油气藏经过再次或多次运移聚集而形成的新的油气藏就称为次生油气藏。陶士振等[1]也认为次生油气藏是相对原生油气藏提出的，其概念为：已经形成的原生油气藏，由于后期地质作用调整或破坏，再次聚集到新的圈闭中形成的油气藏类型。王小军等[6]对油气再聚集过程进行了深化，认为次生油气藏是原生油气藏遭受破坏，沿断裂运移调整至上部层位成藏的。

本书中，次生油气藏指的是原生油气藏由于构造运动、断层、褶皱和刺穿等作用导致原始圈闭空间形态或产状发生变化或彻底遭受破坏后，再次聚集到新圈闭中形成的油气藏。

三、远源次生油气藏界定

远源油气藏与次生油气藏既可以是独立的概念，也可以具有共同的特征，形成远源次生油气藏。远源与次生的辩证关系是：远离烃源岩的油气藏未必是次生油气藏，离烃源岩再远，只要是直接由烃源岩生排烃长距离运移至圈闭聚集而形成的油气藏，依然是原生油气藏；同时，次生油气藏未必一定是远源，有些油藏即使离烃源岩不远，但是由先期形成的油气藏调整过来的，则应属次生油气藏。

目前，国内外学者对于远源次生成藏过程、成藏体系或成藏模式在一些文献中提及，但均没有给出相对明确、统一的定义。本书结合陶士振等[1]的观点"根据距离烃源岩或原生油气藏的远近，把次生油气藏定性分为近源型和远源型两类，其中相对于烃源岩或原生油气藏，横向上有明显较大位移、纵向上跨层分布相对较远的为远源型次生油气藏"

（图1-1-1），对本书所涉研究对象进行了限定，即垂向上源—藏跨越二级构造层、平面上位于（但不限于）烃源区之外、埋藏相对较浅、经过远距离运移或调整的成藏体系。本书的研究对象重点强调"源储分离、输导体系和成藏过程十分复杂，存在后期调整改造"的成藏体系，不细究次生调整及某单个油气藏。

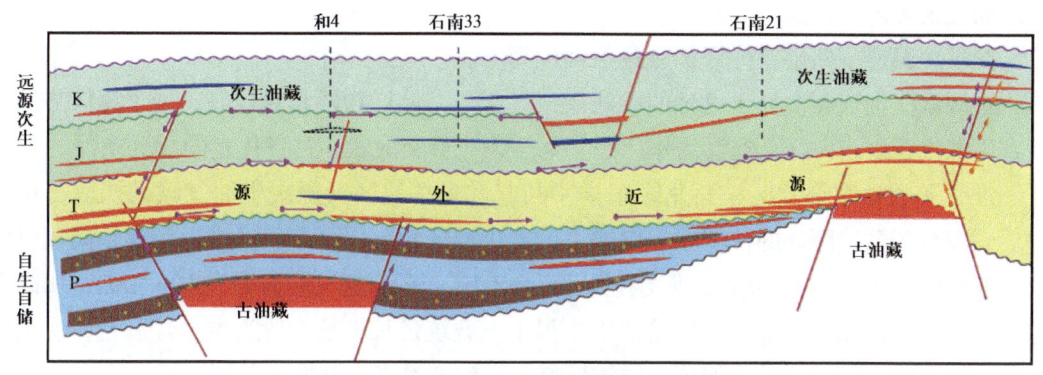

图1-1-1 远源次生油气藏成藏体系示意图

第二节 远源次生油气藏地质特点

我国油气藏勘探实践表明，远源次生油气藏具有相对埋藏浅、储量优、成本低和建产快的特点，在国际油价波动起伏的大背景下，加强此类油气藏的勘探开发无疑是降本增效的重要手段之一。但是远源次生油气藏具有成藏复杂性及目标的隐蔽性，勘探难度大，对其静态和动态特点分别进行梳理，有利于加强认识和深化理解。

一、远源次生油气藏静态特点

（1）源储分离，运移路径长，横向广泛分布，纵向多层叠合。

远源次生油气藏首要特点即源储分离，运移路径长。源储分离导致同一来源的油气成藏分布范围极广，在横向上从盆地边缘到中心均有广泛分布，如渤海湾盆地黄骅、渤中等坳陷，在坳陷边缘、陡坡带、缓坡带和坳陷中心均有该类型油气藏的分布，其资源规模受有效烃源灶控制，有利聚集区受盆地或坳陷中的局部低凸起控制。远源次生油气藏油气的运移路径在垂向上可达几百米到几千米，在侧向上可达几十千米到几百千米。例如，准噶尔盆地腹部陆梁油田，石油运移距离大于50km；大庆油田长垣等地区的油田，石油运移距离为20~30km。

远源次生油气藏经过远距离的运移、多种地质因素的改造影响，成藏组合较为复杂。纵向上表现为发育多套成藏组合、多构造层聚集、油气垂向运聚、多层叠置等特征，但勘探实践表明，高效优质资源主要分布于盆地中浅层。例如，准噶尔盆地腹部中浅层发育多个远源次生油气藏，垂向上至少发育5套储盖组合，包括$P—T_2$储层与T_3盖层、J_1b储层

与 J_1s 盖层、J_2—J_3 储层与 K_1 盖层、K_2—E_2 储层与 E_3 盖层、N_1 储层与 N_2 盖层。油气垂向运移特征明显，沙湾东—陆梁等 4 个北北东（NNE）向基底断裂带为油气优势运移通道，控制了 4 个油气富集"黄金带"，这些基底断裂与盖层断裂之间的耦合方式是制约多层系次生油气藏形成及含油气丰度差异的关键要素，盆缘断阶型与盆内反 Y 字形断层组合模式的油气聚集效率较高。

（2）埋藏浅，储层物性好，成藏条件优越。

远源次生油气藏多处于盆地的中浅层或高部位，储层物性相对较好，处于流体势低值区，为油气运聚指向区，在浮力作用下，易于发生聚集成藏，具备优越的成藏条件。

准噶尔盆地腹部地区、西北缘车排子凸起和阜东地区远源次生油气藏勘探取得重要进展，发育于盆地腹部的侏罗系—白垩系的次生油气藏跨层分布、纵横向运移距离相对较远，埋深以小于 3500m 为主，平均孔隙度为 17.7%，平均空气渗透率为 106.5mD，属高孔隙度、特高渗透储层。鄂尔多斯盆地中生界上三叠统延长组长 7 段为主力烃源岩，次生油气藏多分布于上部侏罗系，油藏储层物性好、试油产量高、开发效益好。

（3）输导体系与油源连通的模式多样化。

输导体系由断层、运载层（主要为砂体）和不整合面等构成，它们之间的连通关系复杂。不整合面控制有利储盖组合的发育，同时作为有利的输导通道，在垂向断层复合作用下，促使中浅构造层次生油气藏的形成。准噶尔盆地石南油气田，断层与砂体连通，构成有效输导体系，最终形成大油藏（探明石油储量 7576×10^4t，建产近 100×10^4t）；石南 33 井区，由于砂体、断层与油源之间不能连通，未能成藏。在川东北宣汉达县地区，相继发现了普光、大湾大型气藏及毛坝、清溪、双庙、老君等含气构造，形成了一个原生油气藏、次生油气藏并存的大型含气区，统称为普光气田。

二、远源次生油气藏动态特点

我国的沉积盆地大多数经历了多期构造运动的改造，尤其是中西部的叠合盆地，在加里东、海西—印支、燕山、喜马拉雅等多期构造运动的改造下，原多层次的油气系统经隆升、剥蚀，遭受了强烈的改造，并在后期的盆地叠加作用下发生重组与再造，油气经历了再分配与再聚集或散失的过程，多源灶生排烃导致多区带多期次成藏，最终导致我国的远源次生油气藏成藏过程十分复杂，形成了远源次生油气藏"多期充注，早期成藏晚期调整，成藏过程复杂"的动态特点。

受构造演化影响，准噶尔盆地腹部远源次生油气藏的形成和演化是一个多源充注、多期调整的复杂过程[7]。在古近纪末，在喜马拉雅构造运动作用下，准噶尔盆地发生从南向北的大规模掀斜，造成早期定型的古背斜变小，背斜构造高部位向北迁移。原来在古背斜聚集的油气沿着连通砂体、燕山—喜马拉雅期断裂、不整合面和白垩系底砾岩不断向北运移，除少部分残留油气外，大部分发生调整，并在古隆起以外的圈闭中重新成藏。从现今的构造图来看，早白垩世三工河组的陆梁、莫北—石西、莫索湾三大古背斜已解体，南翼变成继承性的低凸带，北翼变成单斜或反向低凸。早期形成的圈闭发生向北的翘倾，油气溢出点发生变化，少量残留的油气依旧聚集在继承性的低凸带内，向北溢出的油气则沿现今的鼻凸带向北调整（图1-2-1）。

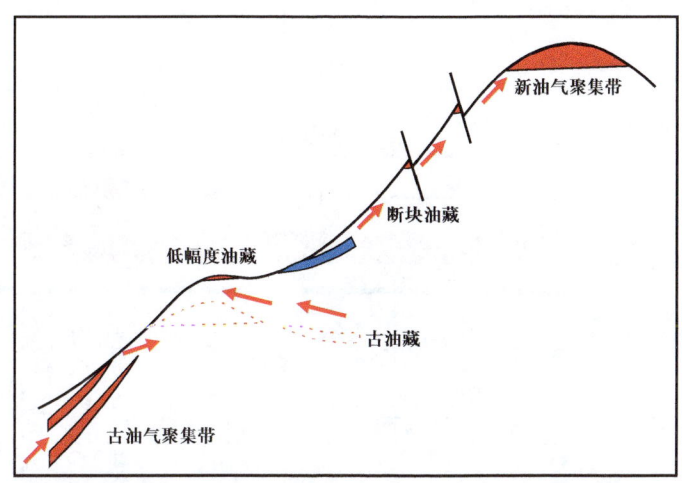

图1-2-1 准噶尔盆地远源次生油气藏动态成藏示意图

地球化学实验研究表明，准噶尔盆地侏罗系八道湾组（J_1b）油气分析检测出25-降藿烷，指示下侏罗统油气被降解，并且正构烷烃序列完整，指示白垩纪油气充注并保存；而上部白垩系清水河组（K_1q）油气分析检测出25-降藿烷，指示白垩纪油气被降解，并且正构烷烃序列完整，指示调整期油气再充注并保存。典型井盆参2井油气地球化学特征分析结果（图1-2-2）表明，油藏主要经历了两期充注和两期降解过程：第一期充注主要发生在早—中侏罗世，风城组和乌尔禾组烃源岩生成的原油先后进入生烃高峰，此时侏罗系储层埋深浅，大部分原油遭受降解破坏；第二期充注主要发生在白垩纪，风城组和乌尔禾组烃源岩生成的原油先后进入生烃高峰，此时侏罗系储层中既有来自风城组烃源岩，也有来自乌尔禾组烃源岩的贡献。而白垩系储层埋深较浅，只有后期乌尔禾组生成的油气才能在埋深相对较大的清水河组得到较好的保存。

勘探实践表明，我国柴达木盆地和塔里木盆地的远源次生油气藏也具有"多期充注，早期成藏晚期调整，成藏过程复杂"的特点。

柴达木盆地阿尔金山前带东坪地区气藏具有持续充注、多期成藏的特征，主要烃源岩侏罗系煤系地层经历多期构造—埋藏，发生多期生烃演化，早期形成的含油气系统在经历了燕山早期伸展断陷、喜马拉雅早期的拉分断陷和喜马拉雅中晚期的坳陷三大构造运动后，形成了如今整体南倾的构造斜坡特征。喜马拉雅早期的拉分断陷阶段在断裂的控制下初步形成了古斜坡雏形；喜马拉雅中晚期挤压反转—上干柴沟组—下油砂山组形成的古隆起最终形成了现今的构造形态[8]。包裹体测温研究表明，在构造运动的作用下，东坪地区气藏经历了渐新世早期、渐新世中晚期、中新世早中期、中新世中晚期和上新世至全新世5个成藏期。

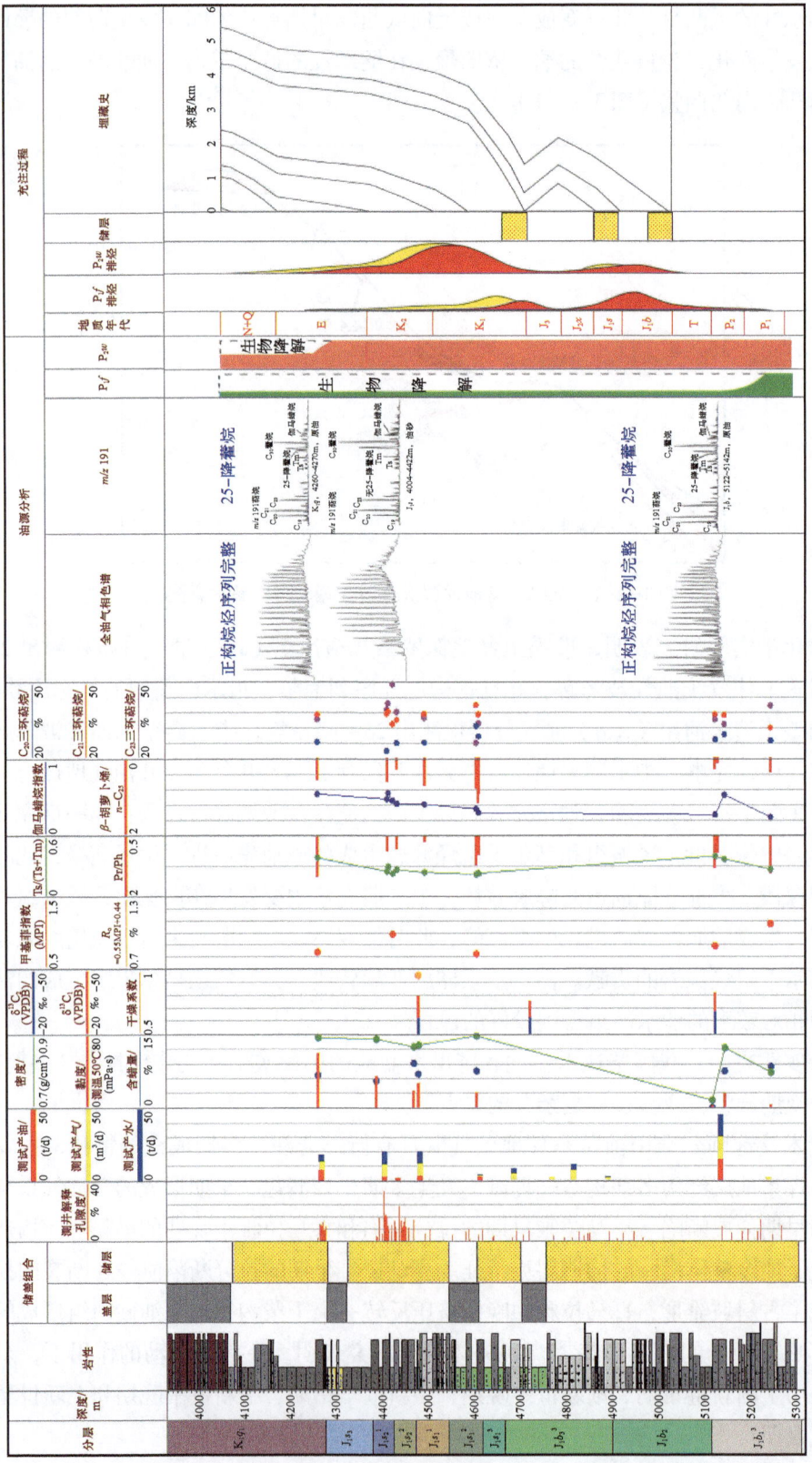

图 1-2-2 准噶尔盆地盆参 2 井地球化学剖面及油气成藏综合柱状图

塔里木盆地库车坳陷南部斜坡带中生界—新生界油气成藏呈现出持续供烃、早油晚气、分段捕获、晚期成藏的特征。从成藏定型期来看，自新近纪库车组沉积晚期（3.0～1.8Ma）以来，受喜马拉雅运动晚期构造活动的影响，库车坳陷南部斜坡带油气藏发生调整改造。一方面，早期聚集的正常密度原油经气洗，轻组分向上运移、聚集成现今普遍分布的古近系凝析气藏；另一方面，受秋里塔格构造带隆升的影响，拜城凹陷侏罗系烃源岩晚期生成的高成熟天然气并没有完全运移至库车坳陷南部斜坡带，导致研究区未完全捕获侏罗系高成熟—过成熟烃源岩生成的天然气，但总体上具有晚期成藏的特点[9]。

第三节　我国远源次生油气藏资源潜力及有利区分布

我国含油气盆地多为不同地质演化阶段原型盆地经过叠合改造形成，类型多样，通常发育多套成藏组合，具有多构造层聚集的特征。远源次生油气藏经过长距离的运移，经过多期充注、多次调整，主要分布在叠合盆地的中浅层，而埋藏浅、储层物性好、成藏条件优越等因素，促使远源次生油气藏具有建产快、周期短、产能高的特点，因此远源次生油气藏是一种资源规模大、勘探前景好、可高效开发的油气藏。

我国远源次生油气藏分布广泛，资源规模巨大。例如，准噶尔盆地腹部地区通过古构造恢复确定不同成藏期的背斜范围，依据探明油藏的储量参数，计算侏罗系莫索湾、石西和滴西3个古油藏储量达$28.03×10^8$t，古油藏按40%运移再聚集，可形成$11.20×10^8$t储量规模的次生油藏区[10]。2000年，发现陆梁亿吨级油田，陆9井试获日产20.8t工业油流，其中呼图壁河组探明储量$5170.33×10^4$t；石南31井区SN8025井投产后，获日产31.8t高产工业油流，石油探明储量为$8063.6×10^4$t，天然气探明储量为$103.1×10^8m^3$（表1-3-1）。在塔里木盆地塔中地区，经过多轮次构造旋回调整，形成塔中低凸起次生油气藏，据第3轮资源评价结果，该地区油气资源量为$13.24×10^8$t油当量，其中石油$9.47×10^8$t，天然气$0.47×10^{12}m^3$，勘探潜力巨大[11]。柴达木盆地近年发现的英东油田、昆北断阶带油田和东坪气田等皆为典型远源次生油气田，其中英东油田储量丰度达$0.1×10^8t/km^2$，获探明和控制储量$1.23×10^8$t，2014—2019年通过勘探开发统一部署，5年累计建产$55×10^4$t，创造了青海油田勘探周期短、建产速度快、效益评价好、方案符合高的新区建产典范，英东油田是柴达木盆地单个油藏储量规模最大、物性最好、开发效益最佳的整装油气田[12]。松辽盆地在长岭凹陷周边发现了4个次生油气成藏带，即新立—塔虎城构造—岩性成藏带、大安—红岗构造—岩性成藏带、乾安断层—岩性成藏带、大情字井岩性成藏带，估算具备$2×10^8$t级资源潜力，已提交石油三级储量$6000×10^4$t[13]。此外，在鄂尔多斯盆地、四川盆地、渤海湾盆地等均有重大的远源次生油气藏勘探发现，展示出我国主要含油气盆地中浅层良好的勘探潜力。

我国陆上主要含油气盆地远源次生油藏的有利区同样广泛分布[1]。国内油气藏勘探实践表明，准噶尔盆地远源次生油藏有利区主要分布在玛湖斜坡区三叠系—侏罗系（T—J）、腹部中浅层侏罗系—白垩系（J—K）、阜东斜坡区侏罗系（J）、红车断裂带古近系—新近

表 1-3-1　中国重点盆地远源次生油气藏地质特征参数统计

盆地	区带/油田	烃源岩（主要油气来源）	储层	油气运移距离	孔隙度/%	渗透率/mD	试油气日产量/探明储量
准噶尔盆地	莫索湾地区/永进油田	盆1井西凹陷中二叠统下乌尔禾组经源岩，少量来自下侏罗组八道湾组经源岩，主要经源岩埋深 6000~8500m	白垩系清水河组、侏罗系头屯河组、西山窑组、三工河组，西山窑组油藏埋深 5600~6400m	垂向运移距离超过2km，横向运移 5~20km	4~12 (7.69)	0.01~3 (0.64)	永1井侏罗系西山窑组获日产油72.07t，日产气10562m³；永平1井获日产油61.8t，日产气19795m³
准噶尔盆地	陆梁隆起/陆梁油田	盆1井西凹陷下乌尔禾组和风城组经源岩，埋藏深度 6000~8500m	白垩系呼图壁河组和侏罗系西山窑组、头屯河组，主力含油层段为呼图壁河组二段，油藏埋深 1000~3000m	垂向运移 3~4km，横向运移距离大于50km	(26.4)	(164.8)	2000年，陆9井试获日产20.8t工业油流；陆梁油田呼图壁河组探明储量为 5170.33×10⁴t
准噶尔盆地	石南地区/石南油气田	盆1井西凹陷下乌尔禾组和风城组经源岩，埋藏深度 6000~8500m	白垩系清水河组、侏罗系头屯河组、西山窑组和三工河组等，油藏埋深 2000~3000m	垂向运移 3~4km，横向运移 30~50km	11.7~19.6 (14.62)	0.31~4440 (10.82)	石南31井获日产31.8t高产工业油流，石油探明储量为8063.6×10⁴t，天然气探明储量为 103.1×10⁸m³
柴达木盆地	柴达木盆地北缘冷湖构造带、祁连山前带	伊北凹陷，昆特依回陷下侏罗统经源岩，埋藏深度 3000~10000m	基岩以及侏罗系、古近系—新近系储层，油藏埋深 813~1188m	垂向运移 1~5km，横向运移 4~40km	10.2~32.8 (21.4)	1.1~1501.0 (210)	柴达木盆地北缘天然气总资源量为3700.11×10⁸m³，剩余地质资源量 3612.19×10⁸m³
柴达木盆地	阿尔金山前带	坪西、坪东、昆特依回陷下侏罗统经源岩，埋藏深度 800~6000m	基岩以及侏罗系、古近系—新近系储层，油藏埋深 800~6000m	垂向运移 1~3km，横向运移 5~30km	10.2~32.8 (21.4)	1.1~1501.0 (210)	东坪1井，在花岗片麻岩中获日产气 11.2×10⁴m³，2013年底探明了东坪气田，基岩探明天然气地质储量 456.85×10⁸m³
塔里木盆地	库车南斜坡	三叠系沙河街组，埋藏深度 5000~8000m	储层为白垩系—古近系，油藏埋深 2000~4000m	垂向运移 2~5km，横向运移 5~70km	3.7~22.3 (30.5)	0.11~163.0 (754.9)	
松辽盆地	龙虎泡、红岗、扶新隆起带	古近系沙河街组、白垩系青山口组、嫩江组	白垩系储层，油藏埋深 200~1100m		20.0~35.0	35.0~965.0	

注：孔隙度和渗透率括号内数据为平均值。

系（E—N）等；塔里木盆地远源次生油气藏有利区分布在塔北隆起的玉东、提尔根等区带的白垩系—古近系（K—E），塔东英吉苏凹陷英南2区的侏罗系（J）、满东1区志留系（S）；柴达木盆地远源次生油气藏有利区分布在柴达木盆地北缘侏罗系（J），昆北断阶带的基岩地层和古近系（基岩+E），柴达木盆地西英雄岭构造带、扎哈泉斜坡带和柴达木盆地西北构造带的基岩地层、古近系和新近系（基岩+E+N）等。此外，四川盆地川西坳陷侏罗系（J），鄂尔多斯盆地伊陕斜坡侏罗系（J），渤海湾盆地张东、北大港、海月等地区新近系馆陶组和明化镇组（Ng+Nm），松辽盆地龙虎泡阶地、齐家—古龙凹陷、大庆长垣、红岗阶地、长岭凹陷、扶新隆起带、西斜坡、滨北等地区的白垩系（K）等均是远源次生油气的有利聚集区。

综上所述，我国主要含油气盆地经历多期构造旋回，油气运聚成藏特征复杂，远源次生油气藏分布广泛，资源规模大，勘探前景好，有利区分布广泛且主要位于中浅层，可实现高效开发。因此，加强远源次生油气藏成藏规律及地质评价技术的深入研究，对于我国油气增储上产、效益开发具有重要意义。

参 考 文 献

[1] 陶士振，李建忠，柳少波，等.远源/次生油气藏形成与分布的研究进展和展望[J].中国矿业大学学报，2017，46（4）：699-714.

[2] 潘建国，黄林军，王国栋，等.源外远源油气藏的内涵和特征——以准噶尔盆地盆1井西富烃凹陷为例[J].天然气地球科学，2019，30（3）：312-321.

[3] 徐冠华，石好果，任新成，等.盆1井西凹陷斜坡带三工河组成藏条件及油气富集规律[J].科学技术与工程，2015，15（17）：23-28，60.

[4] 刘卫民，陶柯宇，高秀伟，等.含油气盆地远距离成藏模式与主控因素[J].地质论评，2015，61（3）：621-633.

[5] 朱传真.准噶尔盆地远源岩性油气藏成藏机制与模式[D].青岛：山东科技大学，2018.

[6] 王小军，宋永，郑孟林，等.准噶尔盆地复合含油气系统与复式聚集成藏[J].中国石油勘探，2021，26（4）：29-43.

[7] 麻伟娇，卫延召，李霞，等.准噶尔盆地腹部中浅层远源次生油气藏成藏过程及主控因素[J].北京大学学报（自然科学版），2018，54（6）：1195-1204.

[8] 田光荣，白亚东，裴明利，等.柴达木盆地阿尔金山前东段输导体系及其控藏作用[J].天然气地球科学，2020，31（3）：348-357.

[9] 刘春，陈世加，赵继龙，等.远源油气成藏条件与富集主控因素——以库车坳陷南部斜坡带中生界—新生界油气藏为例[J].石油学报，2021，42（3）：307-318.

[10] 王京红，杨帆.车莫古隆起对古油藏及油气调整控制作用[J].西南石油大学学报（自然科学版），2012，34（1）：49-58.

[11] 庞宏，庞雄奇，石秀平，等.调整改造作用对塔中油气藏的影响[J].西南石油大学学报（自然科学版），2010，32（1）：33-39.

[12] 马达德，陈琰，夏晓敏，等.英东油田成藏条件及勘探开发关键技术[J].石油学报，2019，40（1）：115-130.

[13] 赵文智，胡素云，刘伟，等.论叠合含油气盆地多勘探"黄金带"及其意义[J].石油勘探与开发，2015，42（1）：1-12.

第二章　远源次生油气藏输导体系类型及特征

输导体系是沟通含油气盆地油气由生烃源灶向圈闭运聚的桥梁。输导体系的精细刻画可以明确油气运聚的优势通道，同时有利于"顺藤摸瓜"寻找油气藏。针对远源次生油气藏源储分离、油气运聚的特点，输导体系的刻画及输导要素配置关系分析对于指明勘探方向、提高钻探成功率具有重大意义。大量研究及勘探实践表明，各类输导要素可以单独作为油气输导体系存在，又可由多个输导要素相互交切、相互作用，形成复合输导体系。目前，国内外针对输导体系的研究主要集中在输导体系的静态刻画、成因机制及演化过程、流体在输导体系内的运移方式及驱动机制、输导体系控藏作用等方面。针对单一输导要素的刻画研究已经较为成熟深入，但对于多个输导要素构成的复合输导体系研究较少，尤其是在输导体系中各要素空间组合关系、时空配置关系及控藏作用还有待系统探讨。

第一节　远源次生油气藏输导要素及特征

输导体系是指三维地质体内由地层渗透率、断层、不整合面等所构成的油气输导网络，是连接烃源岩与圈闭之间的桥梁与纽带[1]。输导体系由单个或多个输导要素组合而成，远源次生油气藏的输导体系包括断层、不整合面和砂体三种输导要素，按照油气运聚的方向，可分为垂向输导要素和侧向输导要素。垂向输导要素主要指含油气系统中的一期或多期断裂；侧向输导要素包含不整合面、砂岩输导层等。

一、断层垂向输导

1.断层垂向输导类型

断层是构造运动使地层发生破裂并沿破裂面有明显相对位移的构造现象，断层往往是发育一定宽度的断裂带。关于断层类别的划分，前人提出了众多分类方案，包括：（1）按照力学性质划分，分为挤压逆断层、拉张正断层、走滑断层、拉张—走滑断层、挤压—走滑断层5类[2]；（2）按照断裂的成因机制、受力方式和分布特征分为3种、6类断裂体系[3]，分别是盆缘断裂系统、盆内基底断裂系统和盆内盖层断裂系统，对应盆缘断裂系统有山前冲断断裂体系和山前压扭断裂体系，对应盆内基底断裂系统有隐伏走滑断裂体系和盖层走滑断裂体系，对应盆内盖层断裂系统有挤压滑脱断裂体系和浅层伸展断裂体系；

（3）按照断裂在成藏中的作用，可划分为深部油源断裂和浅部油藏断裂[4-5]。深部油源断裂包括大型走滑断裂（深大断裂）和深部逆冲断裂、压扭断裂等，这种断裂沟通深部烃源岩，为其生成的油气提供垂向运移通道；浅部油藏断裂主要用于垂向调整油气分配，为油气调整成藏提供遮挡条件。

断裂是远源次生油气藏重要的输导要素，对油气的垂向运移起到了关键作用，本书主要采用深部油源断裂和浅部油藏断裂的分类方式进行分析探讨。

1）深部油源断裂

油源断裂在我国西部叠合盆地较为常见，塔里木盆地鹿场区块、顺北区块、四川盆地川中地区均发育大型高陡型通源断裂[6-8]。深部油源断裂的主要类型之一是走滑断裂，与普通的正、逆断裂相同，走滑断裂不是一个常规认识的"面"，而是一个具有长、宽、高的不规则三维板状地质体[9]。断裂的规模越大、断距越大，断裂带的宽度也越大。走滑断裂是沉积盆地中特殊且力学机制复杂的构造形迹，走滑断裂及其破碎带本身是重要的储油气空间，同时走滑断裂常常沟通深部流体，是油气运聚的输导体系，对储层的形成与油气的分布具有重要的控制作用[9]。完整的走滑断裂带由断层核（破碎带或断层岩）及其两侧的诱导裂缝带组成二元结构[10-12]，多数学者认为，诱导裂缝带相较断层核是油气垂向运移的更优通道[13]。走滑断裂内部不同单元具有不同的裂缝发育特征和渗透性，受走滑断裂的成因类型、断盘类型和断裂活动性制约，同等情况下，张扭性断裂的纵向输导性总体要好于纯扭性断裂和压扭性断裂，主动盘要好于被动盘，活动时期的走滑断裂的输导性要总体好于静止时期。张扭走滑断裂在活动期其断层核的输导能力最强，其次是滑动破碎带，最后是诱导裂缝带。

2）浅部油藏断裂

浅部油藏断裂，如叠合盆地的浅层上组合中的正断层和逆断层等，正断层在不同构造部位发育广泛，平面上可呈平行式、雁列式展布，其往往沟通深部逆冲断层或压扭性断裂，形成台阶状油气运移通道。浅层断裂形成时间晚，构造背景相对简单，平面上单条规模较小，其切穿地层相比油源断裂的规模小，断距发育规模各异，既有断距较小的低序级断层，也发育一些断距较大的断裂。

准噶尔盆地腹部地区断裂的发育演化特征，很好地展示了深部油源断裂及浅部油藏断裂的特点。勘探实践表明，准噶尔盆地腹部地区断裂体系分布在三套构造层，分别为二叠系—三叠系构造层、侏罗系—白垩系构造层、白垩系—古近系构造层。其中，二叠系—三叠系构造层、侏罗系—白垩系构造层主要发育北东向断裂［图2-1-1（a）］，浅层断裂以近东西向或北西—南东向断裂为主［图2-1-1（b）］。深部油源断裂具有压扭性断裂特征，平面上总体呈雁列式展布，剖面上呈花状构造样式。浅部油藏断裂以正断层和逆断层为主，平面上主要呈平行式、雁列式展布［图2-1-1（b）］，剖面上与深部油源断裂连接。

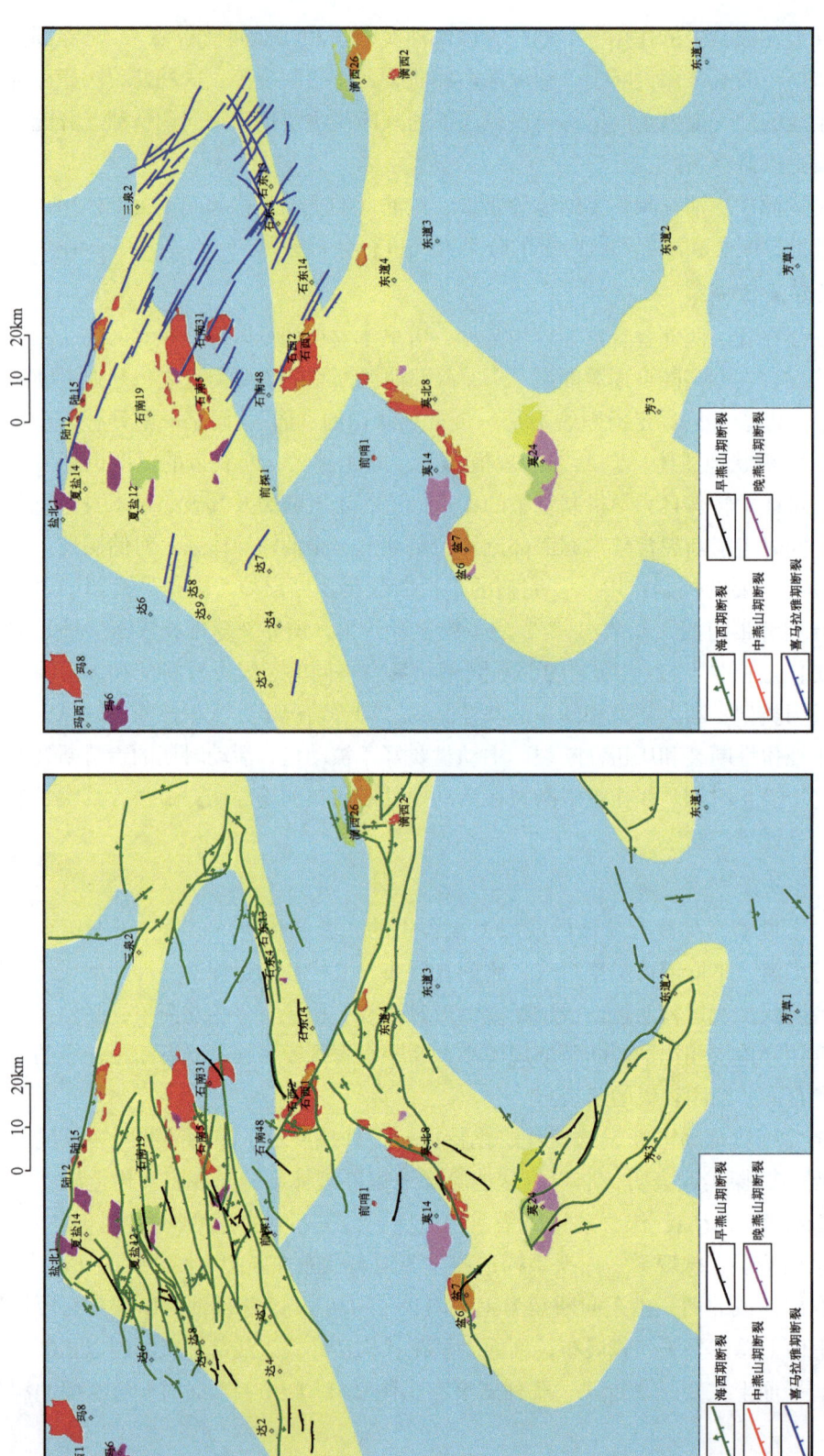

图 2-1-1 准噶尔盆地腹部二叠系—三叠系构造层及白垩系—古近系构造断裂体系平面图

通过对准噶尔盆地腹部断裂体系垂向分布特征及形成演化过程的研究，认为深部油源断裂主要发育于海西期和印支期，浅部油藏断裂主要发育于燕山期和喜马拉雅期（图 2-1-2），四期断裂在空间上相互叠置，其形成背景和主要特征也不相同。

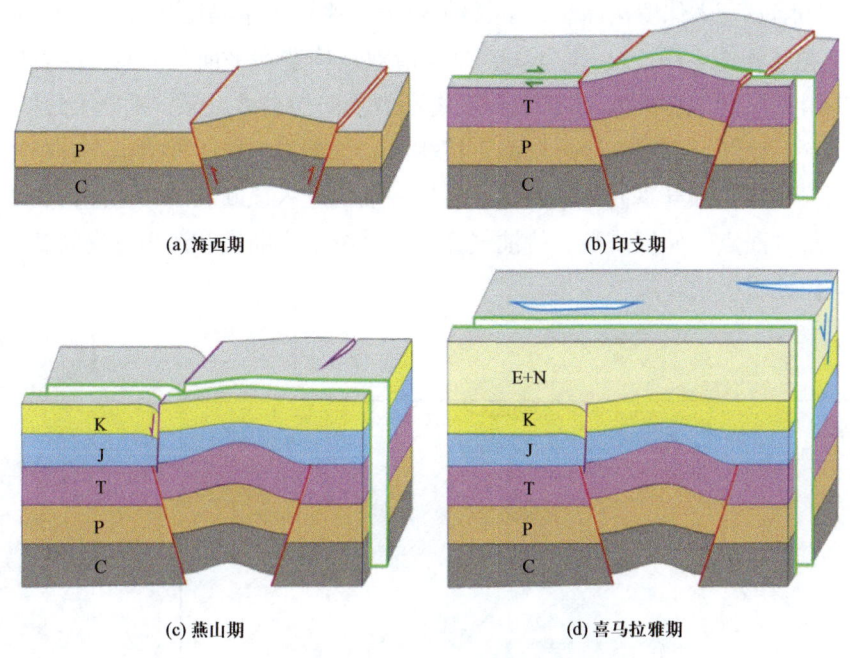

图 2-1-2　准噶尔盆地腹部地区断裂系统演化模式图

海西期发育深部油源断裂，断裂以逆断层为主，整体呈北东向展布，主要沿二叠系深部构造两翼发育，由西南向北东方向收敛，平面延伸距离较大，垂向上从三叠系底部断至石炭系。结合前人研究成果，晚二叠至早三叠世天山造山带与阿尔泰造山带右旋走滑作用，腹部地区受其影响，发生北西—南东向构造挤压而形成了海西期北东向逆断层（图 2-1-3）。

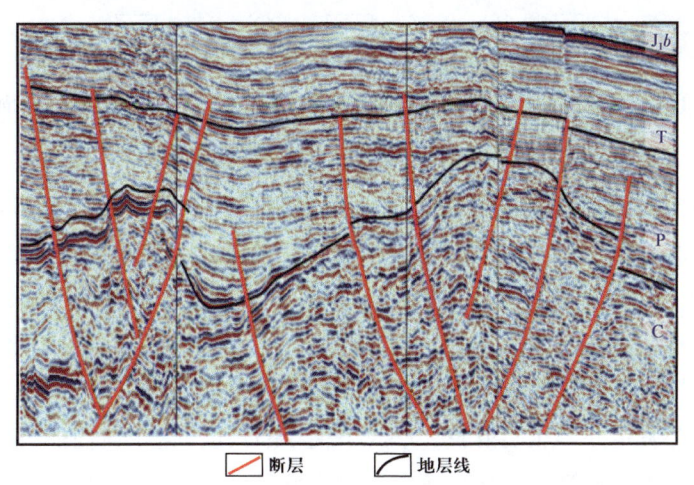

图 2-1-3　准噶尔盆地腹部海西期深部断裂剖面图

印支期腹部地区整体构造相对稳定，断裂发育程度较低。但在陆西达10—石南13井区一带则发育一组近东西向的右行走滑断裂［图2-1-4（a）］，平面上走向延伸距离长，分布稳定，垂向上断距较小，断层面平直，断层自白垩系向下断至二叠系。此外，在准噶尔盆地玛湖凹陷发育大侏罗沟断裂，全长约80km，平面上呈马尾状组合［图2-1-4(a)］，剖面上呈正花状构造［图2-1-4（b）］，是走滑双重构造在平面与剖面上的表现形式，属于典型的走滑断层的组合形式[14]。大侏罗沟断裂垂向切割地层深，垂向上延伸至石炭系，断层横向切穿西北缘，与玛湖生烃凹陷直接相连，该断裂形成时期恰是二叠系主力烃源岩的生排烃期，构成了油气垂向运移的良好通道，油气进入该断裂后，在浮力和压差作用下优先沿断裂带"甜点"储层成藏，待油气充满后继续沿主断裂和诸多分支断裂运移，在垂向上形成立体成藏模式。

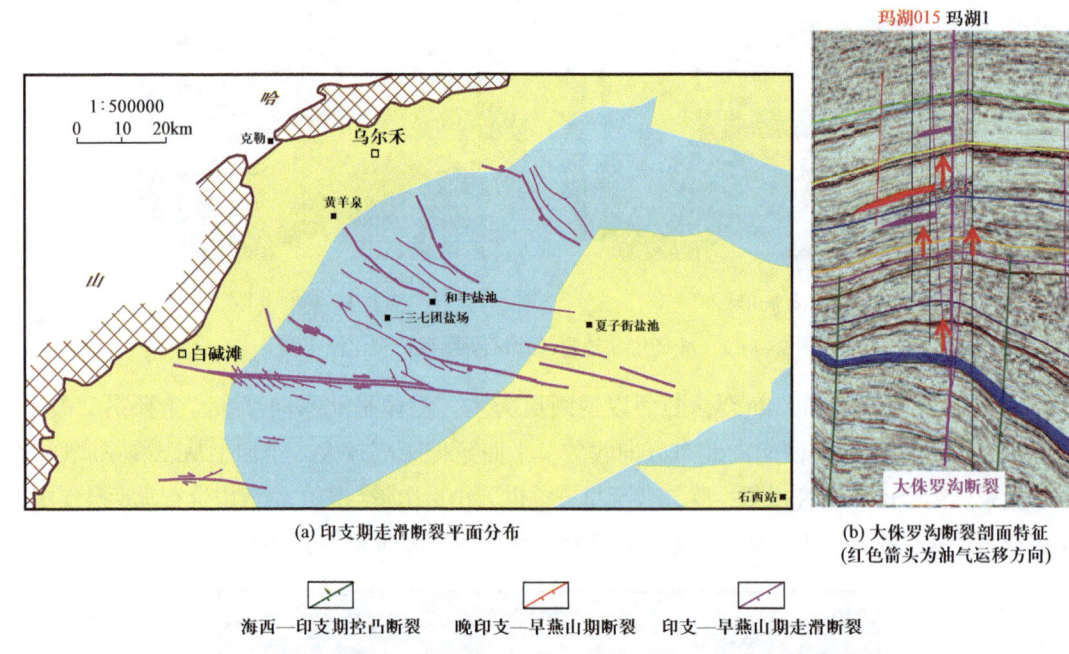

(a) 印支期走滑断裂平面分布　　(b) 大侏罗沟断裂剖面特征
　　　　　　　　　　　　　　　　（红色箭头为油气运移方向）

图2-1-4　玛湖—陆西地区印支期走滑断裂平面分布及大侏罗沟断裂剖面特征

燕山期和喜马拉雅期主要发育浅层断裂，与深层断裂衔接，对油气的纵向输导和调整具有重要控制作用。燕山期断裂以北东向正断层为主，平面上与海西期断裂重合，剖面上发育于海西期断裂之上，自白垩系向下断至三叠系底部。从两者的空间展布关系可以看出，燕山期断裂的发育与先存海西期构造密切相关（图2-1-5）。准噶尔盆地腹部地区在侏罗系—白垩系整体处于外压内张的弱伸展环境，下伏地层受到来自西北缘的侧向挤压发生局部隆升。在深部发育正向构造的侏罗系、白垩系在隆升过程中，形成了一个垂向应力松弛区，导致地层发生差异压实滑脱，形成了现今高角度的燕山期正断裂（图2-1-5）。

早燕山断裂向上主要断至下侏罗统，中燕山断裂向上主要断至中侏罗统，晚燕山断裂向上主要断至白垩系清水河组（图2-1-9）。作为垂向接力输导通道，燕山期断裂控制了油气垂向运移的终点,因而三幕断裂也控制了油气的主要富集层位,三幕断裂在平面上具有自南向北依次发育的特点(图 2-1-6)。

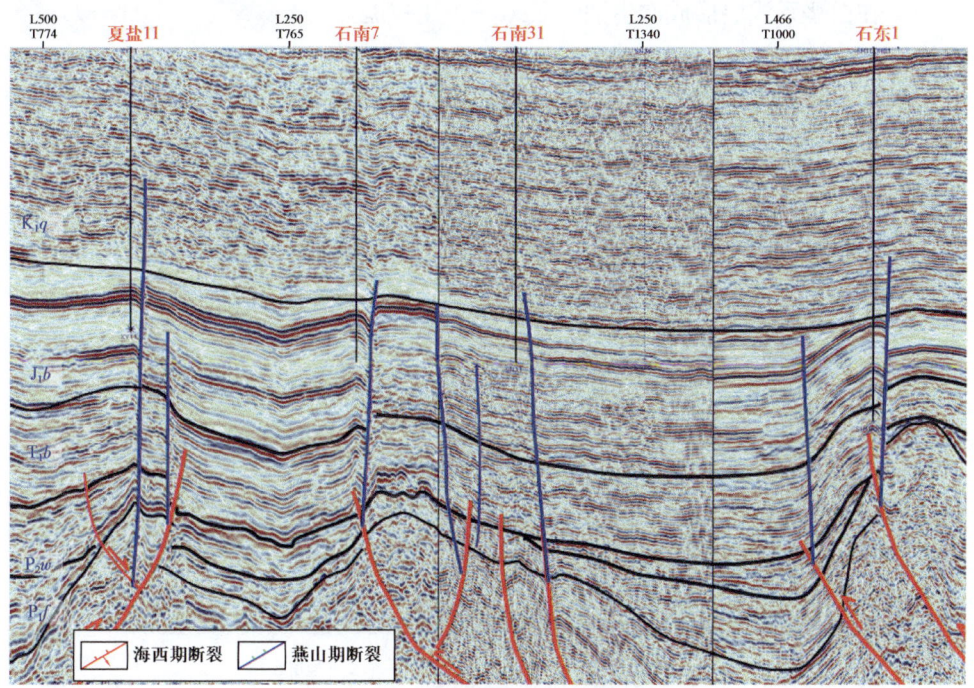

图 2-1-5　燕山期断裂地震剖面显示

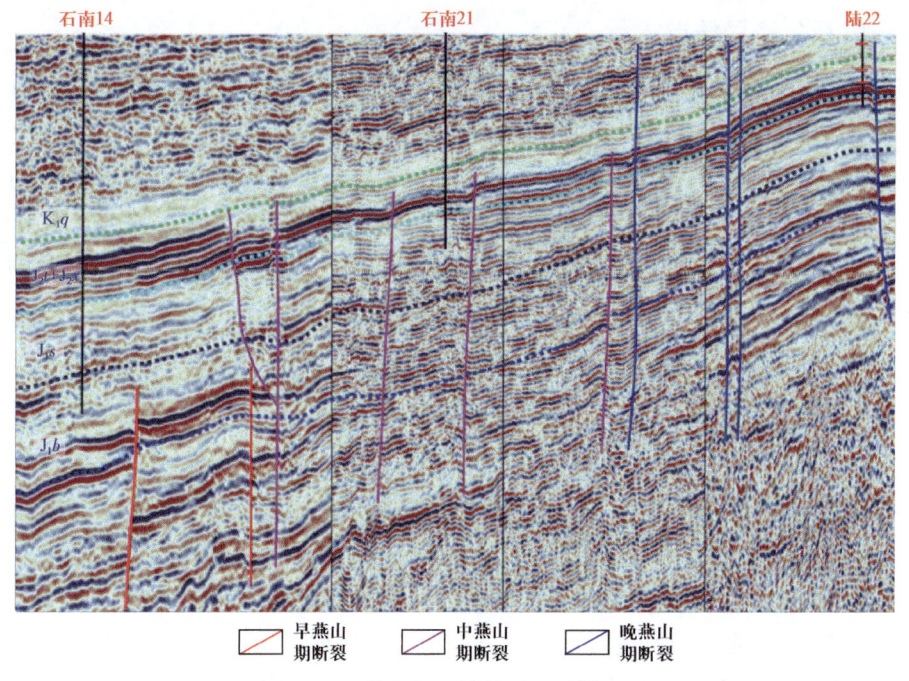

图 2-1-6　燕山期三幕断裂地震剖面显示

喜马拉雅期断裂是由于古近纪准噶尔盆地受自南向北的逆冲推覆作用，地层整体向南掀斜，在北部地区发生了地层垂向滑脱导致的。其沟通燕山期断裂，对早期构造油藏破坏、调整，在白垩系浅层形成次生油气藏（图2-1-7）。

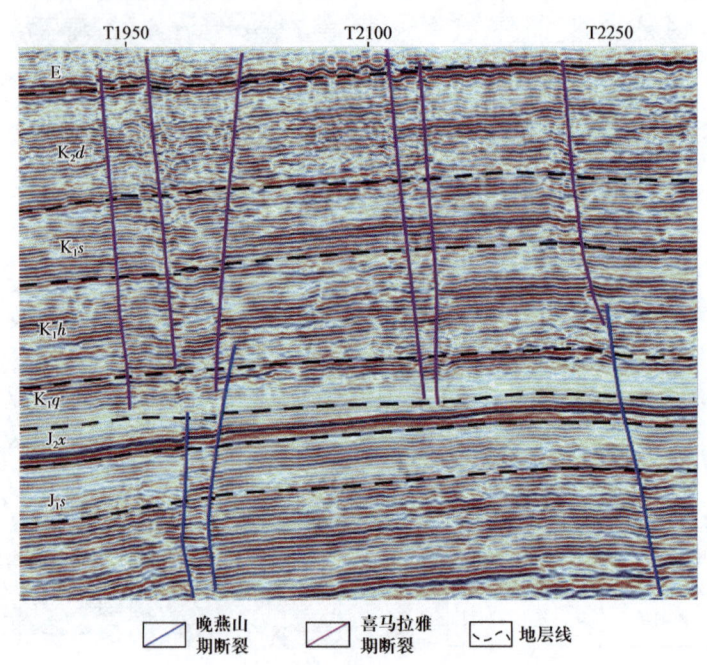

图 2-1-7　喜马拉雅期断裂地震剖面显示

2. 断层垂向输导特点

断裂体系作为油气纵向输导的重要输导通道，已在长期地质研究及勘探实践中得到认可。前人研究表明，断层是由断层核及两侧裂缝网络构成的复合结构，一条发育完整的断裂带，其内部表现为三元结构特征，即中心发育滑动破碎带（或称断层核），两侧分别发育上、下盘诱导裂缝带（或称破碎带）[15]。滑动破碎带是在一定岩石体积内由复杂的、成组交叉排列的断层活动面和相应的地质体组成。滑动破碎带的宽度从几毫米到几十米不等，其物性明显低于围岩，孔隙度通常比围岩小一个数量级，渗透率小三个数量级，且横向渗透率较纵向一般小一个数量级。诱导裂缝带是断裂构造变形过程中诱导出的局部形变产物，分布在滑动破碎带和围岩之间的过渡带，其带宽变化较大，通常在几米至几百米不等。诱导裂缝带所受应力较滑动破碎带小很多，岩石没有完全破碎，仅发生局部破裂，发育一些低级别及多次序裂隙，保留母岩的基本特征。由于裂缝发育，其物性明显高于围岩[15-16]。

断裂可向空间各个方向输导油气，沿断层面输导和横穿断层面输导是断裂输导油气成藏的基本方式[17]。前人的大量研究成果表明：沿断层面输导主要受断层倾角、断层泥质含量、分支断层、流体充注方式等影响[18]；横穿断层面输导型指流体穿过断层向两侧储层分流，受断层与储层砂体排替压力差控制。断裂输导性主要受断层级别、断层活动的周期性、断层发育与油气成藏期的配置关系等多种因素的控制[19]。此外，断层产状、断层面形态对油气的输导效率有重要影响。

（1）断层发育级别不同，断层的内部结构存在差异，断层的活动性也存在差异，这些因素综合影响油气的输导性能。大型通源断裂或者大断距的断裂，其内部结构可表现为完整的三元型，而浅部断层、低序级断层，随着断距的减小，断裂带内部结构可能逐渐过渡到二元型和一元型。此外，不同级别的断层其活动性存在差异，例如，东濮凹陷发育的黄河断层和长垣西断层是西南洼的边界断层，从断层的活动性来说，具有长期多期活动的特征，而该地区发育的二级和三级断层，特别是方里集断层基本在东营组沉积末期停止活动，晚期活动性不大。主控边界断层由于晚期活动频繁，会导致早期聚集的油气和晚期生成的油气向浅层运移[20]，而东营组沉积末期停止活动的二级断层和三级断层最有利于油气在断裂附近区域聚集成藏。

（2）断层的活动对断裂输导油气有重要影响，断层往往伴随区域及局部构造活动事件，周期性的开启和闭合，控制油气在断层内部幕式垂向流动。于翠玲等[21]在断裂带幕式运移模拟实验的基础上认识到：断层幕式活动间歇期，当断层带尚未完全封闭、输导系统内压力尚未平衡时，流体在断层带及其两侧储层之间流动，直至达到压力平衡；断层完全封闭后，流体运移则不再发生；研究表明，断层幕式活动期对油气的输导能力强，而断层幕式活动间歇期对油气的输导能力相对较弱。

（3）断裂发育期与油气成藏期的配置是断裂能够控制油气成藏的关键。在油气成藏过程中，若断裂的形成期早于油气成藏期，则断裂起到封堵作用；若断裂形成期与油气成藏期匹配，则断裂起到油气运移的作用；而当断裂形成期晚于油气成藏期，断裂对成藏起到破坏作用，并可导致油气再次运移[22]。研究表明，油气成藏活动期中油源断裂主要输导通道为伴生和诱导裂缝，输导动力为地层剩余压力差和浮力，输导性与伴生裂缝和诱导裂缝的开启程度呈正相关关系。即使同一条断裂的不同部位岩石力学性质都不同，导致各部位活动强弱不同，伴生裂缝和诱导裂缝的开启程度也就不同，进而影响输导油气能力的差异。要明确油气成藏活动期断裂的优势输导通道，须确定断裂在成藏期不同测线处的古活动速率。

（4）断层面的形态，特别是断层面脊对油气的输导性能具有重要影响。油气沿断层垂向运移是极复杂的流程，断裂带内部结构复杂，断层面凹凸不平，油气遵循沿最大流体势降低方向运移的规律[10]。

断层面形态分为平面型、凹面型和凸面型三种基本类型，凸面脊即断层面脊，对油气运移具有重要作用。封闭期油源断裂油气输导的动力主要为自身浮力的作用，凸面脊处由于构造位置相对较高，油气势能值相对较低，是油气侧向运移的低势区；而凹面脊处由于构造位置相对较低，油气势能值相对较高，是油气侧向运移的高势区。油源断裂在由下至上输导油气过程中，凹面断层使流线向上发散，无优势运移通道，凹面脊处的油气会向凸面脊处汇聚运移，形成有利输导通道[23]，油气会再沿凸面脊垂向运移。

断层的三维空间形态不同，则油气运聚效率也有区别。一般来说，若断层面是平面，则油气平面状运移，运聚效率一般；若为凹面，则油气分散式运移，运聚效率低；若为凸面，则油气集中式运移，运聚效率高（图2-1-8）。因此，油气沿断层向上运移往往会向断层凸面汇聚运移，断层面的形态控制着油气大量运移的路径。与断层凸面相接处的高孔隙度、高渗透储层往往是油气进入的优势区。本书将油气沿油源断层运移并首次进入储层的地点称为登陆点。

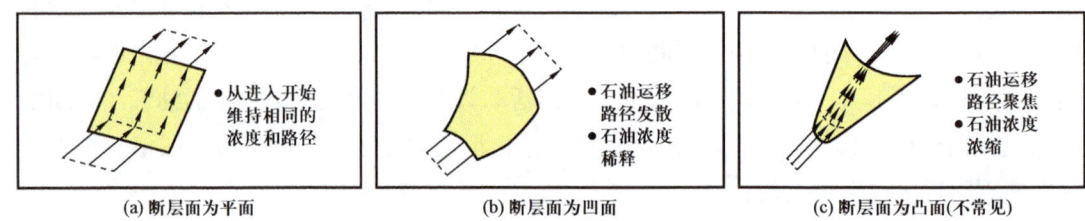

图2-1-8 断层面形态与优势运移路径示意图[10]

柴达木盆地昆北断裂发育油源断层，研究表明，该地区油源断裂的形态影响了油气的运聚效率。图2-1-9是昆北断层的断层面形态及上盘不同地层界面接触位置图，从图中可以看出，昆北断层的断层面倾向南东方向，横向上起伏不大，在切20井—切610井以及切612井以东处断层面上凸，该地区是油气运移的优势通道；在切20井以西以及切602井—切612井一线处断层面下凹，是分隔油气的分隔槽；在切12井—切124井一线断层面是平面，油气为平面状运移，运聚效率一般。

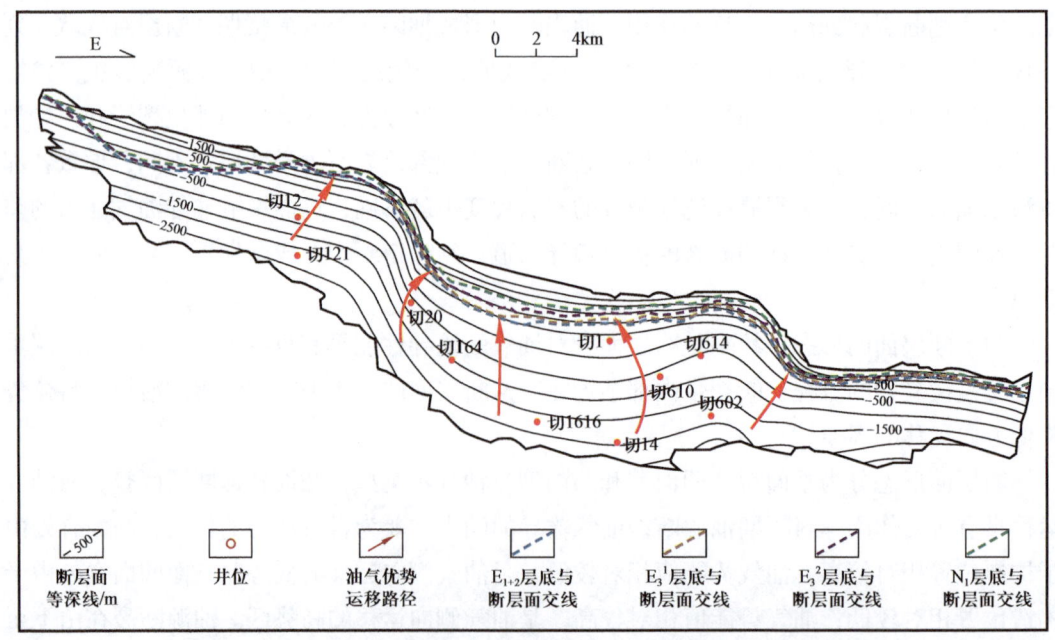

图2-1-9 昆北断层的断层面形态及上盘不同地层界面接触位置图

二、不整合侧向输导

不整合代表了长期的抬升和风化剥蚀，以及大气水溶解淋滤，使风化地层形成风化裂缝，增强原地层的孔隙性，并且由于长期暴露风化，在风化地层之上形成风化黏土，其渗透性较差，可以作为盖层，形成上部遮挡，由此具备油气保存的储盖条件。不整合对油气运移和聚集均具重要意义，它不但是油气运移的良好通道，而且还能形成与之密切相关的地层不整合油气藏。

1. 不整合侧向输导类型

对于不整合类型的划分，前人依据地层产状、地震反射、成因机制、沉积间断等不同分类原则划分了众多的不整合类型[24-27]，现在普遍采用的一般是 Dunbar 和 Godgers（1975）的不整合分类方案，即将不整合分为非整合、不整合、假整合和准整合[28]。近几年，随着不整合研究的进展及生产的需要，艾华国等[29]在不整合的成因机制基础上，主要依据不整合面上下的地震反射终止方式以及不整合的剖面形态和地层的尖灭特征等将不整合划分为 4 类，即褶皱不整合、断褶不整合、超覆不整合和削截不整合，这种分类方案在目前不整合研究中使用较为广泛。

褶皱不整合是早期沉积的地层，在构造活动过程中发生褶皱变形，隆起后遭受风化剥蚀，再下降接受沉积而形成的一类不整合称为褶皱不整合。断褶不整合是由于断层上盘的冲断或旋转作用而形成地层的掀斜或弯曲隆升而出露地层，遭受风化剥蚀，之后再次沉降接受新地层沉积而形成断褶不整合。超覆不整合是因海（湖）平面上升，后期地层沿古地貌斜坡上超沉积而形成的一类不整合。削截不整合是在构造抬升作用下，早期沉积的地层大范围发生掀斜而呈现为单斜形态，风化作用使翘起端遭受剥蚀，后期再下降接受沉积而形成的一类不整合[30]（图 2-1-10）。

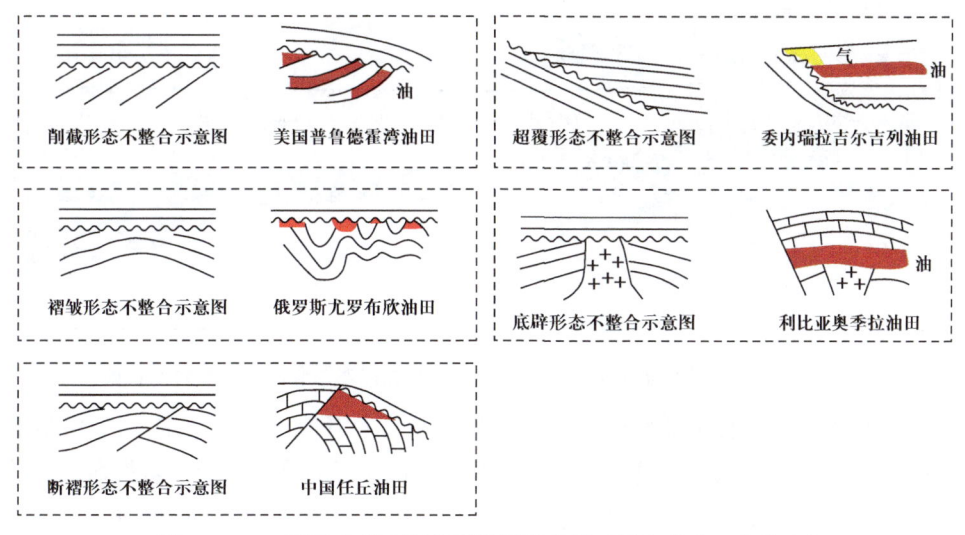

图 2-1-10　不整合类型及典型案例示意图（据文献[31]修改）

除上述四种不整合外，还有学者提出了底辟形态不整合，底辟形态不整合是由底部的岩体向上隆升并发生剥蚀而形成的，而两侧地层形成削截、超覆等构造。它主要发育于隆起区，可形成地层削截、超覆不整合圈闭，如利比亚奥季拉油田（图2-1-10）。

远源次生油气藏发育多种类型的不整合，包括超覆不整合、削截不整合、平行不整合等，部分地区发育超覆—削截不整合、超覆—褶皱不整合、平行—削截不整合、平行—褶皱不整合组合形态。例如，塔里木盆地北部英买力—西秋地区下白垩统舒善河组发育上超覆—下削截型不整合[32]，准噶尔盆地腹部侏罗系—白垩系也发育上超覆—下削截型不整合[5]，准噶尔盆地阜康凹陷周缘侏罗系—白垩系发育5种不整合组合形态[33]，柴达木盆地尖北、东坪、牛中及牛北等大部分地区发育基岩（顶）不整合[34]等。

（1）超覆—削截不整合比较典型的是上超覆—下削截型不整合，即不整合面之下地层被削截、不整合面之上地层向不整合超覆的结构，该类型不整合是由于构造运动导致地层发生单向翘倾，不同岩性抗风化能力存在差异，因而剥蚀程度不一，形成古地貌斜坡，后期沉积物在其上沉积形成的一类不整合。由于地层不整合面的结构及其上部的砂岩、砂砾岩沟通效应的存在，为油气的长距离运移提供了通道和条件。该类型不整合典型实例为塔里木盆地库车南斜坡地区白垩系不整合，在英买7—英买1井区，下白垩统舒善河组不整合于下伏不同时代地层之上（图2-1-11），下白垩统舒善河组自北向南逐渐超覆，在大宛102井、却勒1井一带，还可见三叠系、侏罗系向南的超覆。下白垩统舒善河组底部不整合面之下油气来自南侧海相克拉通内坳陷的寒武系—奥陶系，油气自南向北运移聚集；而其上层系的油气来源于拜城凹陷的三叠系—侏罗系陆相烃源，油气自北向南运移，两者方向相反，都经历了长距离的运移；该不整合面为油气自北向南的长距离运移起到了重要作用，形成了塔北复式油气聚集区（带）。此外，在准噶尔盆地腹部也发育超覆—削截不整合，侏罗系—白垩系区域不整合由于多期抬升—沉降的震荡使得不整合面上下地层接触关系为上超—下削[5]。

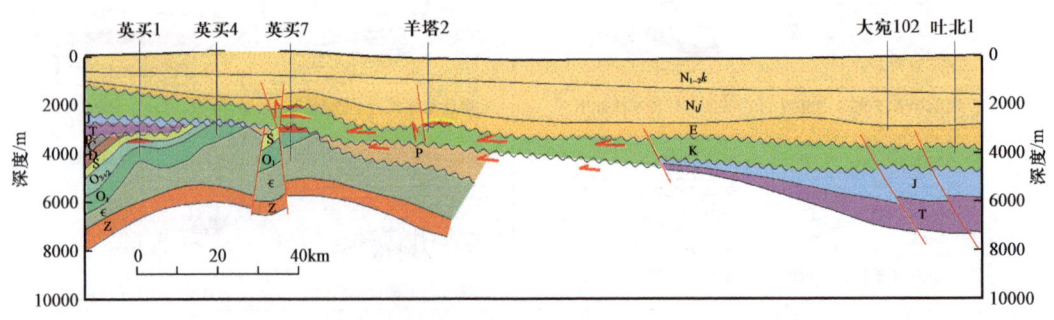

图2-1-11　塔里木盆地库车南斜坡古近系底和白垩系底两大不整合面特征

（2）平行不整合又称为假整合，是由于地壳垂直上升使地层露出水面遭受风化剥蚀，地壳下降后接受新的沉积而形成的一类不整合。值得注意的是，部分学者按照国外的命名规则，将平行不整合命名为整一型不整合或平行型不整合，二者无本质区别。该类型不整合面上、下地层产状近乎一致，界面反射能量较弱（表2-1-1）。平行不整合一般在盆地的腹部凹陷区各构造层顶底界广泛分布，不整合面上的底砾岩和不整合面下的渗流层可使油气大范围运移，但却无法聚集油气，不整合面上下通常不发育圈闭，只有在后期发生构造变形与断裂的条件下才有可能聚集油气成藏。目前所发现的该类油气藏多是由于岩性封堵作用形成的，如陆梁隆起陆102—陆109井区等就是这类不整合聚集的典型实例。盆1井西凹陷二叠系风城组和乌尔禾组烃源岩生成的油气经过深部断裂系统和多个区域不整合面的联合调整，到达北部高部位的陆梁隆起中浅层，并沿着白垩系与侏罗系之间及侏罗系内部不整合面发生侧向运移，其中沿侏罗系西山窑组砂岩层运移的油气，由于受上倾方向相变的泥质岩遮挡而聚集成藏。

（3）唐勇等[33]在已识别的四种不整合类型（褶皱、削截、超覆、平行）的基础上，结合准噶尔盆地阜康凹陷东部不整合特征，按照"体"的概念将阜康凹陷东部地区中/上二叠统不整合划分为5种类型，即平行—平行型、平行—削截型、平行—褶皱型、超覆—削截型和超覆—褶皱型等。不整合特征及剖面样式见表2-1-1。

表 2-1-1 阜康凹陷东部地区中/上二叠统不整合特征及剖面样式[33]

不整合类型	不整合特征	地震剖面实例	剖面样式
平行—平行型	上、下地层界面同相轴与中间不整合界面同相轴呈平行趋势，互不相交		
平行—削截型	不整合界面下伏地层呈明显的单斜形态，坡度可陡可缓，上覆地层平行于不整合		
平行—褶皱型	上覆地层与不整合面近乎平行，不整合面起伏不平，下伏地层呈遭受剥蚀的褶皱形态		
超覆—削截型	上覆地层依次在不整合面处尖灭；下伏地层呈明显单斜形态，坡度可陡可缓		
超覆—褶皱型	不整合面起伏不平，上覆地层依次在不整合处尖灭；下伏地层呈遭受剥蚀的褶皱形态		

（4）基岩（顶）不整合，该类不整合在柴达木盆地阿尔金山前带、昆北断裂带广泛发育（图2-1-12），主要是指上覆古近系与基岩直接接触，不整合面之下的基岩由前新生界火山岩类和变质岩类组成。该类型不整合中，油气主要沿着不整合面之下的基岩风化淋滤带进行侧向运移。

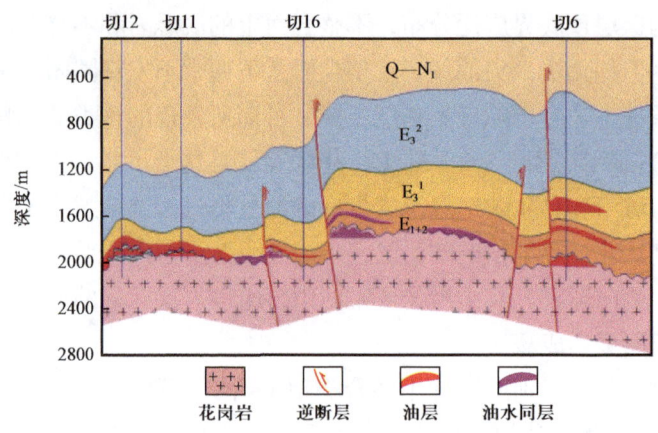

图 2-1-12　柴达木盆地昆北断裂带基岩（顶）不整合[35]

2. 不整合的结构及输导油气特点

1）不整合结构特点

不整合一般具有包括底砾岩层、风化黏土层（或称为风化壳、风化残积层）和半风化岩层（半风化壳）的三层微观结构[36]。底砾岩是指紧邻不整合面之上，位于上覆岩层底部的岩石，通常是风化壳粗碎屑残积物在发生水进时接近原地沉积的产物，岩性多为砾岩或砂岩，颗粒较粗，分选性和磨圆度较差。风化黏土层即位于不整合面之下、风化壳最上部的古土壤层，是在物理风化的基础上，在生物、化学风化作用下改造形成的细粒残积物。半风化岩层是不整合结构中最主要部分，岩石类型主要有砂质岩、泥质岩、碳酸盐岩、火成岩和变质岩等，构造裂缝、卸荷裂缝和风化裂缝发育，地表水淋滤作用强，次生孔隙、溶孔、溶洞、溶缝发育。

国内外勘探实践表明，并不是所有的不整合都发育完整的三层结构，有些地区不整合结构不完整，缺失风化壳或黏土层[37]，例如渤海湾盆地南堡凹陷三区的 Ed_3/Es_1 不整合，部分地区缺失风化黏土层，形成了上泥—下泥、上泥—下砂、上砂—下砂的上下岩性组合关系。柴达木盆地昆北地区不整合垂向上风化黏土层基本不发育，形成了不整合面之上的底砾岩层和不整合面之下的半风化岩层直接接触的典型二元结构（图 2-1-13）。

2）不整合输导油气特点

不整合是地壳构造运动的产物，与油气的运移和聚集有着密切的关系。不整合面分布范围较大，跨越不同时代、不同岩性的地层，既可以是油气侧向，又可以作为斜向运移的输导系统，利于平面汇聚[38]。不整合能否作为油气运移的通道以及运移效果取决于不整合的类型、垂向结构、不整合面上下岩性特征及发育规模等。

当不整合类型为平行不整合时，不整合面上下的渗透性岩层往往起到油气输导作用。当不整合类型为削超不整合时，若不整合面上下均发育渗透性岩层，则不整合面对油气运移的影响将以输导作用为主；若不整合面之上为渗透性岩层，不整合面之下发育泥岩等非

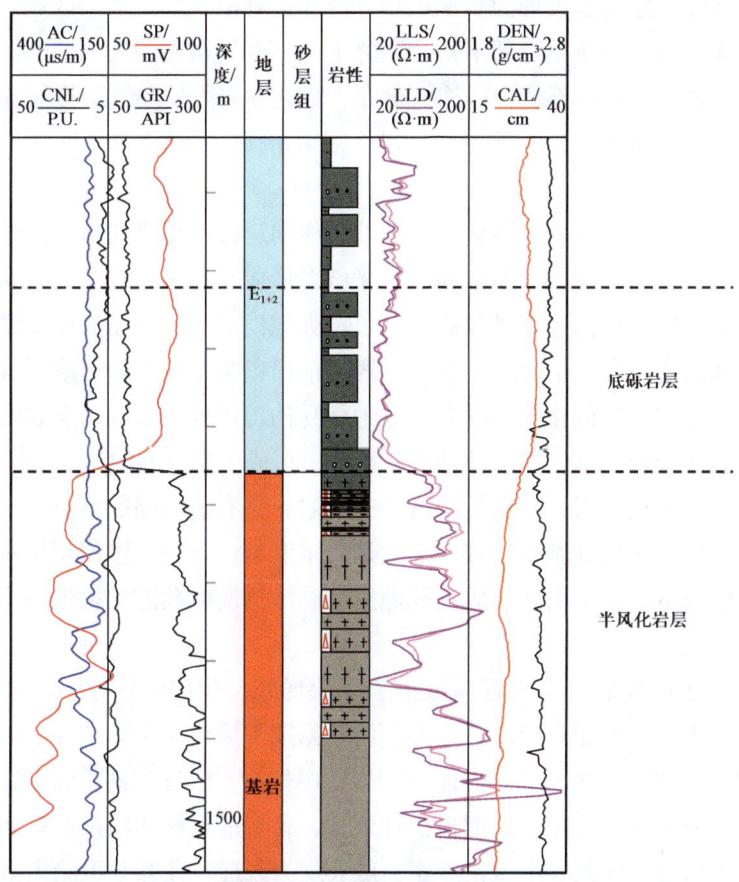

图 2-1-13　昆北断阶带昆 401 井基岩不整合结构二元结构

渗透性岩层，则不整合面之上超覆岩层往往被不整合面之下的泥岩侧向遮挡，形成圈闭和油气聚集；若不整合面之下为渗透性岩层，不整合面之上为非渗透性岩层，则不整合面之下被削截的岩层往往被不整合面之上的泥岩遮挡形成圈闭和油气聚集[39]。

不整合的结构决定了不整合可形成双运移和单运移两种运移通道类型：当不整合面上下底（砂）砾岩层、半风化岩层均发育渗透层且两者不直接对接时，易形成双运移通道，油气在不整合面上下渗透层中可分别进行侧向运移输导；当不整合三层结构只发育顶板渗透层或半风化淋滤带渗透层或两者同时发育但直接对接时，则构成单运移通道[40]。

以风化黏土层为界，理论上不整合面可形成其上底砾岩和其下半风化岩石为主的两种高效运载层。

不整合面之上底砾岩层能否作为油气运移的通道，与砂体沉积背景、分布范围及储集物性关系密切，并不是所有底砾岩均可作为油气运移的良好通道。由于构造背景和沉积环境的不同，不同区带的不整合面之上底砾岩输导性存在明显差异：在古地形高差大、近物源快速堆积的沉积背景下，其分选性和磨圆度较差，输导性较差；在古地形准平原化、物源供给远的条件下，砂砾岩分布稳定、连通性好、储集物性好，可作为油气长距离横向运移的通道。我国叠合盆地多表现为多期地层升降构造旋回，发育多个区域性不整合面，如准噶尔盆地莫索湾凸起白垩系底部不整合面之上为一套展布面积大的底部砂岩段，砂岩段之上覆盖大套泥岩，砂岩沿不整合面连续分布，故该砂岩段是油气运移的有效通道。

不整合面之下半风化岩层输导特点与岩性密切相关，碳酸盐岩、火山岩及碎屑岩岩层的输导特点存在差异。

不整合面之下的碳酸盐岩半风化岩层是油气横向运移的重要通道。碳酸盐岩层受构造运动影响可发育多个岩溶旋回，在空间上交叉叠置形成非均质高孔渗岩溶系统。油气被输导到不整合面附近后，在构造背景控制下，可沿大规模准层状分布的风化壳型岩溶带向构造高部位运移和聚集。塔里木盆地的轮南—塔河油田奥陶系石灰岩岩溶系统、鄂尔多斯盆地靖边气田奥陶系白云岩风化壳、渤海湾盆地任丘油田震旦系雾迷山组岩溶系统等证实了不整合面之下碳酸盐岩半风化岩层经过淋滤溶蚀，形成了高效的油气运载层。

不整合面之下的火山岩，特别是中酸性火山岩，具有脆性强的特点，在构造应力作用下易形成裂缝，同时在抬升剥蚀过程中易受地表水沿裂缝下渗溶蚀作用影响，多发育垂直渗流带和水平潜流带双层结构，形成高孔隙度、高渗透次生孔隙发育带，为油气横向运移提供重要通道。

不整合面之下的碎屑岩多表现为砂泥岩互层样式，非均质性较强，水平潜流带不发育，风化淋滤带不连续且相对较薄。抬升剥蚀暴露期受风化作用影响，一方面在近地表时产生网状微破裂缝和溶蚀缝，另一方面由于岩石中长石、云母和钙质胶结物等不稳定矿物的溶蚀及蚀变，形成次生孔隙；后期再次埋藏期，含烃酸性流体沿淋滤带运移对长石、方解石等矿物产生溶蚀，因此，半风化砂岩一般表现为裂缝、孔隙双重储集特征[41]。

柴达木盆地阿尔金山前东段的勘探实践，很好地展示出了该地区古近系区域不整合的结构及侧向输导特点。

对应于燕山晚期、喜马拉雅早期、喜马拉雅中期、喜马拉雅晚期等多期构造运动，柴达木盆地发育多个不整合面，表现在地震剖面上分别对应为 T_R、T_2'、T_1、T_0 反射层。其中，T_R 反射层代表的界面基本是古近系与下伏基岩、中生界等之间的角度不整合面，它是盆地内区域性发育的界面；该不整合面可以起到侏罗系发育区烃源岩与上部新生界和下部中生界碎屑岩储层、下部基岩中各类储层之间的沟通作用，是柴达木盆地阿尔金山前东段油气输导体系中最重要的不整合输导层。

根据不整合面上下地层接触关系，柴达木盆地阿尔金山前东段 T_R 不整合可划分为两类：在侏罗系 J_1 发育区，不整合面之上为古近系，之下为 J_1，这类不整合称侏罗系（顶）不整合，主要分布在牛东地区；而在缺失侏罗系的隆起区，古近系与基岩直接接触，不整合面之下的基岩由前新生界火山岩类和变质岩类组成，这类不整合称基岩（顶）不整合。在尖北、东坪、牛中及牛北等大部分地区均属此类。钻井资料揭示，该区 T_R 反射层不整合面之下的地层风化现象普遍存在，对不整合的输导能力有一定的促进作用。

钻井资料揭示，柴达木盆地阿尔金山前东段基岩不整合结构层包括底砾岩层、风化黏土层、风化残积层和半风化层。大部分地区风化黏土层不发育或缺失，因此，该区不整合主要表现为三层结构，即不整合面之上的底砾岩层、不整合面之下的基岩风化残积层和半风化层（图 2-1-14）。

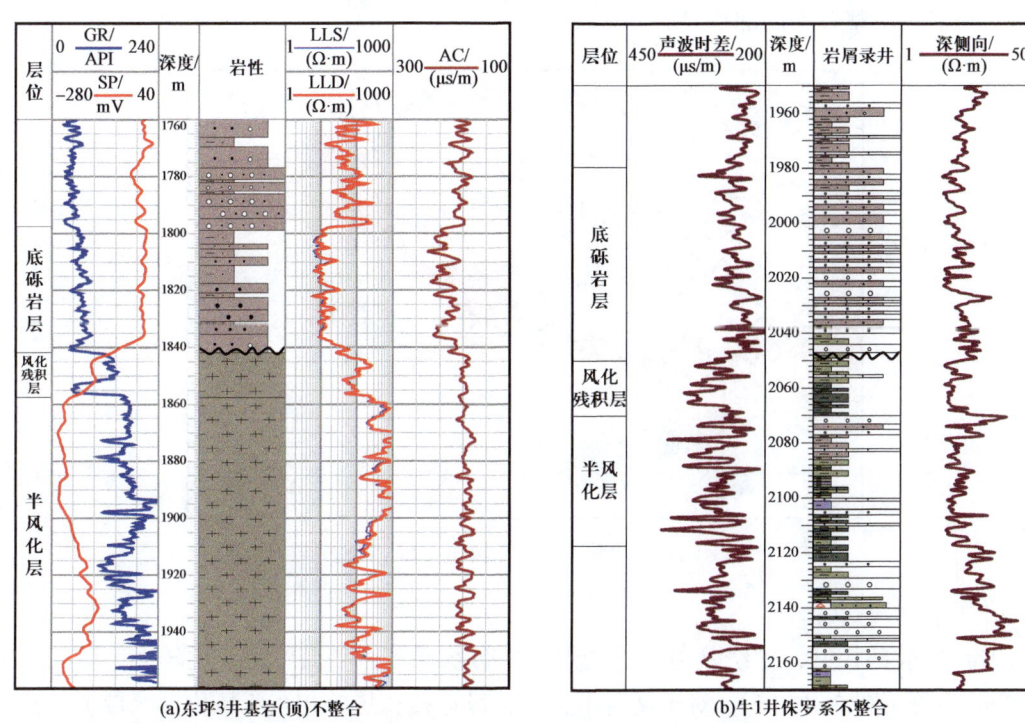

图 2-1-14　阿尔金山前东段 T_R 不整合结构特征

基岩（顶）不整合中的底砾岩层主要由厚层棕红色、浅棕红色砾状粗砂岩、中砂岩及砂质泥岩组成；风化残积层主要为角砾状基岩［图 2-1-14（a）］，裂隙及溶蚀孔、缝发育；半风化层岩性多种多样，各种变质岩类、火成岩类及浅变质的沉积岩类均有发育，多为发育构造缝相关的裂隙等。

在侏罗系不整合结构层［图 2-1-14（b）］上部的底砾岩层与基岩不整合一致。由于具有碎屑岩易受风化但风化淋滤时间较短的特点，泥质岩类较多，故侏罗系顶部的风化黏土层与风化残积层不易区分，主要由棕褐色泥质粉砂岩、深灰色碳质泥岩、棕色含泥砾状粗砂岩、含泥细砂岩组成。半风化层受风化作用很小，该结构层相对不发育，主要岩性为棕红色泥岩夹棕色砾状砂岩、砾岩。

柴达木盆地阿尔金山前侏罗系不整合结构层中，虽然风化淋滤的时间相对较短，但风化作用能够改善不整合面之下致密碎屑岩层的物性，因此有助于提高风化残积层输导性。其底砾岩层、风化残积层和半风化层具有各自典型的输导性特征。

（1）底砾岩。

古近系沉积前，柴达木盆地经历了长期的抬升剥蚀和强烈的构造运动的改造，导致地形高低起伏较大。该区古近系底砾岩具有填平补齐的沉积特征，平面厚度变化大，底砾岩厚度10～70m（图2-1-15），呈条带状展布。钻井岩心资料揭示，该区底砾岩为砂、砾、泥混杂堆积，杂基支撑，一般物性较差，因此其输导性普遍较差。物性较好的底砾岩局部发育，可促进不整合面局部输导。

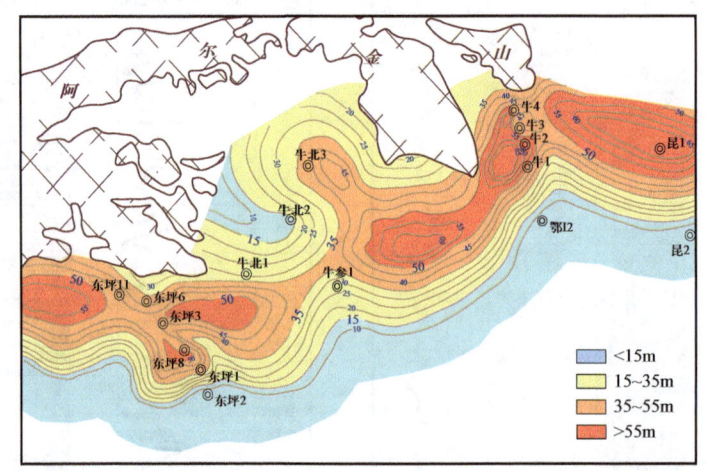

图2-1-15　阿尔金山前东段路乐河组（E_{1+2}）底砾岩厚度图

（2）风化残积层。

受古地貌的控制，围绕盆地边缘老山呈条带状展布，平面厚度变化较大，该区厚度5～30m不等（图2-1-16）。对于基岩不整合，风化残积层（相当于风化淋滤带）是基岩经过风化、淋滤、溶蚀等改造作用后形成的原地或准原地产物。风化残积层储集空间较发育，岩石具有孔隙、裂缝双重孔隙结构，孔隙以溶蚀孔＋网状缝（解理缝＋低角度缝＋部分充填的高角度缝）为主，在扫描电镜下还可见超微观的基质微孔（图2-1-17），物性较好，孔隙度为1.8%～11.6%，平均值为4.3%。因此该结构层具有良好的输导性能。

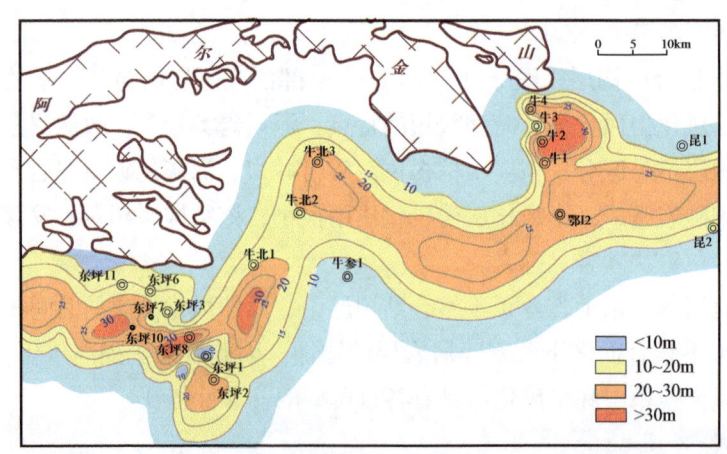

图2-1-16　阿尔金山前东段T_R不整合风化残积层厚度图

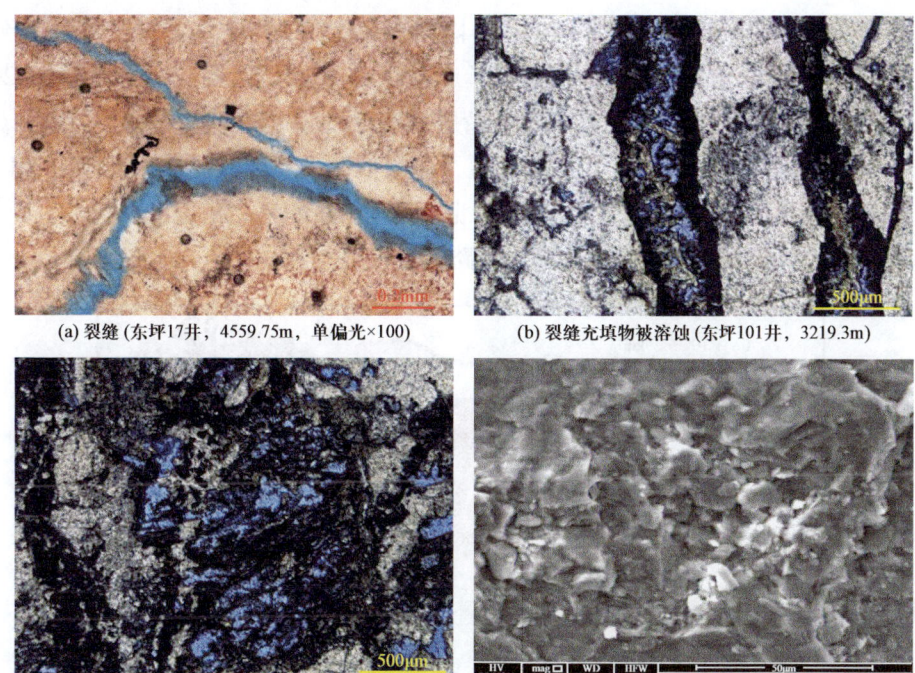

(a) 裂缝 (东坪17井，4559.75m，单偏光×100)　　(b) 裂缝充填物被溶蚀 (东坪101井，3219.3m)

(c) 溶蚀孔 (东坪101井，3219.3m)　　(d) 基质微孔 (东坪17井，4355m、4342m)

图 2-1-17　东坪地区基岩半风化层裂缝、溶蚀孔发育特征

由于基岩风化残积层在纵向上与下伏区域分布的半风化层连为一体，物性接近，因此残积层通常与半风化层作为一个整体对油气进行输导。

而对于侏罗系不整合，由于风化淋滤的时间短，加上不整合面之下为沉积岩，且以泥质岩为主，构造裂缝不发育，淋滤、溶蚀作用不明显，其物性普遍比较差，因此其风化残积层输导性差，一般不能作为有效输导层。

（3）半风化层。

对于基岩不整合，半风化层受基底岩性和古构造控制，其厚度变化大，从数十米到数百米不等，一般大于100m，分布广泛。岩石孔隙以高角度缝＋溶蚀缝为主，发育少量的溶蚀孔隙，物性较好。据钻井资料统计，东坪地区半风化层孔隙度为1.1%～5.0%，平均值为2.4%，具有较好的输导性能。

对于侏罗系不整合，半风化层厚度较小，甚至不发育，其物性及输导性主要受岩性控制，风化作用基本不影响该层段的物性。该区砂岩和砾岩物性较好，具有一定的输导性。泥质岩物性差，不能作为有效的输导层。

受流体势的控制，油气从构造低部位向构造高部位运移，构造脊是优势运移路径。从不同时期 T_R 不整合面的古构造趋势来看，该区 T_R 不整合面整体上表现为继承性的北高南低的构造面貌（图 2-1-18、图 2-1-19），在东南倾的构造斜坡背景上发育4个古鼻隆，即尖顶山鼻隆、东坪鼻隆、牛中鼻隆和牛东鼻隆，均为北北西—南南东向延伸，由北向南倾伏于侏罗系生烃凹陷中，对油气输导非常有利。其中，尖顶山古鼻隆比较宽缓，由多个鼻状构造复合而成，分布面积较大；东坪鼻隆南南东走向，继承性发育，前端比较狭长，向南延伸到碱3井附近（40km）；牛中鼻隆近东西走向，比较宽缓，延伸较短（20km），后端与东坪鼻隆基本连为一体，早期鼻隆特征明显，晚期基本转变为构造斜坡；牛东鼻隆南南东走向，继承性发育，早期比较宽缓，位置偏西，晚期变狭长，延伸达40km。该区发育牛中和冷北两个构造斜坡，均为由西北向东南倾的斜坡，南部与侏罗系生烃凹陷相接，油气呈分散状向北输导，是次要的运移路径。

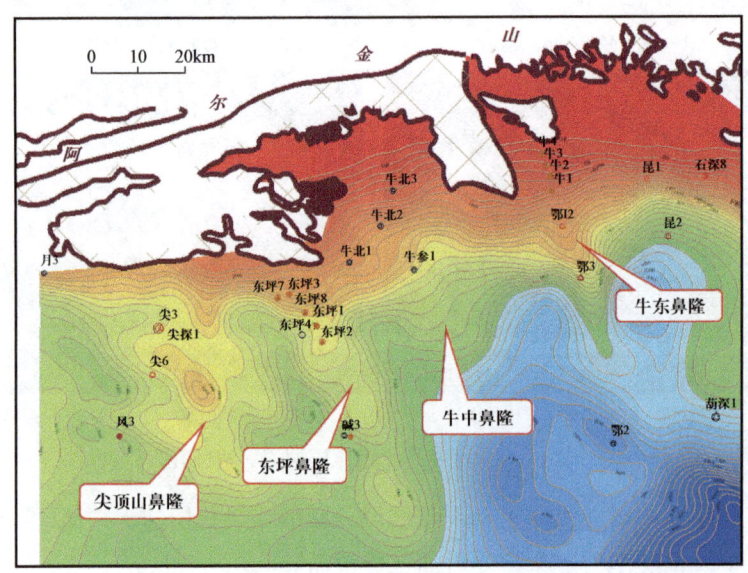

图 2-1-18 阿尔金山前东段 N_2^1 末期 T_R 不整合面古构造图

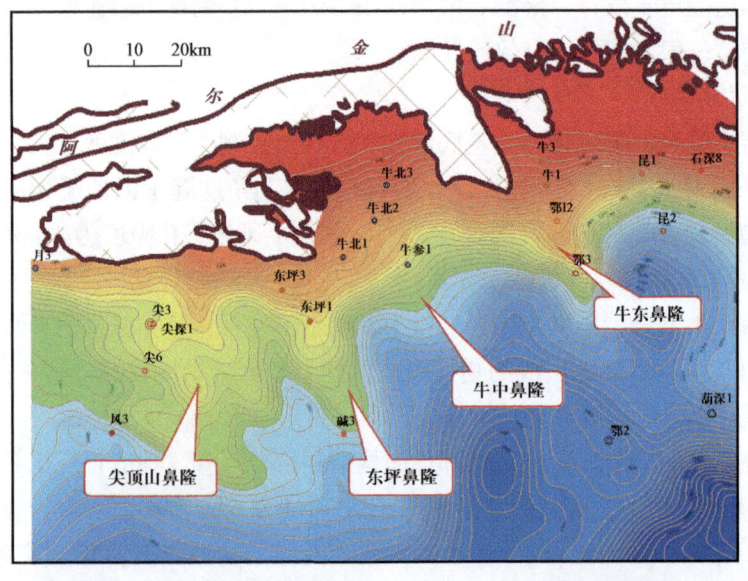

图 2-1-19 阿尔金山前东段 N_2^2 末期 T_R 不整合面古构造图

生烃研究表明，东坪凹陷和昆特依凹陷 E_3^1 开始大量生气，E_3^2 达到生气高峰，因此不整合面的这种古构造背景对油气自生烃凹陷区向山前带运移非常有利，特别是4个古鼻隆带，更是油气运移的优势路径和通道，与断裂、砂体等其他输导体系一起构成该区良好的输导网络。

三、砂体侧向输导

砂体输导层作为盆地内油气重要的横向运载通道，可将油气运移数米至数百千米，并最终聚集成储量巨大的远源油气藏[42-43]。

1. 砂体侧向输导类型

砂体输导层往往是多期沉积叠加的结果，单期砂体之间不同的几何配置关系决定了砂体输导层的几何连通性以及流体运移时的流体连通性。通常将砂体之间垂向和侧向的组合方式划分为4种配置类型：（1）多边式，多期相邻砂体侧向叠置，表现为侧向连片分布；（2）孤立式，垂向上各砂体被泥岩分隔，砂体间互不连通；（3）叠加式，多期河道砂体垂向接触，后期河道未切割先期河道，垂向连通性差；（4）切叠式，后期河道切割先期河道，垂向连续，连通性较好。

实践表明，厚度大、连通性好、分布广泛的砂体具有较好的连通性，是油气远距离运移侧向输导的重要条件。砂体侧向输导中，毯状砂体或网状砂体的输导能力最强，输导效果最好，也是西部叠合盆地典型优势输导通道。准噶尔盆地侏罗系发育三套毯状砂体、柴达木盆地昆北断裂带古近系发育良好的大面积展布砂体，提供了油气侧向输导的有利运移通道。

对准噶尔盆地腹部侏罗系沉积体系的研究表明，侏罗系主要发育三套大面积连片展布的砂体，自下而上分别为八道湾组一段（J_1b_1）、三工河组二段（J_1s_2）和西山窑组四段（J_2x_4）。三套砂体纵向厚度大，横向连续性好，储层物性较好，为油气提供了有利的侧向运移通道。

准噶尔盆地腹部八道湾组分布稳定，底部不整合于上三叠统白碱滩组（T_3b）之上，顶部与三工河组（J_1s）整合接触。从层序划分的角度来看，八道湾组相当于一个完整的湖侵—湖退长期旋回，可细分为3个中期旋回，根据岩性和电性特征，依次对应八道湾组一段、二段和三段。其中，八道湾组一段岩性以灰色砂砾岩、含砾中—粗砂岩、含砾中—细砂岩、细砂岩、粉砂岩、泥质粉砂岩及粉砂质泥岩为主。从沉积相平面特征上看，八道湾组一段在腹部地区受东、北两大物源控制发育4支辫状河三角洲沉积体系，即玛西辫状河三角洲体系、玛东辫状河三角洲体系、石西辫状河三角洲体系和莫北辫状河三角洲体系，4支沉积体系呈近南北、北东向展布，不断向湖盆中心进积，并在湖盆中心相邻前缘相带交互叠置，具有延伸长、分布广和面积大的特征（图2-1-20）。

三工河组根据岩性和电性特征，也可自下而上划分为一段、二段和三段，三工河组二

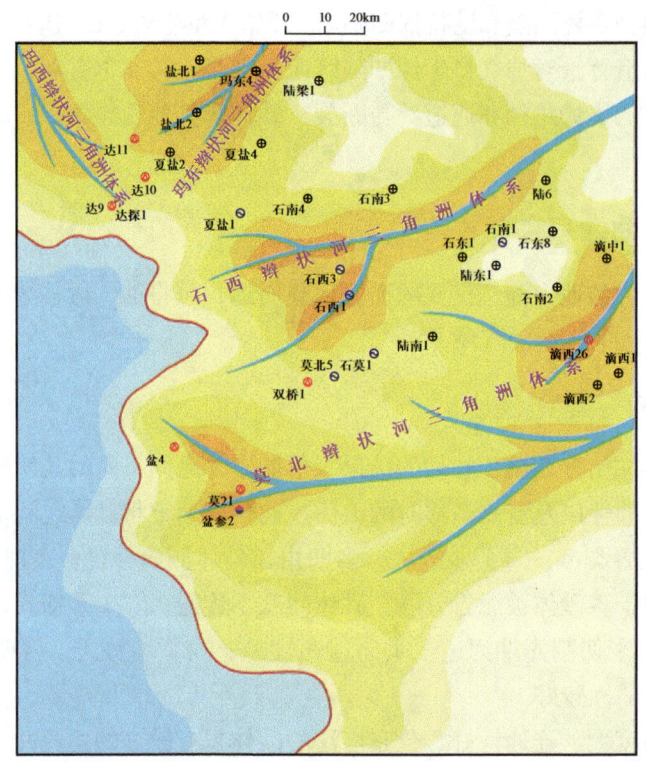

图 2-1-20 准噶尔盆地腹部侏罗系八道湾组一段（J_1b_1）沉积相平面图

段又可分为两个砂层组，其中位于下部的三工河组二段二砂组（$J_1s_2^2$）为一大套灰色、浅灰色含砾细砂岩、含砾中砂岩，砂体厚度为30～50m，连续性强，横向分布稳定。在沉积相平面特征上，三工河组二段二砂组（$J_1s_2^2$）为辫状河三角洲前缘亚相水下分流河道、河口沙坝及水下分流间湾微相。在平面上受古地貌影响，总体存在西部、北部、东部三个方向的五大物源体系，自西向东分别为中拐西部物源体系、夏盐物源体系、陆梁—石南物源体系、石东物源体系和白家海物源体系，砂体沿沉积低凸带侧翼展布，全区呈毯状展布，最终在前哨地区汇聚叠置（图2-1-21）。

西山窑组根据岩性和电性特征，也可自下而上划分为一段、二段、三段及四段，其中西山窑组四段以厚层中细砂岩为主，砂体厚度为20～50m，局部连续性强。在沉积相平面特征上，西山窑组四段在北部发育两支辫状河三角洲物源体系，南部和东部受车莫古隆起及石东隆起影响存在地层剥蚀。砂体沿两支主物源体系呈正南北向展布，同时发育多期三角洲叠置的稳定沉积，南部车莫古凸带变薄变细（图2-1-22）。

综上所述，准噶尔盆地腹部侏罗系八道湾组一段、三工河组二段二砂组、西山窑组四段三套毯状砂体（简称毯砂）具有多物源，垂向厚度大，横向展布广泛，侧向连续性强，沉积微相以辫状河三角洲前缘亚相水下分流河道、河口沙坝微相为主，有利的沉积微相使得砂体横向展布广泛且具有高孔隙度、高渗透率的特点，输导能力最强，是准噶尔盆地典型的侧向优势输导通道。

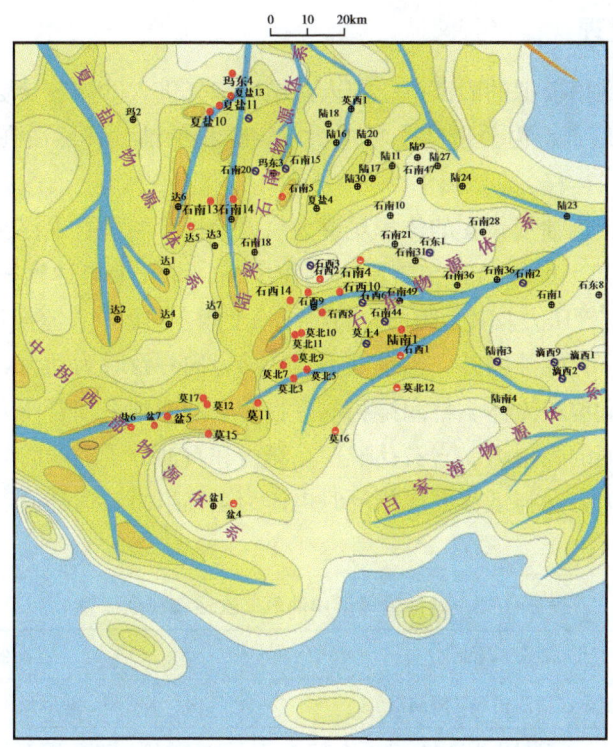

图 2-1-21　准噶尔盆地腹部侏罗系三工河组二段二砂组（$J_1s_2^2$）沉积相平面图

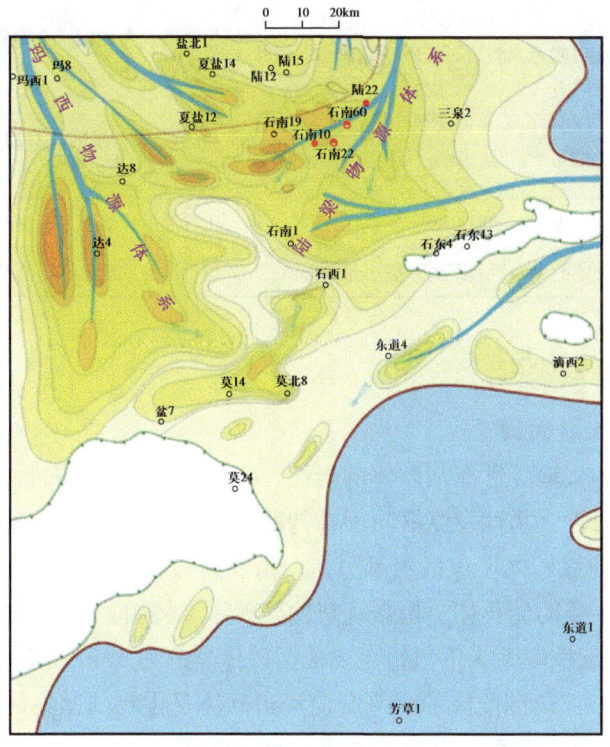

图 2-1-22　准噶尔盆地腹部侏罗系西山窑组四段（J_2x_4）沉积相平面图

2. 砂体输导机理

在物理模拟和数值模拟的验证下，前人总结出油气进入砂体输导层后的输导过程：油气首先逐渐汇集于底部，由分散状汇集成为一定体积的油气，然后在不同的水动力条件下，按照不同的方式运移。

在静水条件下，当油气聚集的体积足够大后，油气开始垂直上浮至输导层顶部[44-45]。当输导层具备一定向上的倾角且在盖层限制作用下，油气聚集达到一定的高度（长度），产生的浮力大于毛细管压力及其他阻力，将继续沿上倾方向运移，直至遇到圈闭形成聚集。

而在动水条件下，除浮力外，当水动力与运移方向一致时为动力。由于油气在砂体输导层中的运移是非润湿相流体驱替润湿相的过程，必然受到毛细管压力的阻碍作用，其次还受到岩石颗粒表面的吸附力、岩石孔喉壁黏滞力和石油分子之间的摩擦力。此外，在动水条件下，当水动力方向与运移方向相反时也作为运移阻力。运移通道主要为砂岩层连通孔喉和裂缝（表2-1-2）。

表2-1-2 砂体输导层中油气二次运移特征比较[46]

内容	石油	天然气
运移相态	游离相为主（包括油相和气溶油相）	气相、水溶相、油溶相和扩散相
运移动力	静水条件下，运移动力为浮力；动水条件下，运移动力为浮力、水动力（与运移方向一致时）	与石油基本相同，另有在浓度差作用下的分子扩散力
运移阻力	毛细管压力、水动力（与运移方向相反时）、岩石颗粒表面吸附力、与岩石孔喉壁黏滞力、石油分子间内摩擦力	与石油基本相同，毛细管压力比石油大，吸附力和黏滞力比石油小
运移通道	连通孔喉、裂隙	与石油基本相同，对通道渗透性要求比石油小1~2个数量级
运移速率	侧向运移速率为10~30km/Ma	比石油运移速率大，侧向运移速率大于30km/Ma
运移距离	形成商业聚集的侧向运移距离一般小于30km	与石油的二次运移距离基本相同

3. 砂体侧向输导特点

1）砂体输导性影响因素

砂体输导层的油气输导性能与砂体的岩性、物性及纵横向展布特征（分布范围、连通性）密切相关，而岩性、物性及纵横向展布特征主要受构造沉积背景的控制。通常稳定构造背景下的三角洲前缘砂体（包括水下分流河道、河口坝砂体）具有粒度粗、分选性好、物性好的特征，是主要的储集体，也是优势输导砂体。例如，准噶尔盆地腹部石南地区石南21井区岩性油气藏侏罗系头屯河组主要成因砂体类型为水下分流河道，石南31井区岩性油气藏清水河组中三角洲前缘的水下分流河道砂体是主要的储集体，各种成因砂体中，河口沙坝的储集条件相对最好，其次为水下分流河道[47]。

油气在砂体输导层中的主要运移通道是连通孔喉和裂缝,而具有连通性的砂体需要在纵向上、平面上具有一定的厚度和规模且分布稳定,多个单砂层之间相互叠置,砂体内部的孔隙发育并相互连通。砂体输导油气时以游离相为主,是在动力和阻力共同作用下完成的,砂体输导层会优先沿着最大孔隙和最大喉道输导,当砂体储集物性较差、孔隙和喉道较小时,油气运移需要更大的动力,在动力不足的情况下,油气不能运移输导。因此,砂体输导层的油气输导性能与砂体的物性密切相关。此外,由于沉积环境的变化,砂体在纵向和横向上会产生岩性的变化,形成隔夹层或岩性尖灭带,对油气输导产生重要阻碍。因此,砂体输导油气具有自身的非均质性特点及运移油气的非均一性特点。

(1)砂体输导层的非均质性。

砂体输导层的非均质性指的是油气输导层在形成过程中受到构造作用、沉积环境和成岩作用的影响,在空间分布及内部各种属性上都存在不均匀的变化[48]。砂体输导层的均质性是相对的,而非均质性则是绝对的。无论是碎屑岩输导层还是碳酸盐岩输导层,其非均质性普遍存在。其非均质性宏观上受构造相和沉积相的控制,而微观上受岩相和岩石物理相的控制[49],具体表现为受输导层空间分布及岩性、物性、含油性、微观孔隙结构等内部属性特征的控制。输导层非均质性规模小至几毫米,大至几米到数千米,变化范围大,结构复杂。宏观尺度下,油气在砂体输导层中的侧向运移受层间非均质性影响较大,层间非均质性包括层系的旋回性、砂层间的渗透率非均质程度等因素,这些因素主要受沉积相控制。

(2)砂体输导油气运移的非均一性。

实验数据及实际地层测试资料都表明,砂体输导层运移油气具有明显的非均一性[50]。无论在均质输导层还是在非均质输导层中,油气运移都具有明显的非均一性特征,在均质输导层中,油气运移的非均一性主要受浮力的控制,在地质上直观地表现为受输导层顶面埋深的控制;在非均质输导层中,除受运移动力非均一性的控制外,输导层的非均质性也起到一定的影响,其程度取决于毛细管压力造成的流体势梯度[51]。油气在输导层中的运移过程中,普遍会发生卡断和前缘跳跃的现象。卡断是两相渗流界面通过毛细管或孔隙喉道时所发生的一种物理现象,当已经形成的油柱或气柱在运移过程中通过砂岩孔隙喉道时,发生卡断现象,使已聚集的油柱或气柱复断为一个个的油滴或气泡,在此之后,卡断后新生成的气泡可以在一段时间内以气泡形式向前运移,加之贾敏效应的影响,大大增加了油气运移的阻力。前缘跳跃(或称为汉斯跳跃)是在油气的前缘界面突破喉道的毛细管阻力之后均将发生的一次很快的界面跳跃。在砂体运移油气过程中,前缘跳跃较卡断现象更为普遍,卡断和前缘跳跃不仅与输导层的孔径等有关,还与运移动力有关。

柴达木盆地昆北地区砂体沉积展布特征的研究,很好地展示了砂体的纵横向连通性、储层物性对砂体输导性的影响以及沉积相对储层的控制作用。

柴达木盆地昆北地区主要发育路乐河组(E_{1+2})和下干柴沟组下段(E_3^1)两套储层砂体,砂岩较为发育,砂体厚度最小小于30m,最厚超过170m(图2-1-23)。

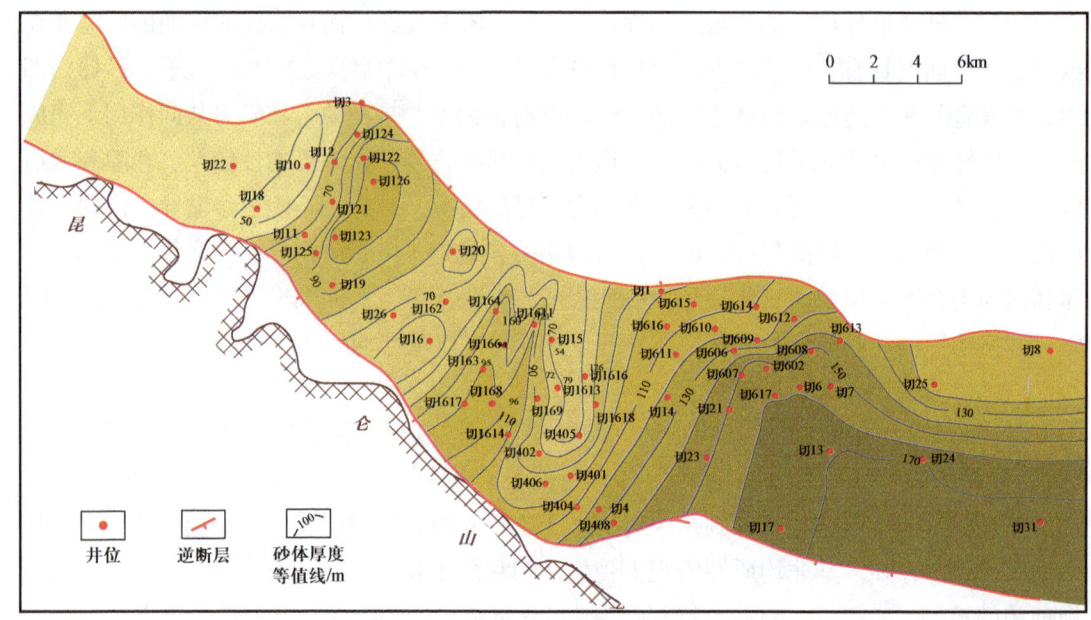

图 2-1-23　昆北断阶带下干柴沟组下段（E_3^1）砂体等厚图（基础面海拔 0m）

切 12 井区、切 16—切 4 井区与切 6 井区分别受三个不同的分支物源所控制。通过对各区块连井剖面的对比发现，切 12 井区下干柴沟组下段（E_3^1）沉积时期，工区内沉积相比较稳定，自下而上逐步过渡，下部发育的一套平原亚相分流河道沉积的砂体连通性好，变化不大。向上的前缘亚相的水下分流河道砂体呈多期叠置，呈现砂泥互层连通性逐渐变差。而上部为稳定的湖相，局部发育泥灰坪沉积（图 2-1-24）。

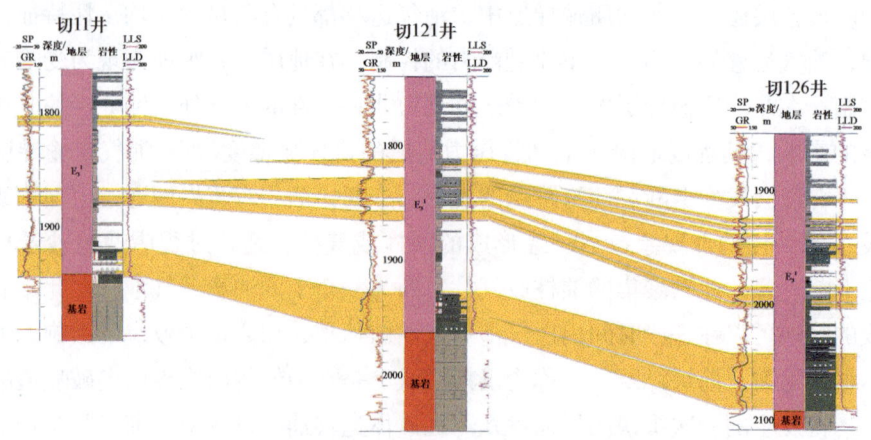

图 2-1-24　切 12 井区下干柴沟组下段（E_3^1）砂岩对比图

切 6 井区在路乐河组沉积时期，自下而上，三角洲平原亚相过渡为砂组的前缘亚相，平原亚相分流河道砂体厚度大，横向连片分布，前缘亚相沿主水道方向，主力含油砂体横向连续性好，晚期主要发育泥岩，夹薄层席状砂，砂体不发育；下干柴沟组下段沉积时期，下部发育厚层的前缘水下分流河道砾状砂岩—细砂岩，互相叠置连片，向上单层砂体逐渐减薄，侧向的连通性较好，而伴随着湖侵退积作用的逐步扩大，晚期发育稳定的泥岩沉积。

切16—切4井区路乐河组沉积时期，地层整体上呈超覆尖灭关系，自东往西厚度逐渐变薄、逐渐尖灭。垂向上由平原亚相逐渐过渡为前缘亚相，平原亚相早期发育了巨厚的分流河道砾岩、砂砾岩，横向连片分布，具有较好的横向连通性，向上砂组逐渐变薄，泥岩隔层增厚分流，前缘亚相砂体变薄，多呈透镜状，分布局限，连通性变差；切4井区由于古隆起的影响，平面上分隔了东西两个分支体系，砂体呈变薄、横向叠置特征；在下干柴沟组下段沉积时期，由于距物源较近，发育了较厚的砂砾岩体，向上砂体逐渐变薄，晚期发育稳定的泥岩沉积（图2-1-25），砂体连通性变差。

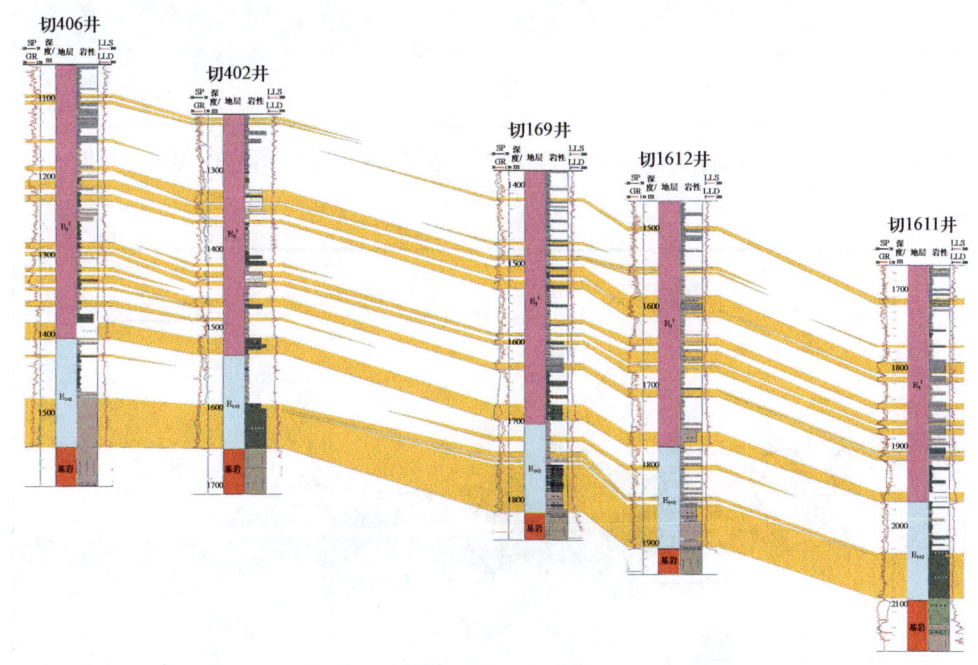

图 2-1-25　切16—切4井区路乐河组（E_{1+2}）砂岩对比图

输导层的输导能力本质上是由物性决定的，根据探井资料统计，该区路乐河组（E_{1+2}）储层的孔隙度下限为6.5%，下干柴沟组下段（E_3^1）储层的孔隙度下限为7%。因此，根据砂体物性特征可以判断砂体输导层的输导性能。

从平面上来看，路乐河组（图2-1-26、图2-1-27）整体上储层物性较好，由东向西呈逐渐变好的趋势。Ⅱ-1+2砂层组在切16井区物性较好，孔隙度最高值位于切166井处，孔隙度平均达到12%以上。切6井区及切4井区物性较差，孔隙度普遍低于6%，切4井区低于4%以下；Ⅰ-6+7砂层组在切16井区及切6井区的物性均较好，在切606井、切602井及切166井处附近，孔隙度最高值达到12%以上。而储层物性与沉积微相关系密切，切16井区辫状河三角洲平原分流河道砂砾岩厚度大、物性好，切607井以南物性变差，与辫状河三角洲泛滥平原沉积有关。

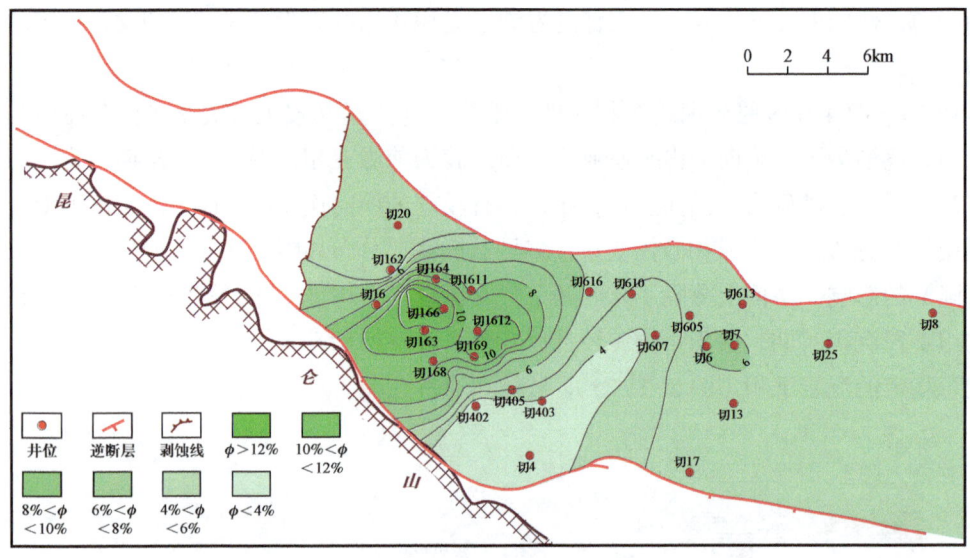

图 2-1-26　昆北断阶带路乐河组（E_{1+2}）Ⅱ-1+2 砂层组储层物性平面图（基准面海拔 0m）

ϕ—孔隙度

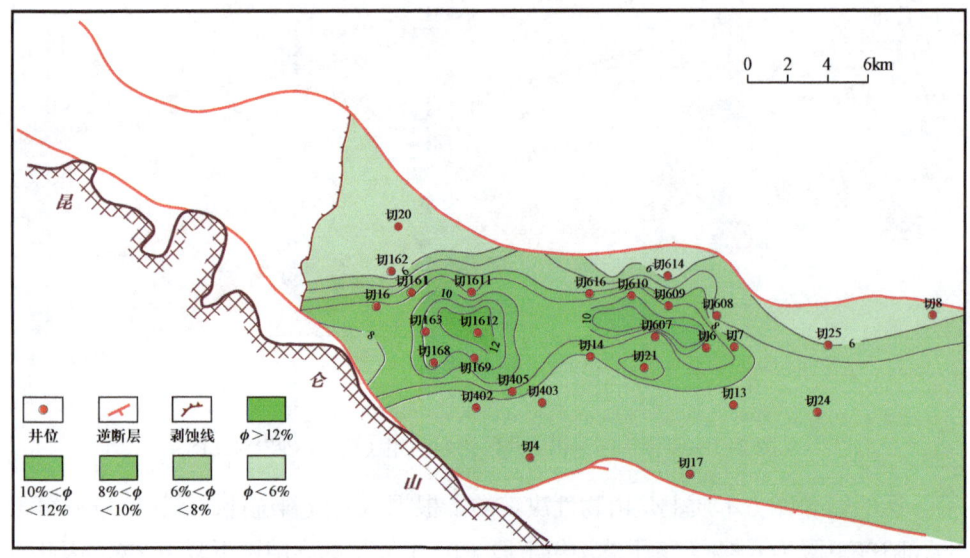

图 2-1-27　昆北断阶带路乐河组（E_{1+2}）Ⅰ-6+7 砂层组储层物性平面图（基准面海拔 0m）

下干柴沟组下段（图 2-1-28）储层物性总体较好，孔隙度大多大于 8%，油区的孔隙度多大于 10%，在切 12 井区主力油层为辫状河三角洲平原分流河道砂体，储层物性变化快，高值主要分布在切 122 井、切 126 井处，孔隙度平均达到 12%～13% 以上，而沿昆仑山前储层由于泥质含量高导致物性变差；切 6 井区主力油层的沉积微相主要为水下分流河道和河口坝，碎屑岩储层整体上物性好。储层孔隙度高值高达 14%～15% 以上。

从层位上来看，E_3^1 比 E_{1+2} 孔隙度的整体平均值较大，储层物性变得更好，造成这种现象的原因一方面是埋深对孔隙度的影响，而最主要的是沉积微相对储层物性的影响。

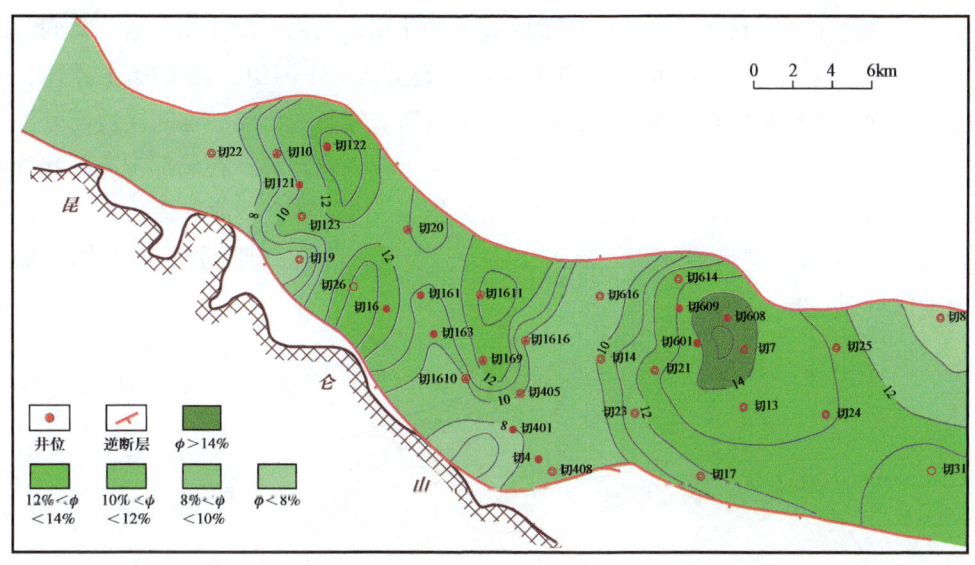

图 2-1-28　昆北断阶带 E_3^1 储层物性平面图（基准面海拔 0m）

综上所述，认为 E_{1+2} 和 E_3^1 砂体发育，同时砂体具有良好的连通性。E_{1+2} Ⅱ-1+2 砂层组在切 16 井区的切 164 井东南侧到切 1614 井一线物性较好，孔隙度普遍大于 6.5%；E_{1+2} Ⅰ-6+7 砂层组在切 16 井区和切 6 井区物性较好，孔隙度普遍大于 6.5%，具有较好的输导条件；E_3^1 砂体物性普遍较好，整体输导性好。

2）砂体输导油气运移的优势路径

油气在砂体输导层中运移时，在浮力驱动下，砂体输导层的优势输导通道主要受构造脊控制。如果输导层呈上凸状态，则油气在上凸位置聚集，当油气聚集到一定程度（最低界面低于上凸构造的边界），油气继续向输导层上倾方向运移，以构造脊输导最为有利[17]（图 2-1-29）。构造脊是正向构造同一岩层面上最高点的连线[22]，构造脊轴线及两侧是油气运移的主线与汇流区，也是良好的油气聚集场所，具有极大的汇聚优势。构造脊向凹陷的倾没端及邻凹两侧均邻近生油中心，烃源岩排出油气之后，率先进入构造脊范围。在油气从低部位有效烃源岩向构造脊运移的过程中，构造脊向凹陷的倾没端及邻凹两侧的油气皆向构造脊轴线汇聚。

准噶尔盆地阜康凹陷—白家海凸起油气运聚模式很好地展示了砂体输导中构造脊是油气的优势输导汇聚区。阜康凹陷侏罗系烃源岩在晚侏罗世进入生烃门限，在白垩纪中—晚期进入生油高峰，是白家海凸起主要的油气来源，而阜康凹陷距离彩南油田有 60~80km，属于超长距离的运移，因此输导体系和运移路径对油气成藏至关重要。大型鼻隆的构造脊线由于具有较低的流体势，而成为油气运移的优势路径，目前所发现的油气藏也均位于这条线路上，而西山窑组一段（J_1x_1）和三工河组二段（J_1s_2）两套砂体则是油气横向运移最主要的通道，尤其三工河组二段（J_1s_2）砂体横向分布极为稳定，渗透率也在 100mD 以上，是贯穿整个凸起的大通道，东道海子断裂带的一系列正断层在侏罗系烃源岩大量排烃的古新世早期处于开启状态，可以起到垂向通道的作用，与两套砂体相沟通，共同组成工字形运聚体系。来自阜康凹陷的油气首先通过断裂进入三工河组二段（J_1s_2）砂体，由于其良好的横向连续性和极高的渗透率，油气可沿构造脊线高速渗流，遇断层后部分油气可沿断层进入西山窑组一段砂体，并沿西一段继续向上倾方向运移，在局部构造凸起处两个层位均可成藏，西山窑组一段（J_1x_1）一般形成岩性—构造复合型油气藏，而三工河组二段（J_1s_2）一般形成构造型油气藏（图2-1-30），形成该区第二期充注，并与第一期充注在部分地区形成混源。

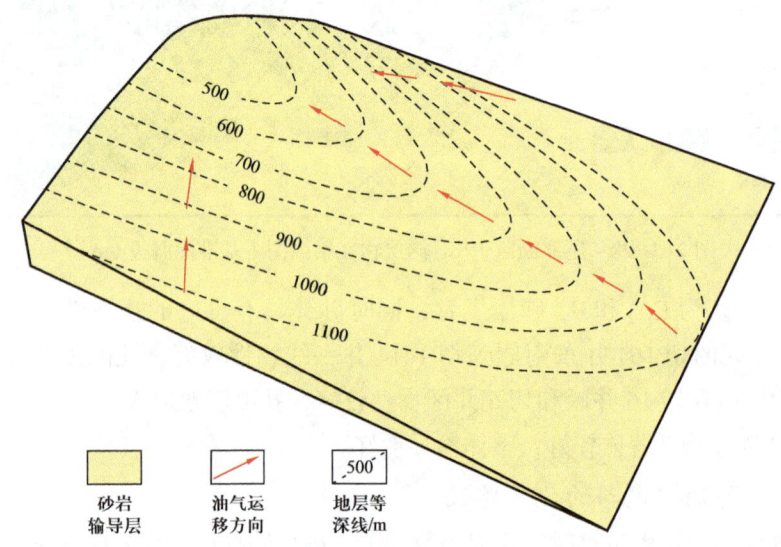

图2-1-29 砂体输导层构造脊输导优势示意图[17]

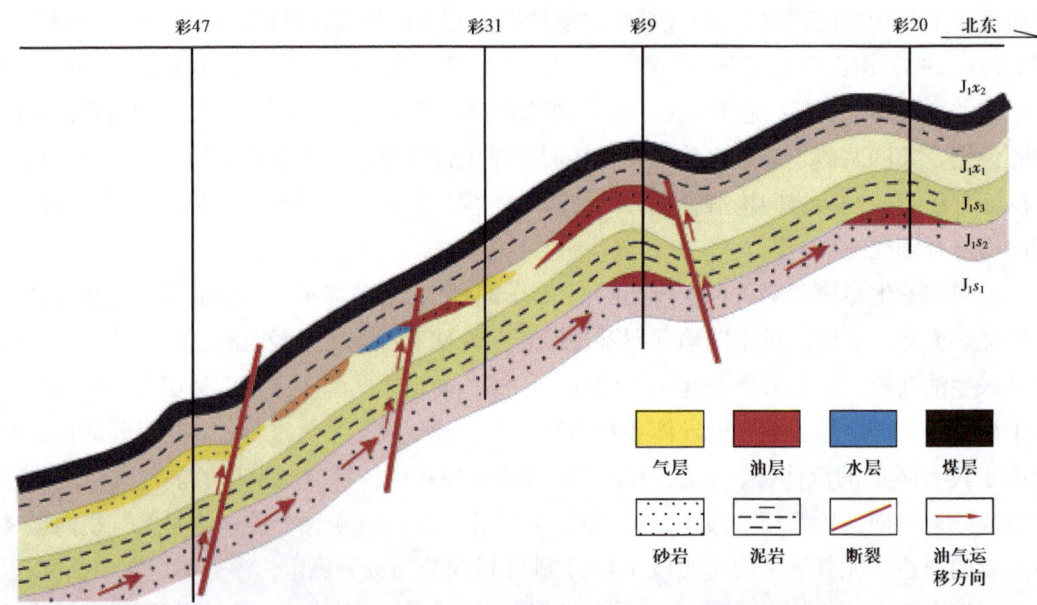

图2-1-30 阜康凹陷—白家海凸起油气运聚模式图[52]

第二节 远源次生油气藏主要输导体系类型

远源次生油气藏源储分离，成藏富集主要受控于断—面—砂—脊有效配置构成的断裂、断裂—不整合、断裂—毯砂阶状三种优势输导体系类型，但各自的特点和组合配置关系各异，造就了不同的输导体系类别。本书在综合准噶尔盆地腹部地区中浅层、柴达木盆地阿尔金山前东段及昆北断阶带新生界远源次生油气藏源—藏关系、输导要素组合及优势输导通道特征的基础上，梳理出3类主要的优势输导体系，包括断裂垂向单一输导型、断裂—不整合复合输导型和断裂—毯砂阶状输导型（表2-2-1）。

表2-2-1 远源次生油气藏输导体系组合类型（据文献［5］修改）

输导类型	输导要素	优势输导通道	分布规律	要素组合示意图	实例
断裂垂向单一输导型	通源断裂体系	继承性深浅断裂体系	构造凹陷带及其周缘		柴达木盆地英东地区、准噶尔盆地玛湖凹陷、准噶尔盆地莫北地区、盆1井西凹陷环带
断裂—不整合复合输导型	深浅通源断裂体系、不整合面	深浅断裂体系+不整合低凸或高渗透带	消亡型古构造凸起侧翼		准噶尔盆地玛湖地区、石西—石东凸起北翼、车莫古隆起东南翼
断裂—毯砂阶状输导型	深浅通源断裂体系、多期毯砂、构造鼻凸带	深浅断裂体系+继承性鼻凸带	继承性构造凸起周缘		准噶尔盆地陆西地区、夏盐凸起西翼、莫索湾凸起北翼

一、断裂垂向单一输导体系

1. 断裂垂向单一输导体系定义

断裂垂向单一输导体系是指连接了烃源岩和目的储层的油源断裂体系。通常，目的储层中由于构造活动而发育大量断裂，但并不是所有断裂都能成为油气垂向运移的输导通道，只有连接了烃源岩和目的储层，且在烃源岩大量生排烃期活动的断裂（油源断裂），才成为油气垂向运移的有效输导通道。

通源断裂垂向输导是远源次生油气成藏的先决条件。断裂垂向单一输导型组合中，油气通过沟通烃源岩的深浅断裂体系穿过一套或多套纵向成藏组合直接垂向运移至上覆储层中的断块、岩性圈闭中成藏。此类组合中以沟通源、储的深大断裂或继承性的深浅断裂体系为主，辅以局部的高孔隙度、高渗透砂层，油气垂向输导跨度大，侧向运移距离近[5]。富烃凹陷区发育沟通深部油源的断裂体系构成油气垂向优势运移通道，控制油气沿断裂带垂向规模运移。

2. 断裂垂向输导模式

沿断裂垂向向上输导是叠合盆地远源次生油气藏中最重要的断裂输导形式。前人研究认为，油气沿断层向上运移主要通过两种途径：一是断层在活动过程中沿断层面可产生裂缝，形成运移通道；二是如果断层横向上是开启的，油气可沿断层面两侧连通的渗透性砂岩呈之字形途径向上运移。油气向上运移类型方面，前人多按照分支断裂条数及与主干断裂的剖面组合形态分为3类、6种输导样式[53]，分别是线形输导、Y形输导和似花状输导（图2-2-1）。

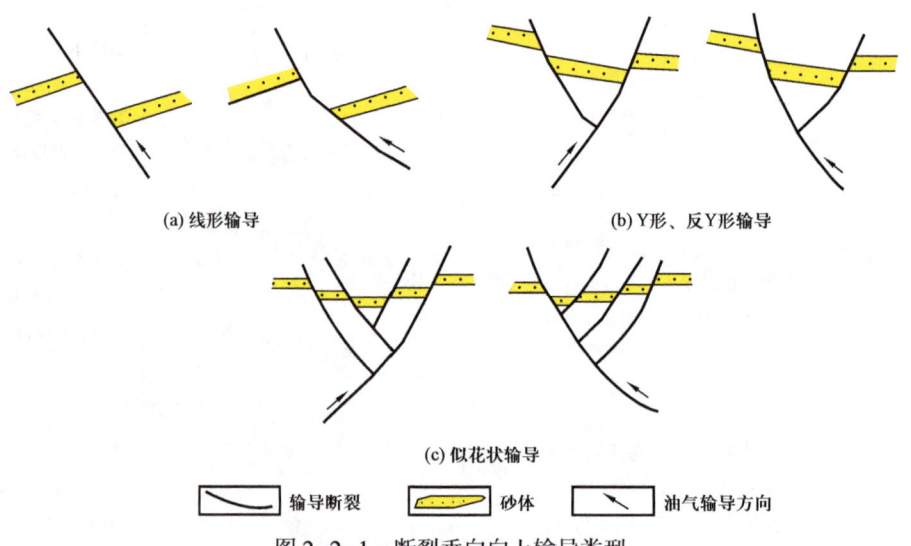

图 2-2-1 断裂垂向向上输导类型

若输导通道仅为单条油源断裂，则呈线形输导，具有快速、集中的特点，并伴随着向两侧砂层的侧向充注；而当主干油源断裂在伸展或重力作用下派生出低级别分支断层呈Y形或似花状输导时，受分支断层影响，油气能够更容易运移到较远地层，在远离主干油源断裂处成藏[53]。由于沉积环境和构造应力场变化的差异，不同地区有着各自的优势输导形式，许多地区往往几种输导形式并存。

勘探实践表明，准噶尔盆地玛湖凹陷、盆1井西凹陷环带、莫北地区以及柴达木盆地阿尔金山前带均发育断裂垂向单一输导体系。

1）准噶尔盆地腹部断裂垂向输导体系

通过地震资料解释研究，准噶尔盆地玛湖凹陷斜坡区发育多条断层，既包括多条深部油源断裂，也发育多条浅层断裂带，深、浅两种断裂组合构成的断裂垂向单一输导体系主要呈现出花状输导、Y形输导和接力型输导三种断裂垂向输导类型。花状输导型断裂主要发育在Ⅰ级走滑断裂附近，是由印支期末—燕山期走滑断裂与中生界的"甜点"储层配合形成的运移通道。Ⅰ级走滑断裂垂向上切割地层深，平面延伸长、断层面陡，形成时期正是二叠系主力烃源岩的生排烃期，因此构成油气垂向运移的良好通道，油气进入走滑断裂后，在浮力和压差的作用下，优先沿断裂带"甜点"储层成藏，待油气充满后继续沿主断裂、分支断裂呈发散式运移，在剖面上多个层位、平面上多个圈闭聚集成藏，从而在垂向上形成立体成藏模式，如玛南成藏带的大侏罗沟断裂（图2-2-2）。

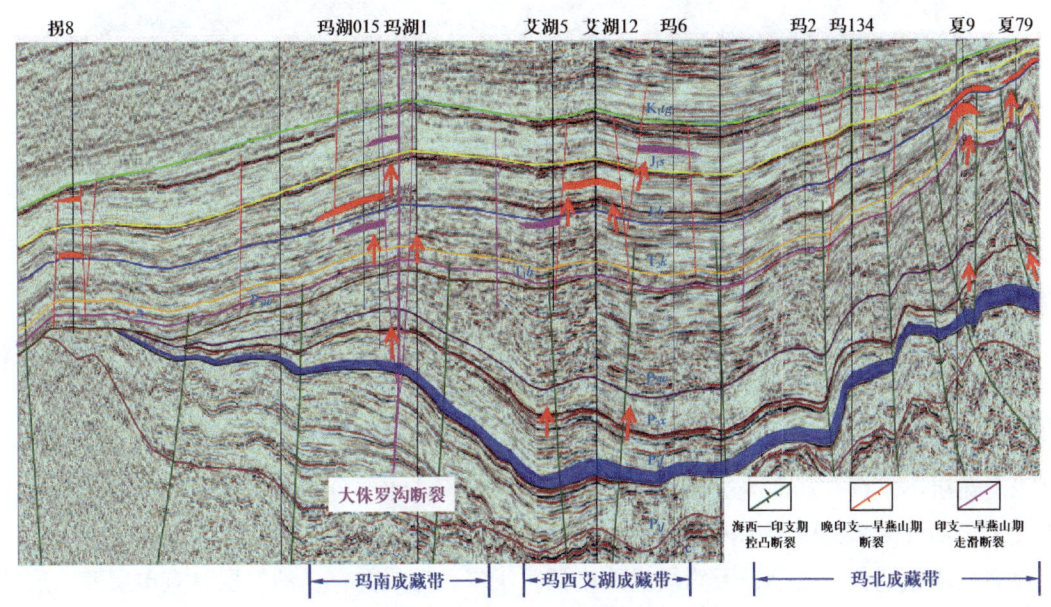

图 2-2-2 准噶尔盆地腹部玛湖凹陷斜坡区断裂剖面特征

K_1tg—白垩系吐谷鲁群；J_1s—侏罗系三工河组；J_1b—侏罗系八道湾组；T_3b—三叠系白碱滩组；T_2k—三叠系克拉玛依组；T_1b—三叠系百口泉组；P_3w—二叠系上乌尔禾组；P_2w—二叠系下乌尔禾组；P_2x—二叠系夏子街组；P_1f—二叠系风城组；P_1j—二叠系佳木河组；C—石炭系

Y形输导断裂主要是发育在玛北断裂带、乌尔禾鼻隆、百口泉鼻隆顶部的Ⅱ级断裂，与其下深部逆断层呈Y形搭配，深部逆断层是油源断裂，Ⅱ级断裂断层面倾角大、开启性强、活动期相对较晚，与深部逆断层配合可形成台阶状运移通道，如玛北断裂带夏9井的油藏模式（图2-2-2）。

接力型输导体系主要发育在斜坡区，深部逆断层与斜坡区Ⅲ级和Ⅴ级正断裂相接。正、逆断层的楼梯式转接组合是油气高效聚集方式，在斜坡区发现了较高丰度的断层—岩性油气藏，如艾湖5井、艾湖12井的油藏模式（图2-2-2）。

在准噶尔盆地其他地区，例如莫北油气田，也发育断裂垂向单一输导体系，主要呈现出Y形输导的特征，深层油气通过深、浅两套断裂体系Y形搭接或配合不整合面、砂体桥接垂向运移至浅部构造层成藏（图2-2-3）。

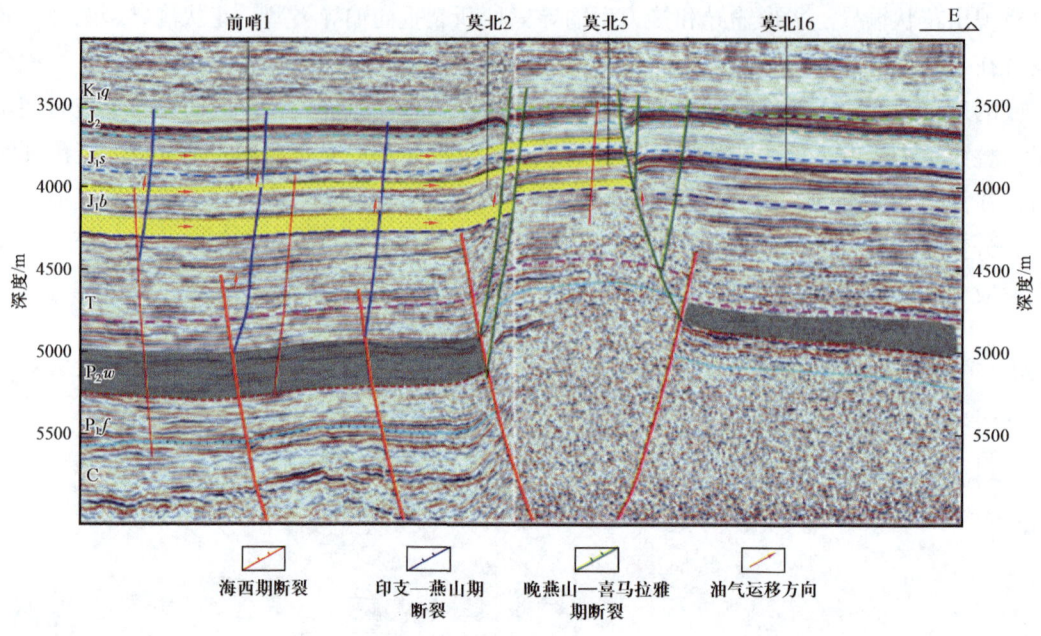

图 2-2-3　准噶尔盆地莫北地区源上断裂直通型输导体系

2）柴达木盆地阿尔金山前断裂垂向输导体系

柴达木盆地阿尔金山前带发育断层垂向单一输导体系，其特点是断层垂向输导为主、膏泥岩盖层不发育、局部盖层控制多层系成藏。该模式主要分布于牛东鼻隆，以牛东气田为代表。油气藏整体位于源内或源上，输导方式以断层垂向短距离输导为主；受断层输导性控制，成藏期相对较早，天然气成熟度低，干气、湿气并存；油气层具有单层薄、层数多、纵向分布广的特点；油气藏类型以构造—岩性、岩性—构造为主（图 2-2-4）。这种垂向单一输导类型决定了牛东地区目的层系多，适合深浅层立体勘探，与油源断层沟通的砂体易于形成构造—岩性油气藏，是下步精细勘探的有利目标。

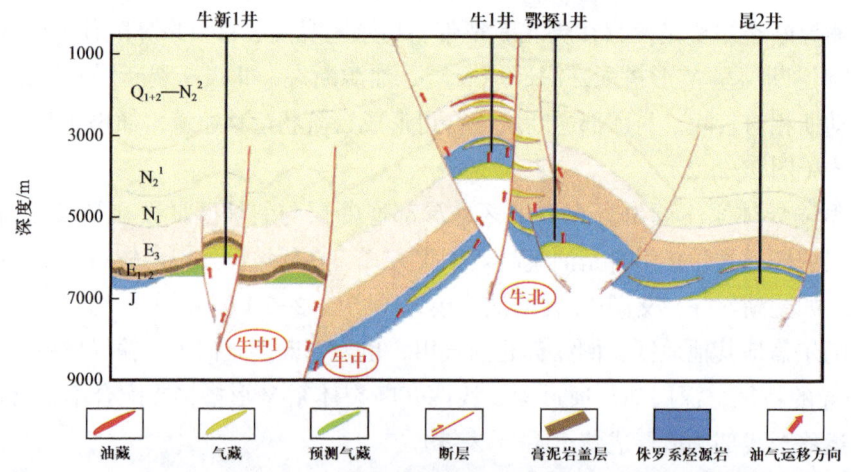

图 2-2-4　柴达木盆地阿尔金山前带断层垂向单一输导体系（据文献［54］修改）

在阿尔金山前带英东地区，断裂垂向输导体系表现出通源断裂单支状输导、Y形输导和接力型输导的特征，断裂与周围的砂体组合形成断块油气藏、断背斜油气藏等。单支状只有主干断层，没有或有很少的分支断层，与背斜构造组合形成断背斜圈闭，典型井如南10井（图2-2-5）；Y形输导和接力型输导与准噶尔盆地的输导特征相似，在尖5井、油6井和砂37井地区发育较多。

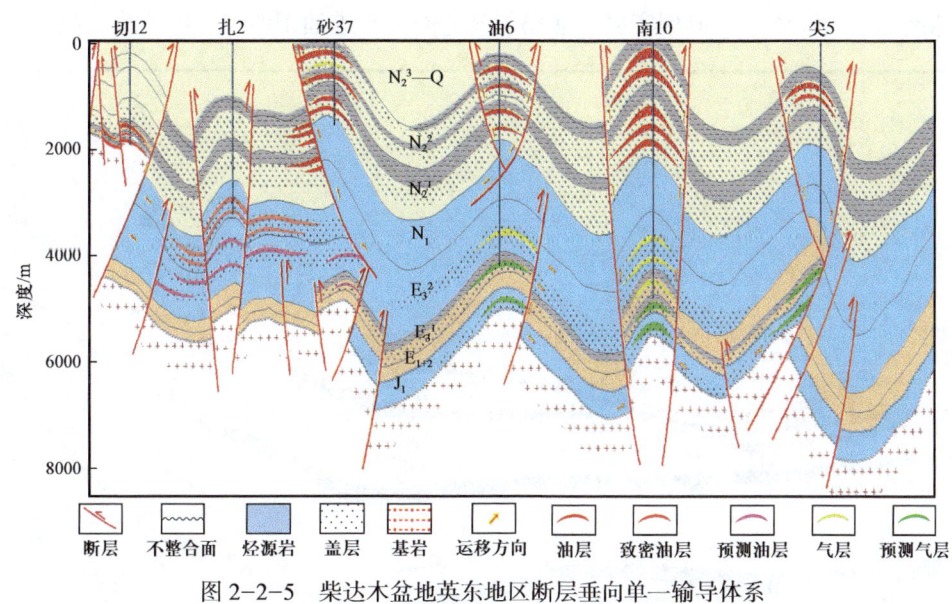

图2-2-5　柴达木盆地英东地区断层垂向单一输导体系

二、断裂—不整合复合输导体系

1. 断裂—不整合复合输导体系定义

断裂—不整合复合输导体系指的是油气通过油源断裂由烃源岩垂向运移到不整合面上下时，受控于不整合面下部半风化壳及上部底砾岩层而进行大规模侧向运移[5]。通常该体系控制下的油气沿大型地层削截／超覆尖灭线之下连片分布。

不整合面主要指二级构造层序控制的大型区域不整合面，多形成于盆地性质的转换期，在西部叠合盆地经常发育多套区域不整合面，例如准噶尔盆地二叠系和三叠系之间的不整合面、白垩系和侏罗系之间的不整合面等。在平面上，不整合面高渗透层顶面的构造起伏决定了油气侧向输导的优势路径。区域不整合面之下发育半风化壳高孔淋滤带，具有较强的油气侧向输导能力，不整合面之上多发育退覆式三角洲砂体。该类砂体的退覆与湖侵有关，湖侵泥岩与下部三角洲砂体构成优质储盖组合，该套储盖组合随着湖侵的发展及三角洲的退积，横向上大面积分布，对油气侧向运移具有重要的控制作用。

2. 断裂—不整合复合输导模式

远源次生油气藏断裂—不整合复合输导模式可进一步细分为源上断裂—不整合输导和

源边断裂—基岩不整合输导。

1）源上断裂—不整合复合输导体系

源上断裂—不整合复合输导体系是指油气先经过油源断裂跨储盖组合垂向运移至上部储盖组合相关的区域不整合面，然后沿该不整合面上覆超覆砂体或不整合面下伏半风化壳高孔隙度、高渗透储层侧向运移，此类输导体系往往发育多条油源断裂与不整合面配置形成立体网毯状输导体系，典型实例为准噶尔盆地南部永进油田西山窑组油藏（图2-2-6）。

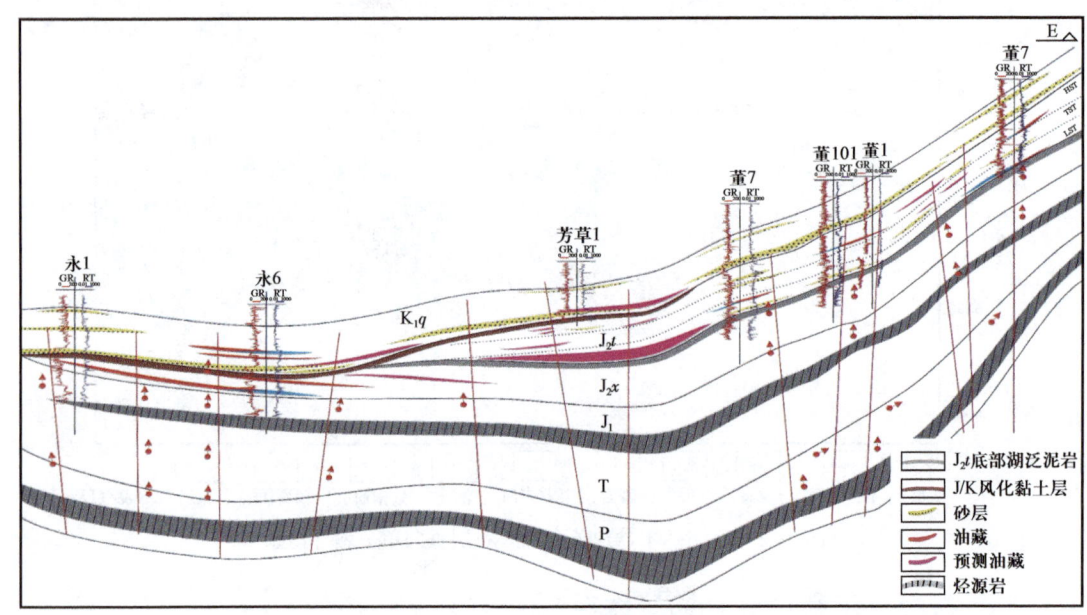

图2-2-6 准噶尔盆地南部侏罗系、白垩系源上断裂—不整合输导体系

永进油田处于准噶尔盆地腹部莫索湾凸起南斜坡，油藏类型以地层—岩性油气藏为主。该油气田的油气主要来源于中二叠统下乌尔禾组和下侏罗统八道湾组烃源岩，其中下乌尔禾组烃源岩为主要的烃源岩，储层主要集中在白垩系和侏罗系，包括白垩系清水河组，侏罗系头屯河组、西山窑组、三工河组，中侏罗统西山窑组为永进油田主力含油层段。该地区在中—晚侏罗世受燕山运动压扭作用的影响，车排子—莫索湾一带逐渐隆升，形成车莫古隆起，该隆起位于盆1井西凹陷和沙湾凹陷之间，是两个生烃凹陷重要的油气运移指向区。此外，古隆起区中—上侏罗统遭受不同程度剥蚀，剥蚀厚度可达700m。永进油田位于车莫古隆起的南翼，在晚侏罗世，地层向北抬升遭受剥蚀，缺失中侏罗统头屯河组、上侏罗统齐古组和喀拉扎组[55]。在地震剖面上，西山窑组与白垩系为明显的削截不整合接触。准噶尔盆地南部发育大型走滑断裂体系，断穿二叠系至白垩系，可以有效沟通深部二叠系、侏罗系来源的油气向浅层运移。走滑断裂与两期不整合面构成源上断裂—不整合输导体系，二叠系烃源岩生成的油气沿断裂向上运移，由深层运移至浅层不整合面，在不整合面下伏半风化壳高孔隙度、高渗透储层输导作用下发生侧向运移，同时受古隆起周缘地层尖灭线遮挡形成地层—岩性油气藏（图2-2-6）。

2）源边断裂—基岩不整合输导体系

源边断裂—基岩不整合输导体系是指控凹边界断裂造成源边基岩与烃源岩直接对接或通过断裂沟通，形成大跨度供烃窗口。由于基岩多为火山岩、变质岩等特殊岩性，长期受风化淋滤改造后孔渗条件被改善，往往具有较好的输导能力和储集条件，基岩不整合面之上多发育厚层底砾岩，同样具有较强的侧向输导能力，因此，油气可以通过断裂直接从烃源岩进入基岩不整合面侧向运移，并可跨断阶带成藏，如准噶尔盆地腹部陆梁地区、柴达木盆地阿尔金山前东段及昆北断阶带基岩油藏等。

柴达木盆地阿尔金山前东段发育源边断裂—基岩不整合输导体系。由于断层倾角较大，断层面以近垂直的形式沿南北向延伸，不整合结构层呈面状向水平方向延伸展布被断层切割，在剖面上表现为 T 字形。根据不整合的类型和形态差异，不整合与断层之间有 4 种配置关系（图 2-2-7）。在东坪、尖北、牛中等隆起和斜坡区，主要为基岩不整合与断层配置，包括基岩不整合斜坡+断层、基岩不整合鼻状构造+断层两种配置关系；在侏罗系发育区（如牛东地区），主要为侏罗系不整合与断层配置，包括侏罗系不整合斜坡+断层、侏罗系不整合鼻状构造+断层两种配置关系。

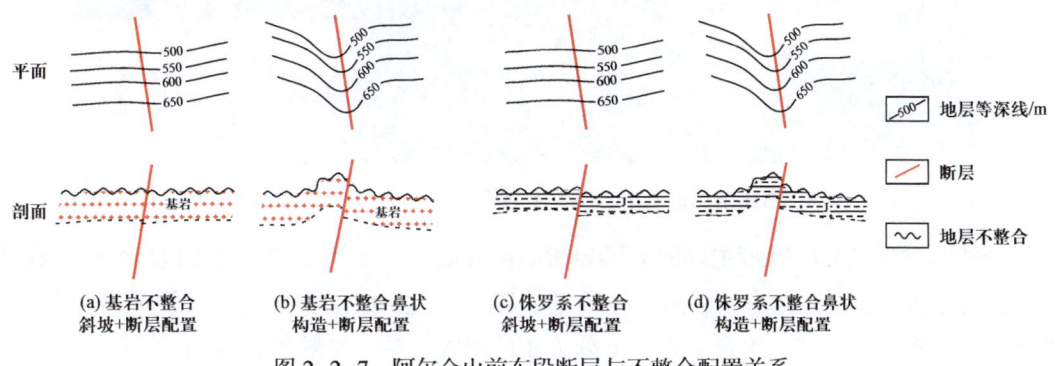

图 2-2-7　阿尔金山前东段断层与不整合配置关系

断层和不整合的配置关系不同决定着不同的输导特征和输导模式。对于基岩不整合与断层配置关系，由于断层和基岩不整合都具有较好的输导性，侏罗系生烃灶生成的油气首先沿油源断层输导至较低部位的基岩不整合结构层中，然后在基岩不整合结构层中继续向构造高部位输导，最后在山前带合适的圈闭中聚集成藏。由于基岩不整合输导性好，分布面积广，因此这种配置关系有利于油气远距离输导。在这种配置中，不整合可能对远距离输导具有主导作用，而断层主要起沟通油气源的作用。

侏罗系不整合与断层配置关系主要分布在牛东地区。由于不整合结构层输导性较差，断层对输导具有主导控制作用，断层不仅沟通油气源，还是沟通储层和圈闭的重要纽带。因此，该区油气以垂向短距离输导为主，油气藏具有多层系含油气特征。

断层本身是高效的输导通道，不整合面的构造脊具有优势输导作用，因此，油源断层与不整合面的鼻隆复合叠加构成优势输导通道。据此，在阿尔金山前东段识别出 5 个优势输导通道，即东坪鼻隆+坪东断层优势运移通道、牛东鼻隆+鄂东断层优势运移通道、尖北鼻隆+尖北断层优势输导通道、尖北鼻隆+潜北断层优势输导通道、牛中鼻隆+牛中断层优势输导通道（图2-2-8）。

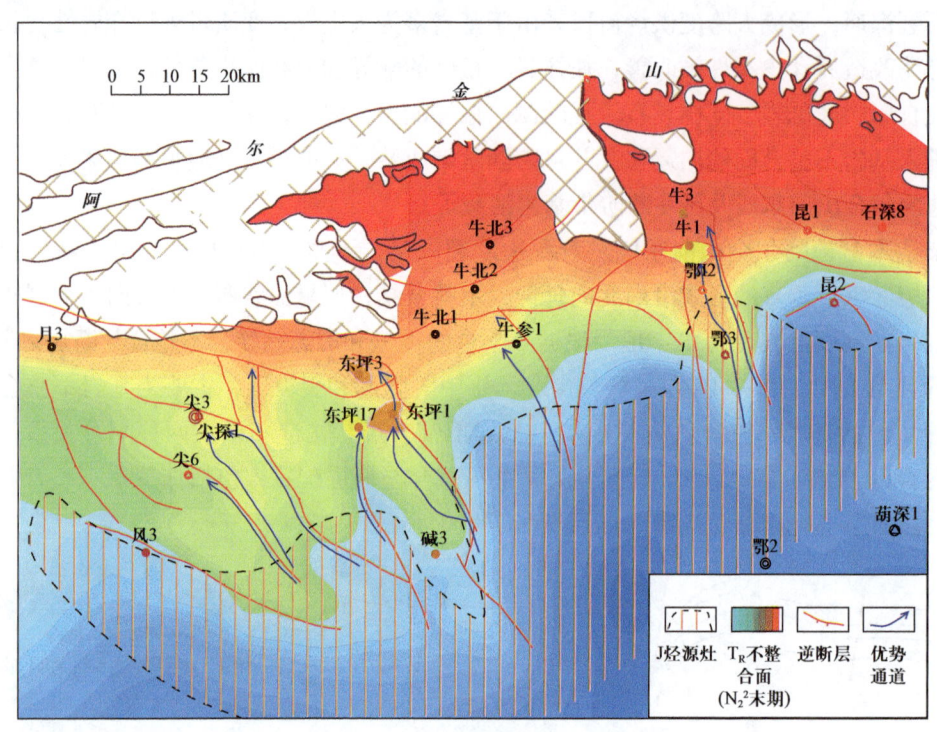

图2-2-8　阿尔金山前东段关键成藏期断层与T_R不整合面古构造叠合图

柴达木盆地昆北断阶带主要的输导要素有昆北断层、不整合结构层（包括底砾岩和基岩半风化层）、部分具有输导性的三四级断层以及与这些断层沟通的E_{1+2}层和E_3^1层渗透性砂体。根据它们之间的组合关系，可分为4种配置关系，如图2-2-9所示。

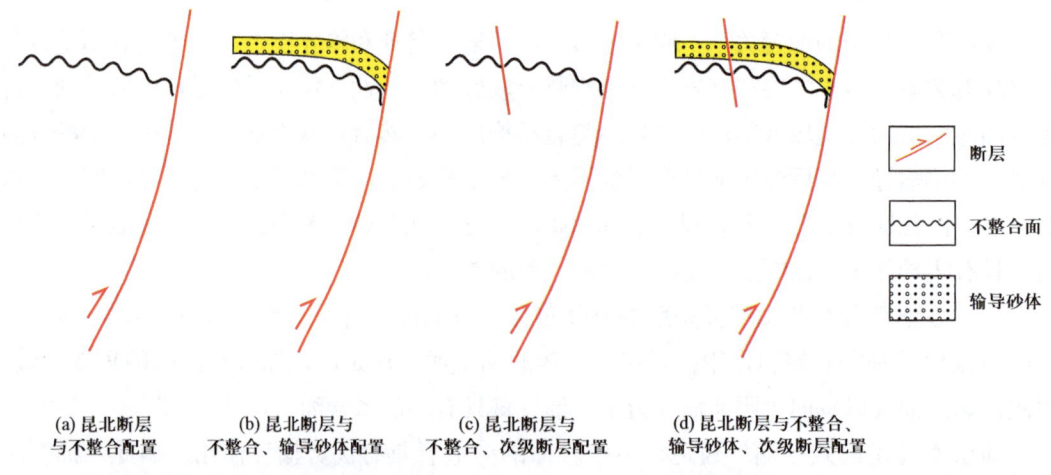

图2-2-9　昆北断阶带输导要素配置关系

从图 2-2-9 中可以看出，4 种配置关系中，昆北断裂都是主控断裂，是昆北断阶带不可或缺的输导要素。因此，昆北断层的输导特征在很大程度上控制了该区的输导通道和路径。研究表明，昆北断层控制油气一级输导，不整合和砂体输导层控制油气二级输导，三四级断层仅对油气输导起次级调整作用，不同级别的断裂与不整合、砂体共同构成该地区的油气输导网络。

三、断裂—毯砂阶状输导体系

1. 断裂—毯砂阶状输导体系定义

断裂—毯砂阶状输导体系指的是烃源岩排出油气在通过油源断裂沟通至浅层毯状砂体层后，受次级层间断裂和构造影响，沿多期毯砂和次级层间断裂呈阶状运移的输导体系[5]。

油源断裂—毯砂复合输导体系对中浅层油气规模侧向输导也具有重要控制作用。断裂—毯砂阶状输导型组合中，油气输导整体受通源断裂体系、多期毯砂、构造鼻凸带三元控制。油气通过油源断裂垂向沟通后，首先进入断裂顶端第一套毯状砂体中侧向运移，当遇到浅层断裂体系油气再次发生垂向调整并进入上部毯砂中继续侧向运移，因此，多期断裂和多期毯砂配置形成复杂的断裂—毯砂阶状输导体系，控制油气从近源区向远源区阶状侧向运移。

2. 断裂—毯砂阶状输导模式

断裂—毯砂阶状输导体系在准噶尔盆地腹部地区、西缘车排子地区广泛发育。

准噶尔盆地腹部地区远源次生油气藏油气输导体系主要由深浅断裂及三套毯砂体构成，腹部地区共存在 6 个由断裂、鼻凸、毯砂构成的"三位一体"复合优势输导通道，即玛东—三个泉优势输导通道、达北—夏盐优势输导通道、达南—基东优势输导通道、石西—石东优势输导通道、莫索湾—莫北优势输导通道、莫南优势输导通道。

油气通过深浅断裂向浅层运移，但是砂岩侧向输导性能及优势输导路径与砂体的展布形态密切相关。前人研究表明，后期沉积地层的产状及几何形态往往受先期古构造的控制，一般情况下，输导层顶面盖层的几何形态和产状与下部砂岩输导层的古产状具有一致性，它对于油气沿输导层侧向运移的效率及优势通道的形成都有着重要的影响，当盖层为面状倾斜时，下部输导层中的油气运移流线呈近平行面状，效率较低；而向斜状盖层使流线沿上倾方向发散，不利于油气的侧向运移，只有在倾伏背斜状的盖层限制下（下部砂岩输导层可能形成背斜构造脊），油气容易汇聚形成优势输导通道，运移距离较远。

在浮力驱动下，砂岩输导层的优势输导通道主要受构造脊控制，因而在分析油气输导要素配置的同时，还需考虑成藏期构造对油气输导要素的影响。研究表明，准噶尔盆地腹部中浅层具有"多源、多期、多类型、次生成藏"的特点，其中晚燕山期和喜马拉雅期是油气的两大关键成藏期。晚燕山期，二叠系油气沿海西期、燕山期断裂垂向接力运至侏罗系、白垩系古凸起及周缘聚集成藏；而喜马拉雅期，地层整体向南掀斜，油气沿低凸带—砂体构成的优势运移路径进行侧向调整，被岩性尖灭带或东西向断裂遮挡后，形成次生岩性、构造油气藏。燕山期、喜马拉雅期两期构造格局对于砂体的侧向输导以及后期的油气分布有着重要影响。

前人通过地震解释数据及钻井资料，利用层拉平技术恢复晚燕山期三工河组古构造及现今三工河组构造，展示腹部中浅层不同关键成藏期构造格局（图 2-2-10）。受古近纪以来喜马拉雅运动影响，盆地向南发生整体掀斜，北部陆梁隆起继承性发育，而南部构造发生掀斜调整，现今侏罗系构造格局整体呈现北隆南斜的构造格局（2-2-11）。

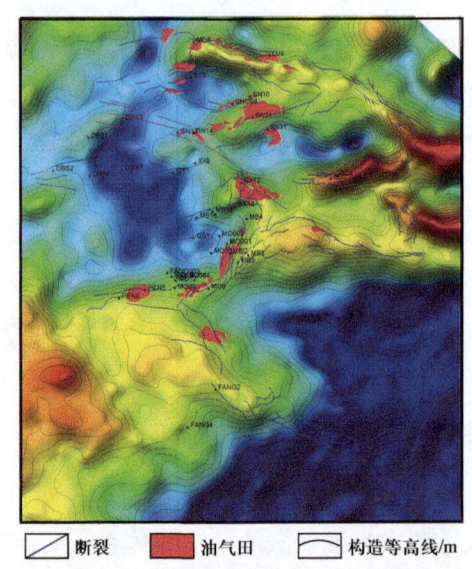

图 2-2-10　三工河组晚燕山期古构造示意图

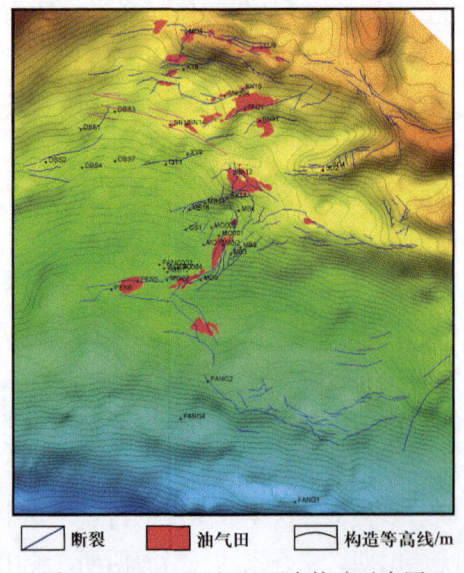

图 2-2-11　三工河组现今构造示意图

对比两期构造平面图可以看出，由于古近纪以来喜马拉雅运动对盆地自南向北的挤压，造成地层整体向南掀斜，燕山期"两隆两坳"的隆坳格局基本结束，已经演变为北隆南斜的构造形态。在局部陆梁地区南北向构造形态继承性发育，东西向构造高点向北迁移，北东向凸起演化为鼻凸，东西向凸起演化为背斜。

从图 2-2-12 可以看出，油气通过深浅断裂运移至浅层后，受浮力影响，沿断裂鼻凸带运聚和富集，在平面上，准噶尔盆地腹部中浅层存在六大断裂—鼻凸组合带，控制了油气在平面上的运聚与分布。

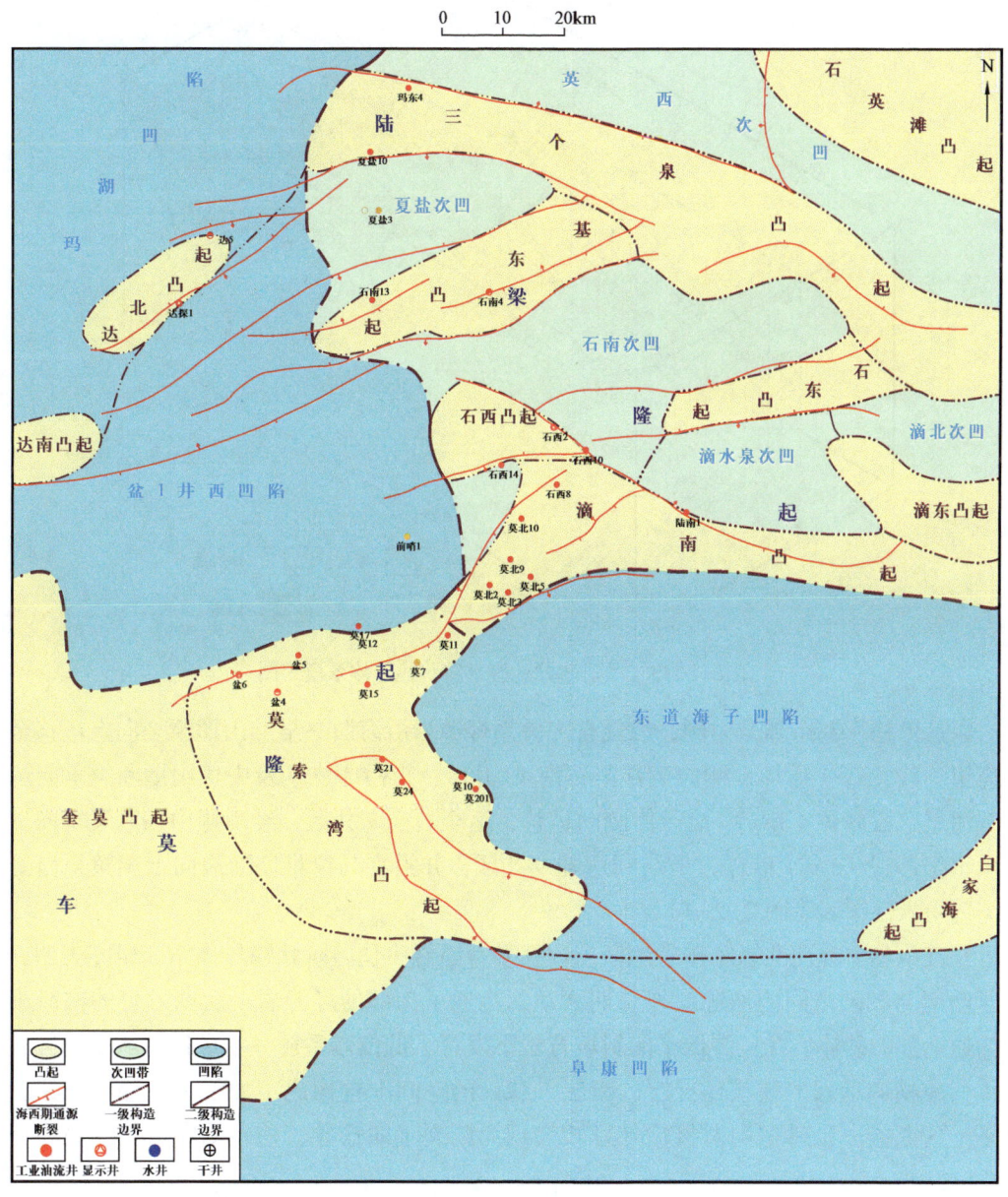

图 2-2-12 准噶尔盆地腹部侏罗系晚燕山期构造单元图

— 49 —

同时，在纵向上存在三大砂岩输导层，其与三幕燕山期断裂在空间上立体交错，使得油气在自南部源灶由断裂进入侏罗系后，先进入最下层的八道湾组一段（J_1b）输导层，后再由中燕山期断裂向上调整至三工河组二段二砂组（$J_1s_2^2$）输导层，最后再由晚燕山期断裂调节至西山窑组四段输导层，整体形成由三套输导层与燕山期断裂构成的阶状输导体系（图2-2-13）。

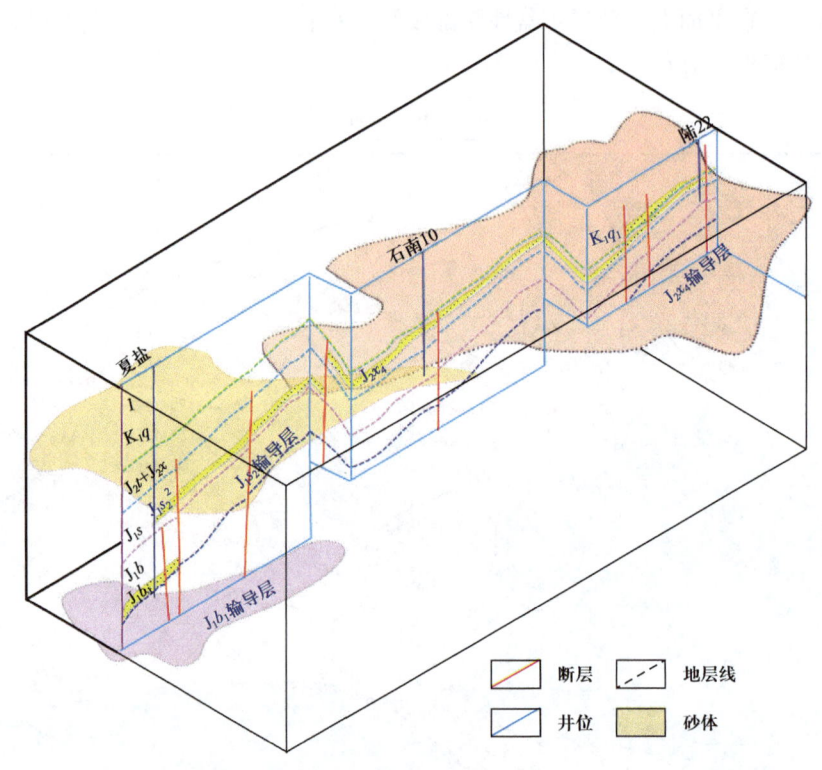

图2-2-13 准噶尔盆地腹部阶状输导体系模式图

以达巴松—基东鼻凸为例，油气自二叠系烃源岩沿海西—早燕山期断裂向上运移至八道湾组一段（J_1b）砂体，侧向运移至石南13井区，再沿印支期及中燕山期断裂垂向运至三工河组二段砂体（J_1s_2），沿砂体侧向运移，运至石南7井区，经晚燕山期断裂垂向运至西山窑组四段（J_2x_4）砂体，最终到达陆9井区，并沿喜马拉雅期断裂向上调整至白垩系呼图壁组岩性圈闭（图2-2-14）。

在准噶尔盆地西北缘车排子地区，同样发育断裂—毯砂阶状输导体系。研究表明，车排子凸起与凹陷之间的油源断裂长期活动，沟通了深部的烃源岩，后期发育的次级小断裂沟通上部的砂体。在宽缓低平的斜坡背景下发育了低位体系域—水进体系域砂体区域分布，构成横向运移的毯状输导层，断层—毯砂的空间配置构成了油气远源输导格架。车排子地区断裂—毯砂侧向对接输导样式表现为断裂垂向输导、毯砂侧向对接的输导特征（图2-2-15）。

第二章 远源次生油气藏输导体系类型及特征

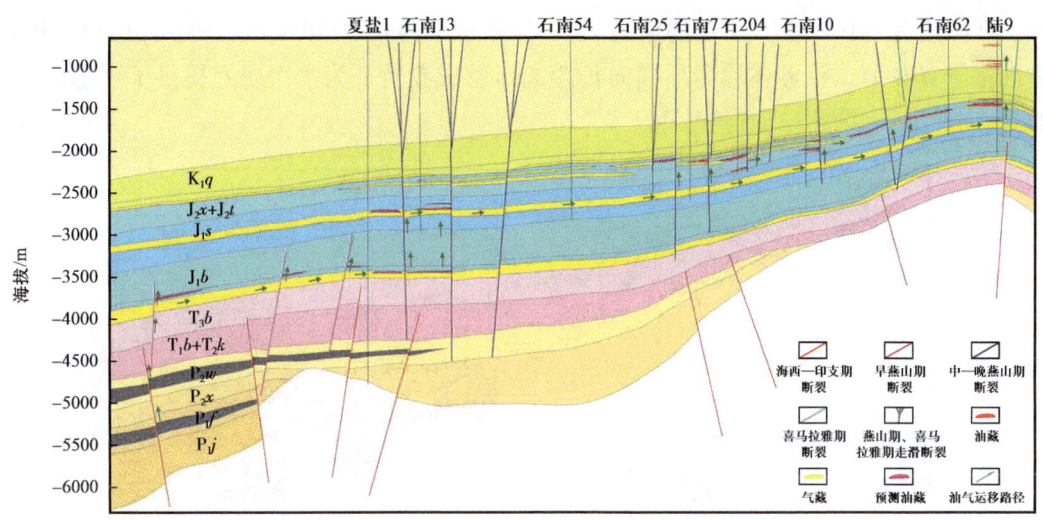

图 2-2-14 达巴松—基东鼻凸油气阶状运移模式图

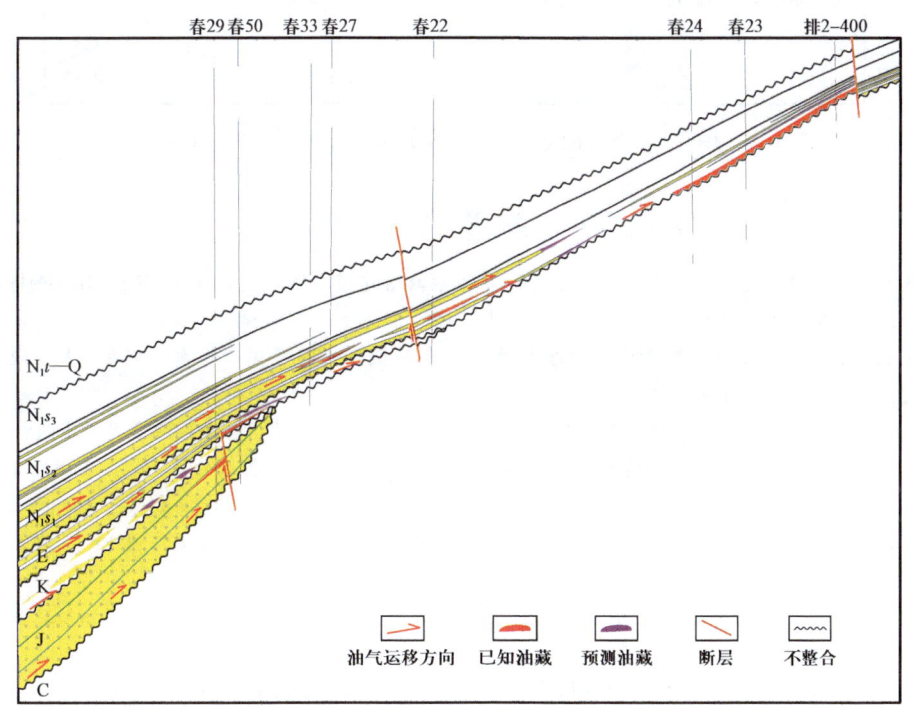

图 2-2-15 准噶尔盆地车排子地区断裂—毯砂阶状输导体系图

车排子地区是以石炭系为基底的继承性古凸起,是沙湾凹陷油气运移的有利指向区(图 2-2-16)。自下而上依次发育侏罗系、白垩系、古近系、新近系及第四系,新近系沙湾组(N_1s)为区域砂体输导层,该输导层与红车油源断层配置,形成"断—砂"输导体系,来自沙湾凹陷的油气沿红车断裂带向 N_1s 输导层充注,并沿该套输导层向凸起长距离横向运移,油气多位于输导层尖灭线附近。N_1s 输导层现今埋深小于 1800m,孔渗条件

- 51 -

好,孔隙度为9.1%~37%(平均值为28%),渗透率为0.9~1020mD(平均值为61.4mD,横向输导条件好,沿砂体输导层横向长距离运移成藏特征为本次研究提供了理想的分析对象。

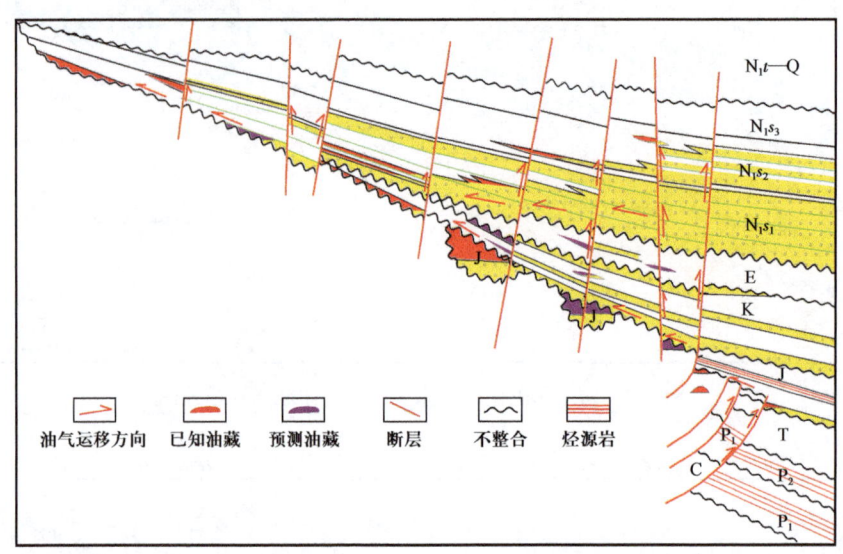

图 2-2-16　准噶尔盆地车排子地区复合输导体系图

参 考 文 献

[1] 郭秋麟,刘继丰,陈宁生,等.三维油气输导体系网格建模与运聚模拟技术[J].石油勘探与开发,2018,45(6):947-959.

[2] 来宁凯,宋力,汪新文.基于地震正演与井震结合的低序级断层描述技术及应用[J].现代地质,2017,31(2):338-347.

[3] 郑和荣,尹伟.中国中西部四大盆地碎屑岩油气成藏体系[M].武汉:中国地质大学出版社,2016.

[4] 陈永波,程晓敢,张寒,等.玛湖凹陷斜坡区中浅层断裂特征及其控藏作用[J].石油勘探与开发,2018,45(6):985-994.

[5] 陈棡,卞保力,李啸,等.准噶尔盆地腹部中浅层油气输导体系及其控藏作用[J].岩性油气藏,2021,33(1):46-56.

[6] 王新新,董瑞霞,田浩男,等.地震多属性分析技术在鹿场三维区的应用[J].石油地球物理勘探,2018,53(增刊1):208-213.

[7] 彭明涛,王磊,曾明勇,等.综合物探方法在川东高陡断褶带隐伏断层勘探中的应用研究[J].物探与化探,2021,45(4):882-889.

[8] 鲁国,田方磊,何登发,等.四川盆地中部高石梯-磨溪地区FI9走滑断裂带构造特征与演化[J].地球科学,2023,48(6):2238-2253.

[9] 罗群,王千军,杨威,等.走滑断裂内部结构渗透差异特征及其输导控藏模式[J].地球科学,2023,48(6):2342-2360.

[10] Hindle A D. Petroleum migration pathways and charge concentration: A three-dimensional model [J]. AAPG Bulletin, 1997, 81(8): 1451-1481.

[11] 罗彩明,梁鑫鑫,黄少英,等.塔里木盆地塔中隆起走滑断裂的三层结构模型及其形成机制[J].

石油与天然气地质, 2022, 43（1）: 118-131.

［12］马庆佑, 曾联波, 徐旭辉, 等.塔里木盆地肖尔布拉克剖面走滑断裂带内部结构及控储模式［J］.石油与天然气地质, 2022, 43（1）: 69-78.

［13］周庆华.松辽盆地西部斜坡区油气运移机制及其对成藏作用研究［D］.大庆: 大庆石油学院, 2005.

［14］卞保力, 张景坤, 吴俊军, 等.准噶尔盆地西北缘大侏罗沟走滑断层油气成藏效应［J］.地学前缘, 2019, 26（1）: 238-247.

［15］姜大朋, 代一丁, 刘丽华, 等.断裂输导油气的机制及侧向分流控制因素探讨［J］.现代地质, 2014, 28（5）: 1023-1031.

［16］罗群.断裂带的输导与封闭性及其控藏特征［J］.石油实验地质, 2011, 33（5）: 474-479.

［17］于海涛, 孙雨, 孙同文, 等.断-砂复合输导体系及优势输导通道表征方法与应用［J］.油气地质与采收率, 2019, 26（5）: 31-40.

［18］洪加郎, 金强, 程付启, 等.改进的断层封闭性计算参数的获取方法及应用——以辽西凸起中南段为例［J］.油气地质与采收率, 2018, 25（3）: 50-54, 60.

［19］罗晓容, 周路, 史基安.中国西部典型叠合盆地油气成藏动力学研究［M］.北京: 科学出版社, 2015.

［20］国殿斌, 向才富, 蒋飞虎, 等.东濮凹陷西南洼断层的油气输导作用与机理探讨［J］.断块油气田, 2017, 24（2）: 159-164.

［21］于翠玲, 曾溅辉.断层幕式活动期和间歇期流体运移与油气成藏特征［J］.石油实验地质, 2005, 27（2）: 129-133.

［22］冯许魁, 何文渊, 胡少华, 等."构造脊"控藏模式及勘探实例［J］.石油学报, 2022, 43（8）: 1065-1077.

［23］付广, 王浩然.不同时期油源断裂输导油气有利部位确定方法及其应用［J］.石油学报, 2018, 39（2）: 180-188.

［24］Vail P R, Mitchum R M, Thompson S. Seismic stratigraphy and global changes of sea level, part 3: relative changes of sea level from coastal onlap. In: Payton C E.Seismic Stratigraphy-applications to hydro carbon exploration［M］. Tulsa, Oklahoma: American Association of Petroleum Geologists, 1977.

［25］Brown L F, Fisher W L. Seismic stratigraphy interpretation and petroleum exploration［M］. Tulsa, Oklahoma: American Association of Petroleum Geologists, 1980.

［26］周瑶琪, 陆永潮, 李思田, 等.间断面缺失时间的计算问题——以贵州紫云上二叠统台地边缘礁剖面为例［J］.地质学报, 1997, 71（1）: 7-16.

［27］郭维华, 牟中海, 赵卫军, 等.准噶尔盆地不整合类型与油气运聚关系研究［J］.西南石油学院学报, 2006, 28（2）: 1-3.

［28］罗金洋.束鹿凹陷西斜坡油气输导体系及其成藏贡献研究［D］.大庆: 东北石油大学, 2017.

［29］艾华国, 兰林英, 张克银, 等.塔里木盆地前石炭系顶面不整合面特征及其控油作用［J］.石油实验地质, 1996, 18（1）: 1-12.

［30］查明, 吴孔友, 曲江秀, 等.断陷盆地油气输导体系与成藏作用［M］.东营: 中国石油大学出版社, 2008.

［31］杨勇, 查明, 洪太元, 等.不整合分类研究进展与新型分类方案［J］.地层学杂志, 2007, 31（3）: 288-295.

［32］何登发."下削上超"地层不整合的基本类型与地质意义［J］.石油勘探与开发, 2018, 45（6）: 995-1006.

［33］唐勇, 纪杰, 郭文建, 等.准噶尔盆地阜康凹陷东部中/上二叠统不整合结构特征及控藏作用［J］.石油地球物理勘探, 2022, 57（5）: 1138-1147.

[34] 田光荣, 白亚东, 裴明利, 等. 柴达木盆地阿尔金山前东段输导体系及其控藏作用[J]. 天然气地球科学, 2020, 31 (3): 348-357.

[35] 刘桂珍, 张德诗, 李能武. 昆北断阶带基岩储层特征及油气成藏条件[J]. 岩性油气藏, 2015, 27 (2): 62-69.

[36] 吴康军, 刘洛夫, 肖飞, 等. 准噶尔盆地车排子周缘油气输导体系特征及输导模式[J]. 中国矿业大学学报, 2015, 44 (1): 86-96.

[37] 高徐辉, 田媛媛. 含油气盆地输导体系研究进展[J]. 山东化工, 2019, 48 (5): 66-67.

[38] 岳勇, 罗少辉. 塔里木盆地玉北地区构造特征及对奥陶系成藏输导体系的控制[J]. 地质科技情报, 2019, 38 (5): 20-30.

[39] 刘晓凤, 曾溅辉, 张忠涛, 等. 白云凹陷东部A井区油气输导体系及其控藏作用[J]. 地球物理学进展, 2019, 34 (3): 1061-1073.

[40] 张善文. 准噶尔盆地盆缘地层不整合油气成藏特征及勘探展望[J]. 石油实验地质, 2013 (3): 231-237.

[41] 王圣柱, 林会喜, 张奎华. 关于不整合作为油气长距离运移通道的讨论[J]. 特种油气藏, 2016, 23 (6): 1-6.

[42] 宫亚军, 王金铎, 曾治平, 等. 砂体输导层油气运移速率新模型及其应用[J]. 油气地质与采收率, 2022, 29 (5): 67-74.

[43] 宋明水, 赵乐强, 宫亚军, 等. 准噶尔盆地西北缘超剥带圈闭含油性量化评价[J]. 石油学报, 2016, 37 (1): 64-72.

[44] 蒋有录, 查明. 石油天然气地质与勘探[M]. 北京: 科学出版社, 2006.

[45] 罗晓容, 张立宽, 付晓飞, 等. 深层油气成藏动力学研究进展[J]. 矿物岩石地球化学通报, 2016, 35 (5): 876-889, 806.

[46] 孙同文. 含油气盆地输导体系特征及其控藏作用研究[D]. 大庆: 东北石油大学, 2014.

[47] 孙川东, 孟凡营, 安茂吉, 等. 石南地区岩性油气藏成因砂体类型和储集特征[J]. 石油天然气学报, 2008, 30 (1): 214-216.

[48] 于兴河. 碎屑岩系油气储层沉积学的发展历程与热点问题思考[J]. 沉积学报, 2009, 27 (5): 880-895.

[49] 庞雄奇, 陈冬霞, 张俊, 等. 相—势—源复合控油气成藏机制物理模拟实验研究[J]. 古地理学报, 2013, 15 (5): 575-592.

[50] Dreyer T, Scheie A, Walderhung O. Minipermeter-based study of permeability trends in channel sand bodies [J]. AAPG Bulletin, 1990, 74: 359-374.

[51] 李铁军, 罗晓容. 碎屑岩输导层内油气运聚非均一性的定量分析[J]. 地质科学, 2001, 36 (4): 402-413.

[52] 程亮, 王振奇, 陈勇. 准噶尔盆地白家海凸起侏罗系油气成藏模式与勘探方向[J]. 科学技术与工程, 2015, 15 (25): 115-119, 134.

[53] 孙同文, 付广, 吕延防, 等. 断裂输导流体的机制及输导形式探讨[J]. 地质论评, 2012, 58 (6): 1081-1090.

[54] 马达德, 袁莉, 陈琰, 等. 柴达木盆地北缘天然气地质条件、资源潜力及勘探方向[J]. 天然气地球科学, 2018, 29 (10): 1486-1496.

[55] 任新成. 准噶尔盆地永进油田西山窑组油藏成岩演化及成藏史[J]. 新疆石油地质, 2021, 42 (1): 21-28.

第三章 远源次生油气藏成藏模式与油气富集规律

油气成藏模式与富集规律的研究在油气勘探领域具有极其重要的意义。通过系统研究已发现油气藏的成藏模式与富集规律，不仅可以揭示油气藏的形成机制，深化对已有油气藏的研究认识，还能指引地质学家在新区块中优先选择具有高富集潜力的区域开展勘探活动，为开拓新区块、提高勘探效率和降低勘探风险提供了重要的科学依据。远源次生油气藏"油气来源多样、源储分离、多期油气充注、早期成藏晚期调整"的复杂成藏特点，导致该类型油气藏运聚规律及地质研究的复杂性。因此，本章基于笔者在我国柴达木盆地和准噶尔盆地远源次生油气藏领域多年的科研成果，总结提出了6种典型成藏模式，并在此基础上，梳理其油气成藏主控因素和富集规律，以期对我国西部盆地远源次生油气藏的进一步勘探提供参考和借鉴。

第一节 典型远源次生油气藏成藏模式

油气成藏模式是一组类似的控制油气藏形成的基础条件、动力介质、形成机制、演化历程等要素单一模型或多要素复合模型的概括[1]。前人对油气成藏模式和相关实例进行了诸多研究，如基于基础条件的成藏模式研究[2-4]、基于动力介质的成藏模式研究[5-6]、基于形成机制的成藏模式研究[7-8]，不同的研究方法需要充分结合油气藏的特点，各类成藏模式的建立方法和适用范围应与不同的勘探程度和研究程度相适应。远源次生油气藏是一种特殊类型的油气藏，"源储分离、远距离运移成藏"的特点决定了其成藏模式的多样性。按照成藏区与烃源岩的空间位置关系，远源次生油气藏的成藏模式可细分为源上型、源外型和次生型；按照输导体系的特征，可分为断裂输导型、断裂—不整合输导型、断裂—砂体阶状输导型和断裂—不整合—砂体复合阶状调整型等。本书通过对准噶尔盆地和柴达木盆地油气藏解剖及实例井分析，结合输导体系组合类型、成藏条件、油藏类型等特征，划分了6种远源次生油气藏成藏模式（表3-1-1），并在此基础上，梳理远源次生油气藏的油气成藏主控因素和富集规律。

一、源上型远源次生油气藏成藏模式

源上型远源次生油气藏是指油气通过断裂和不整合面等输导体系，经过单次或多次远距离垂向运移，最终在地质空间上聚集在烃源灶上部形成远源次生油气藏。根据输导体系和圈闭特征，可以进一步分为源上断裂输导、湖泛期前缘砂体聚集和源上断裂—不整合输导、古隆起周缘聚集两种成藏模式。

表 3-1-1　远源次生油气藏成藏模式

成藏模式		输导体系组合类型	成圈条件	油藏类型	实例
源上断裂输导、湖泛期前缘砂体聚集	源上	源上断裂直通型	湖泛期三角洲前缘多类型岩性圈闭	岩性油气藏	准噶尔盆地玛湖中浅层、盆1井西凹陷三工河组
源上断裂—不整合输导、古隆起周缘聚集		源上断裂—不整合输导型	古隆起周缘超削地层尖灭带	地层油气藏为主	准噶尔盆地永进油田
源外基岩不整合阶状输导、断阶带聚集	源外	源边逆冲断裂—基岩不整合输导型	基岩风化壳、底砾岩超覆尖灭带	地层油气藏	准噶尔盆地西北缘石炭系、柴达木盆地阿尔金山前
源外断裂—砂阶状输导、环凸尖灭带聚集		源外断裂—毯砂阶状输导型	继承性古凸起周缘岩性地层尖灭带	岩性地层油气藏	准噶尔盆地腹部基东鼻凸东翼
古油藏断裂调整、薄砂多层聚集	次生	断裂垂向调整型	薄砂体尖灭	断层岩性油气藏	准噶尔盆地陆梁油田呼图壁河组油气藏
古油藏阶状调整、环凸尖灭带聚集		断裂—不整合—砂体复合阶状调整型	继承性古凸起周缘岩性地层尖灭带	岩性地层油气藏	准噶尔盆地石南31井区白垩系油藏

1. 源上断裂输导、湖泛期前缘砂体聚集成藏模式

源上断裂输导、湖泛期前缘砂体聚集成藏模式是指油气通过沟通烃源岩的断裂体系穿过一套或多套纵向成藏组合直接垂向运移至上覆圈闭储层中成藏。此类组合中以沟通源储的深大断裂或继承性的深浅断裂体系为主，辅以局部的高孔隙度、高渗透砂层，油气垂向输导跨度大，侧向运移距离不远，油气藏类型多以断块油气藏、断层—岩性油气藏为主，平面上主要分布在油源断裂的两侧，又称近源岩性型成藏模式。垂向上由于受到断裂和多套盖层控制，往往表现为多层系立体成藏的特征。

源上断裂输导、湖泛期前缘砂体聚集成藏模式典型的案例是准噶尔盆地玛湖地区中—上三叠统至下—中侏罗统的油气藏和准噶尔盆地盆1井西凹陷侏罗系三工河组油气藏，下文以玛湖凹陷为例进行论述。

玛湖凹陷位于准噶尔盆地西北部，自20世纪50年代以来，先后在玛湖凹陷西侧的西北缘断裂带侏罗系、三叠系和二叠系发现10亿吨级的"克—乌百里油区"，在玛湖凹陷斜坡区发现了玛北油田和玛6区块下三叠统百口泉组油藏，在中三叠统克拉玛依组、上三叠统白碱滩组和下侏罗统八道湾组试油均获得工业油气流显示，玛湖凹陷展现出多层系立体成藏的特征。

玛湖凹陷主要发育三套烃源岩，分别位于深层下二叠统佳木河组（P_1j）、风城组（P_1f）和中二叠统下乌尔禾组（P_2w），主力烃源岩为风城组碱湖相优质烃源岩，主要岩性为黑灰色泥岩、白云质泥岩，平均厚度为150m，其残余有机碳含量平均为1.26%，有机质类型多为Ⅰ型和Ⅱ型，R_o值为0.85%~1.16%。

玛湖凹陷浅层沉积时发育三期规模较大的湖侵，形成了三套区域性泥岩层，分别为三叠系白碱滩组厚层湖泛泥岩、侏罗系八道湾组二段湖泛泥岩、三工河组三段湖泛泥岩，这三套泥岩形成了良好的区域性盖层。在盖层之下，初始湖泛期沉积了多套储集砂体，分别为克拉玛依组扇三角洲前缘水下分流河道砂体、白碱滩组二段扇三角洲前缘水下分流河道砂体、八道湾组一段辫状河三角洲水下分流河道砂体和三工河组辫状河三角洲水下分流河道砂体。湖泛期三角洲前缘多类型的砂体，为油气聚集成藏提供了良好的储集条件，同时三套区域性泥岩与其下伏的初始湖泛期沉积的砂体组成了三套有利的储盖组合（图3-1-1）。

玛湖凹陷发育两套断裂体系，第一套为海西期逆冲断裂、燕山期正断裂继承性发育的断裂体系，多表现为北东—南西向，纵向两期断裂通过Y形搭接或桥式连接可以将深部二叠系的油气直接沟通至中浅层；第二套为印支期开始活动的走滑断裂体系，此类断裂多呈东西向展布，燕山期、喜马拉雅期持续活动，向下可以断至二叠系烃源层内，向上可以断至侏罗系、白垩系，此类断裂直接垂向沟通油气的能力更强，可直接沟通二叠系的油气运移至中浅层成藏。

综上成藏要素的分析，玛湖凹陷中浅层的成藏模式为：晚三叠世—早侏罗世，二叠系风城组主力烃源岩开始成熟，并大量排烃，此时玛湖凹陷先存逆冲断裂继承性活动，同时大侏罗沟断裂、黄羊泉断裂等Ⅰ级走滑断裂也开始形成。深层油气经过油源断裂（深部逆冲断层和Ⅰ级走滑断裂）垂向输导运移，在高渗透输导层侧向分配的作用下，油气聚集到二叠系—三叠系的各套储层中。在晚侏罗世—早白垩世，油源断裂继承性活动，同时三叠系—下白垩统中发育了大量各个方向的正断层，形成断块圈闭或断层—岩性圈闭，油气在深浅断裂的垂向接替输导下，遇到湖泛期形成的泥岩盖层，在三角洲前缘砂体中聚集成藏（图3-1-2）。现今油气的分布垂向上位于烃源岩之上，多位于断层附近，在三角洲前缘砂体中的横向运移距离较短。

2. 源上断裂—不整合输导、古隆起周缘聚集成藏模式

源上断裂—不整合输导、古隆起周缘聚集成藏模式的主要控藏要素有两个：一是断裂体系沟通区域不整合面构成垂向、侧向复合输导体系，构成油气优势输导通道，控制油气规模运移；二是发育在区域不整合面上下、古隆起周缘的地层超削带，可形成削截型和超覆型两大地层圈闭，沿不整合面运移的油气受地层尖灭线遮挡形成规模地层油气藏。该成藏模式的典型实例为准噶尔盆地莫索湾南部永进油田西山窑组油藏。

永进油田位于准噶尔盆地中央坳陷沙湾凹陷东部（图3-1-3），北邻马桥凸起，南部临近山前构造带，西部为车排子凸起南端。按中—晚侏罗世构造区划，永进油田位于车莫古隆起南翼。2004年对永1井所在的侏罗系西山窑组进行测试，获得日产油72.07m³，日产气10562m³，自此发现永进油田。

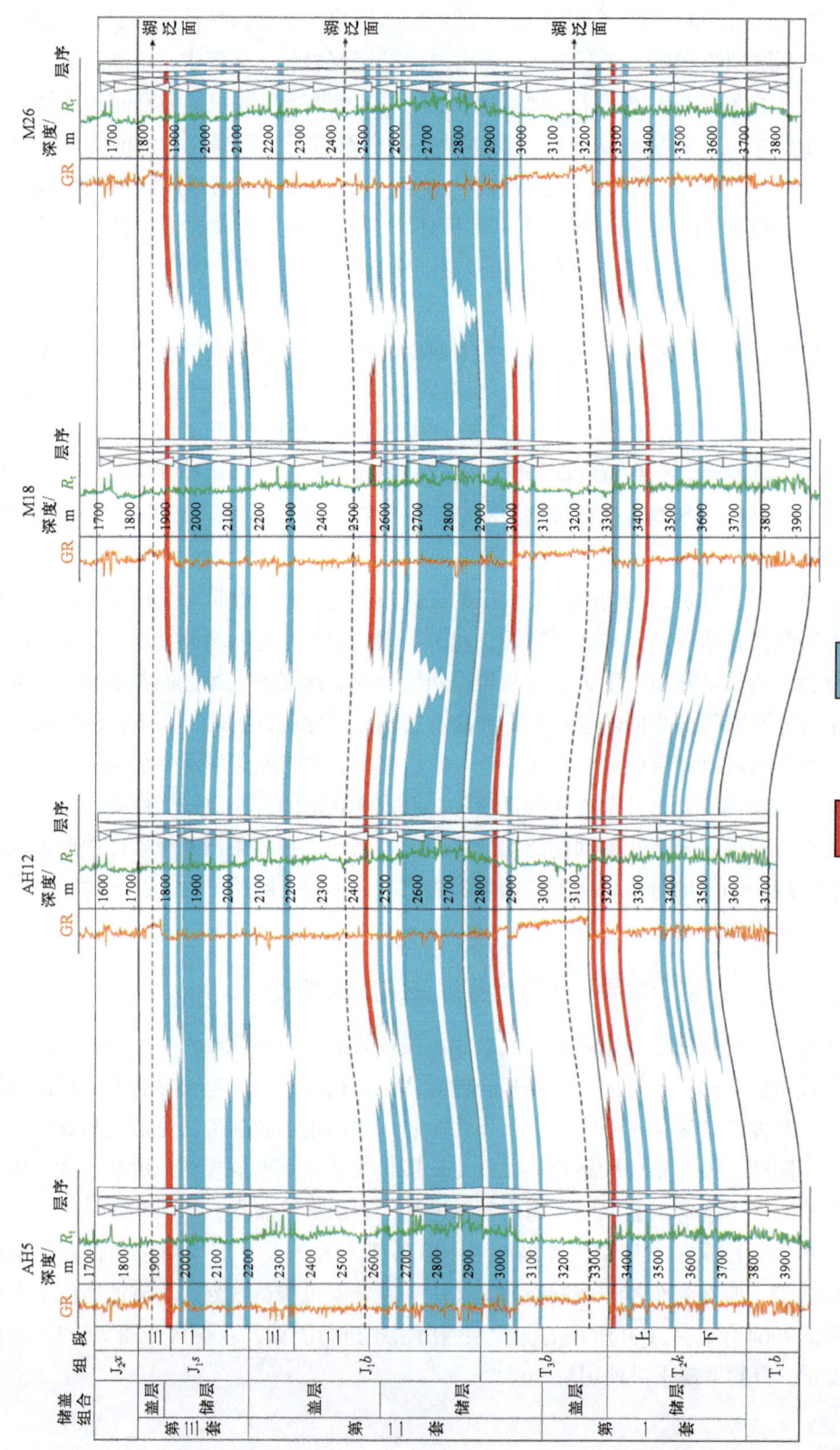

图 3-1-1 玛湖凹陷三叠系克拉玛依组—侏罗系三工河组连井剖面[9]

第三章 远源次生油气藏成藏模式与油气富集规律

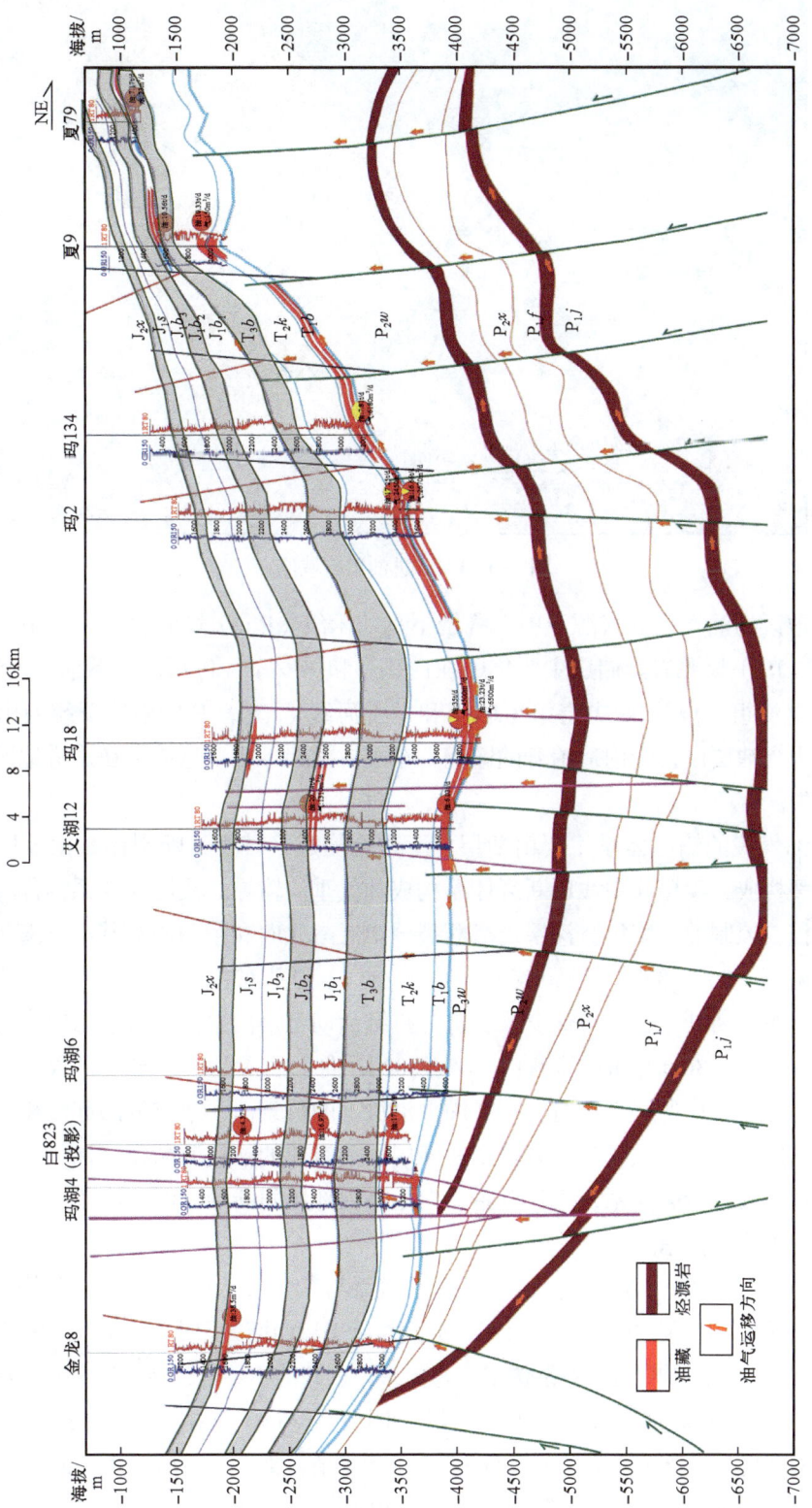

图 3-1-2 玛湖凹陷中浅层源上断裂直通型立体成藏模式

— 59 —

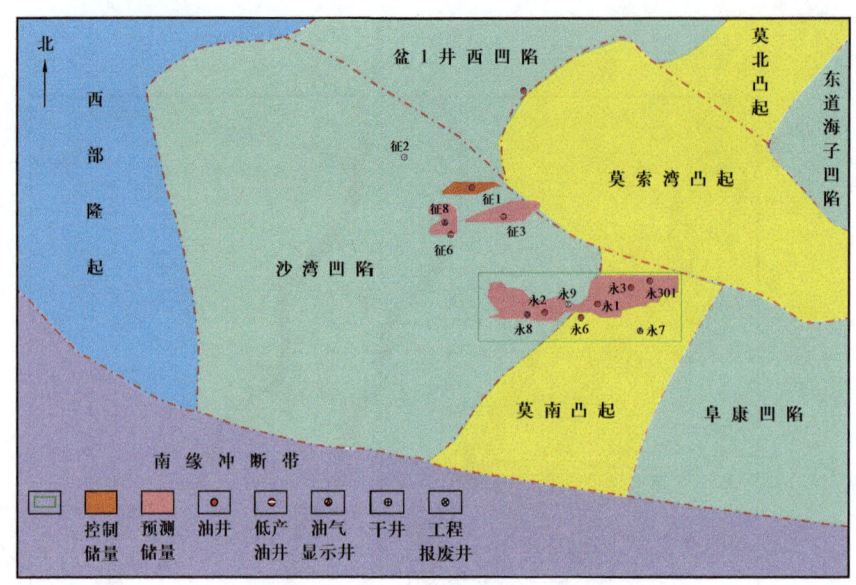

图 3-1-3　永进油田区域位置

永进地区的油气主要来源于中二叠统下乌尔禾组（P_2w）烃源岩，少量来自下侏罗统八道湾组（J_1b）烃源岩。储层主要集中在白垩系和侏罗系，包括白垩系清水河组（K_1q）、侏罗系头屯河组（J_2t）、西山窑组（J_2x）和三工河组（J_1s），其中中侏罗统西山窑组为永进油田主力含油层段，受构造抬升的影响，车莫古隆起形成，造成了在永进地区部分西山窑组的缺失。

永进油气藏的输导体系主要由断层、不整合构成。其中，断裂体系由深层走滑断裂和浅层断裂构成，深层和中浅层断裂体系构成油气垂向输导，浅层侏罗系内部断层可能形成局部封挡，控制油气聚集。深层走滑断裂分为近南北向和东西向，其中近南北向走滑断层，断层陡直（70°~80°），断距较大（20~70m），为基底卷入断裂，与海西期红车断裂同期形成，主要断开二叠系—侏罗系，部分持续活动至早白垩世。近东西向高角度走滑断层断距较小（10~30m），断层陡直（70°~80°），向下插入基底，向上多数可延伸至八道湾组，少量可断至目的层齐古组，其平面上沿深部的莫索湾—永进低凸起规律性展布。研究表明，深层走滑断裂主要为晚海西期逆断层，是有效的油气源断裂。油气二次运移垂向运移通道包括浅层断裂体系，为侏罗系、白垩系内部层间断层，断距小于25m，对油气运聚起到十分重要的作用。

永进地区发育多个不整合面，主要包括二叠系与三叠系（P/T）、三叠系与侏罗系（T/J）、侏罗系与白垩系（J/K）之间的不整合面，分别对应于海西期、印支期和燕山期构造运动。对永进地区侏罗系成藏影响最大的是侏罗系与白垩系之间的不整合，在全区分布广泛且以角度不整合为主。在中—晚侏罗世，受燕山运动压扭作用的影响，车排子—莫索湾一带逐渐隆升，形成车莫古隆起，该隆起位于盆1井西凹陷和沙湾凹陷之间，是两个生烃凹陷重要的油气运移指向区。由于地层隆升，导致隆起高部位的西山窑组及下伏地层遭受了大规模的剥蚀，形成头屯河组与西山窑组之间的不整合接触关系。头屯河组底部向古隆起方向厚度逐渐减薄，并与下伏西山窑组呈上超接触关系。在莫索湾凸起南坡，头屯河组与西山窑组之间为削蚀不整合接触关系，如莫北 5 井区（图 3-1-4）。西山窑组储层砂体向上倾方向被风化黏土层或头屯河组上部泥岩封盖所遮挡，地层的北东向剥蚀尖灭及北西向断层切割，剥蚀线沿北东向展布，东侧的油气遮挡主要靠岩性尖灭，形成了大量地层—构造—岩性复合圈闭。

综上所述，永进地区西山窑组油藏的成藏模式为：走滑断裂与 J/K 期不整合面构成源上断裂—不整合输导体系，二叠系烃源岩生成的油气沿断裂向上运移，由深层运移至浅层不整合面，在不整合面下伏半风化壳高孔隙度、高渗透储层输导作用下发生侧向运移，同时受古隆起周缘地层尖灭线遮挡形成地层—岩性油气藏（图 3-1-4）。

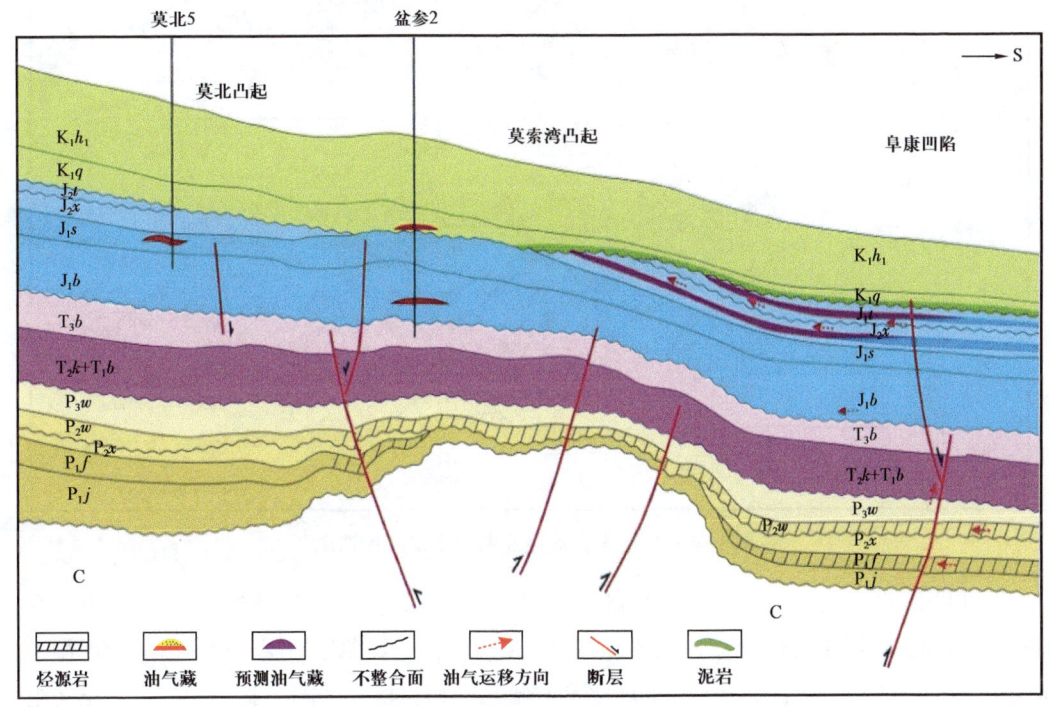

图 3-1-4　永进油田源上断裂—不整合输导聚集成藏模式

二、源外型远源次生油气藏成藏模式

源外型远源次生油气藏是指油气通过各类输导体系，发生单次或多次垂向和侧向的远距离运聚，形成远源次生油气藏。根据输导体系和圈闭特征，可以进一步分为源外基岩不整合阶状输导、断阶带聚集和源外断裂—砂阶状输导、环凸尖灭带聚集两种成藏模式。

1. 源外基岩不整合阶状输导、断阶带聚集成藏模式

源外基岩不整合阶状输导、断阶带聚集成藏模式主要指凹陷边缘受边界逆冲断裂控制，造成断裂上盘基岩与凹陷内烃源岩直接对接或形成大跨度新生古储式断裂供烃窗口，

凹陷区的油气可以通过逆冲断裂形成的新生古储供烃窗进入上盘基岩风化壳侧向运移或成藏。该成藏模式的典型实例有准噶尔盆地西北缘冲断带上盘石炭系油藏、石西油田石炭系油藏、柴达木盆地昆北断阶带基岩油藏、阿尔金山前东坪地区基岩气藏等。

以柴达木盆地昆北断阶带基岩油藏为例，其位于柴达木盆地西部，北靠昆北断裂，南接昆前断裂，是一个地质构造复杂的地区（图3-1-5）。该地区因昆仑山的抬升和强烈构造活动形成了多种圈闭类型，如背斜、断背斜和断块等。昆北断阶带的总体结构为一个大型山前压扭冲断构造带，其构造格局具有南北分带、东西分段和上下分层的特征。

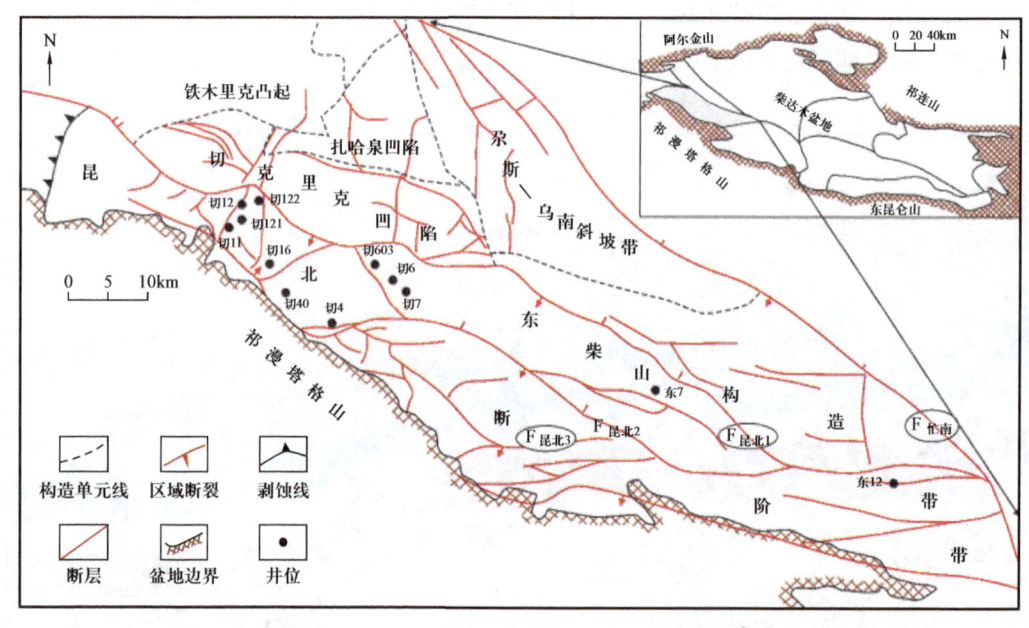

图3-1-5　柴达木盆地昆北断阶带基底构造图[10]

昆北断阶带主要由古生代和元古代变质岩以及古生代侵入岩体组成。基岩油藏埋深2000~2100m，油层主要位于基岩顶部，且油气来自上覆的烃源岩地层，属于源外型或源下型油气藏。该区的烃源岩主要位于红狮凹陷和扎哈泉—切克里克凹陷，其中中—下干柴沟组和上干柴沟组为优质烃源岩。储层主要由基底中的古生界变质岩和海西运动期花岗岩组成，储集空间包括孔隙和裂缝，主要为次生裂缝和溶蚀孔。风化壳顶部的蚀变泥岩或细粒物质可直接形成盖层，古近系湖进体系域造就了广泛发育的区域盖层。输导体系主要由断裂和不整合面组成，沟通油源的主控断裂和起侧向封堵作用的次级断裂对油气富集起到重要作用。

昆北断阶带基岩远源次生油藏具有油源断裂＋不整合面侧向运移＋次级断裂辅助运移的远源成藏模式。这种模式发育在远离昆北深大断裂的基岩隆起部位。其成藏过程为：首先深大断裂沟通油源（切克里克凹陷），油气沿昆北断裂向上运移过程中，一部分沿基岩花岗岩风化壳储层内部的储集空间运移，然后在遇到次级断裂（昆北3号、4号断裂等）后向上再运移，另一部分沿不整合面和顶部古近系—新近系砂体进行长距离侧向运移，在遇到合适的圈闭就聚集起来，如切12号构造、切4号构造（图3-1-6）。

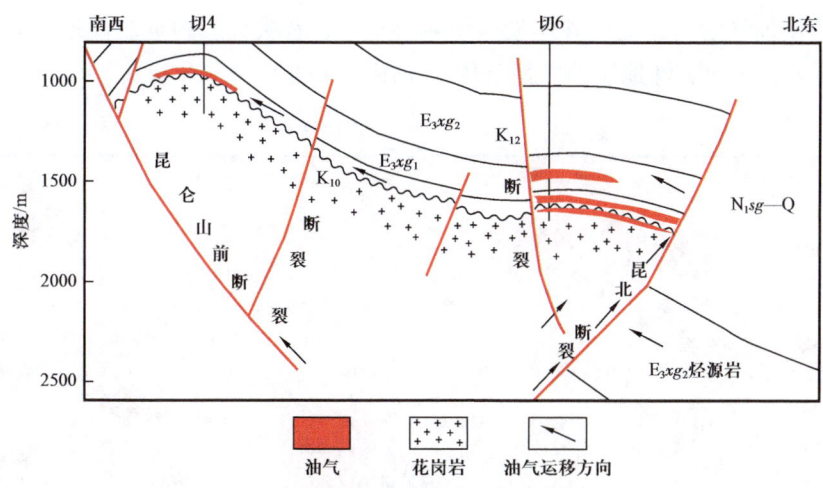

图 3-1-6　柴达木盆地昆北断阶带基岩油藏成藏模式（据文献 [11] 修改）

2. 源外断裂—砂阶状输导、环凸尖灭带聚集成藏模式

源外断裂—砂阶状输导、环凸尖灭带聚集成藏模式（又称"源—阶—藏"型成藏模式，其中"源"指烃源岩，"阶"指阶梯状运移，"藏"指基东两翼形成的油气藏）是指油气经过油源断裂垂向运移和中浅层多套毯砂、浅层断裂组合阶状侧向运移，在油气沿低凸带侧向运移过程中遇到岩性尖灭带，油气侧向运移方向将会发生被动调整，沿岩性尖灭带运聚成藏，形成岩性油气藏群。该成藏模式典型实例为准噶尔盆地腹部陆梁隆起基东鼻凸东翼石南 21 井区头屯河组油气藏。

石南油气田位于准噶尔盆地腹部基东鼻凸南翼，地处准噶尔盆地腹部古尔班通古特沙漠腹地，南有石西油田，北有陆梁油田（图 3-1-7）。石南油气田包括石南 21 井区块、石南 31 井区块等 20 个储量区块。研究表明，石南 21 油气藏油气来自盆 1 井西凹陷下乌尔禾组和风城组烃源岩，含油气层位为侏罗系头屯河组，油藏顶部存在一套褐红色的风化黏土层是重要的盖层，是 J/K 不整合形成时风化作用的产物。

断裂、不整合对侏罗系上部及白垩系油气运聚具有重要作用，伸入凹陷的深部大型逆断裂（如基东断裂）与发育在中浅层的张扭性正断裂组成了油气垂向运移通道；二叠系、三叠系、侏罗系顶、底及其内部的不整合面构筑了油气侧向运移的通道，包括油藏—断裂—不整合面或砂体复合源输体系。

石南 21 油气藏为地层油气藏，受前白垩纪古地貌控制。基东鼻凸为一继承性古凸起，在中—晚侏罗世基东鼻凸控制头屯河组沉积，分割西北物源体系和北部物源体系，北部物源体系在凸起东翼形成上超型岩性尖灭带，凸起顶部发育风化黏土岩及湖泛期泥岩。基东鼻凸两翼发育海西期、燕山期断裂，深浅断裂配置良好，并且有效伸入源区沟通油源，断裂、砂体配置构成油气由源向凸起汇聚的阶状输导体系。白垩纪成藏期，油气在盆 1 井西凹陷生成后，在深浅断裂的输导下由深向浅阶状运移至基东凸起时，受到基东鼻凸顶部泥岩遮挡，迫使油气沿两翼输导砂体尖灭线调整运移，在尖灭线附近岩性地层圈闭中成藏，边调整边成藏，形成岩性地层油气藏富集区（图 3-1-8）。

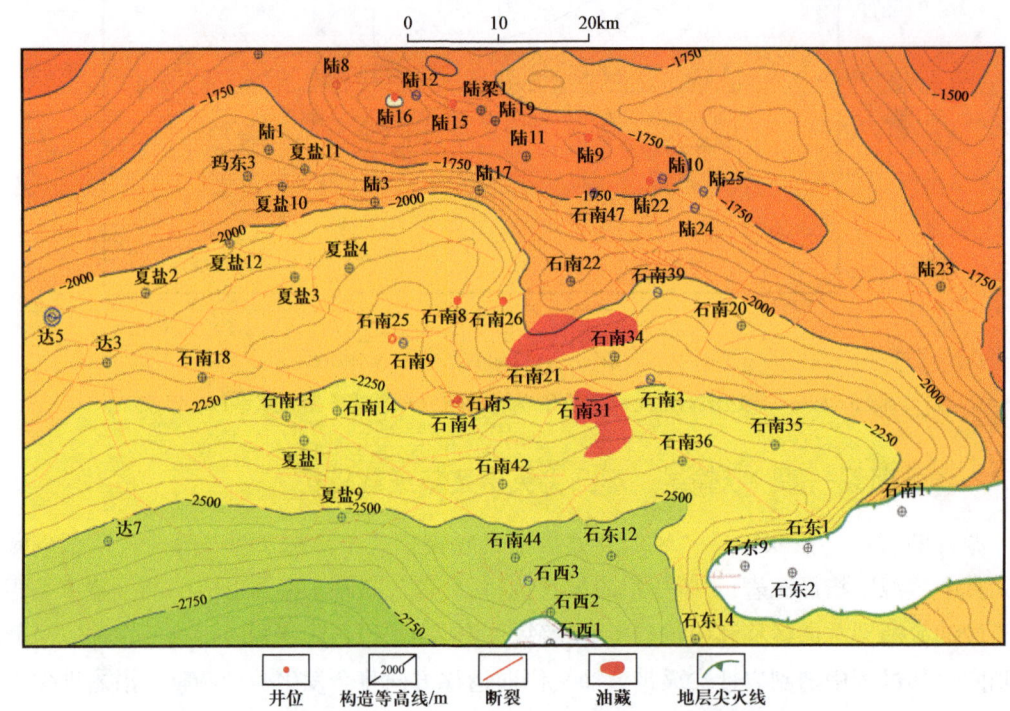

图 3-1-7 基东鼻凸石南 21、石南 31 油气藏分布图

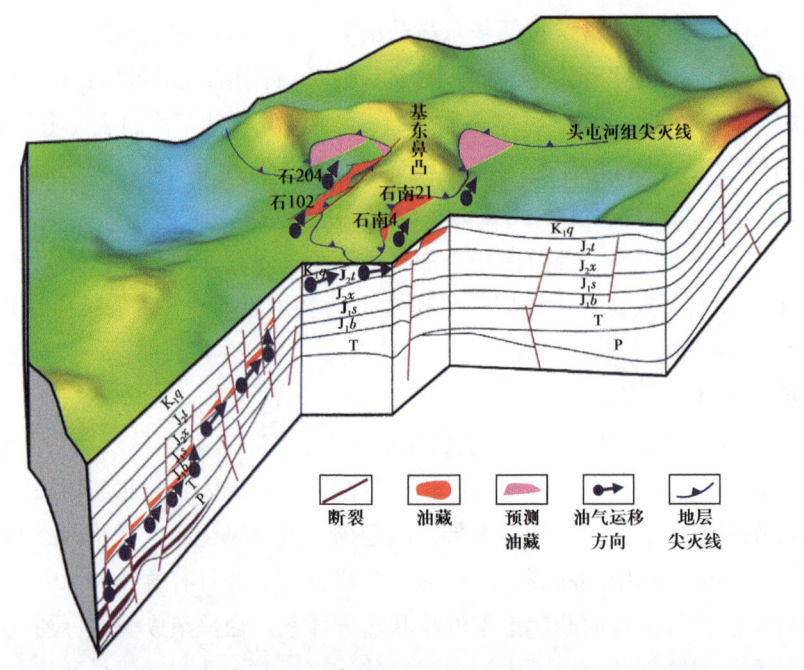

图 3-1-8 准噶尔盆地基东鼻凸东翼源外断裂—毯砂阶状输导岩性地层成藏模式

三、古油藏调整型远源次生油气藏成藏模式

古油藏调整型远源次生油气藏是指古油藏被破坏后，油气通过各种输导体系发生单次或多次垂向和侧向运移调整，形成远源次生油气藏。根据输导体系和圈闭特征，可以进一步分为古油藏断裂调整、薄砂多层聚集和古油藏阶状调整、环凸尖灭带聚集两种成藏模式。

1. 古油藏断裂调整、薄砂多层聚集成藏模式

古油藏断裂调整、薄砂多层聚集成藏模式是指古油藏被断裂破坏，油气沿断裂直接调整运移至浅层，在浅层与断裂相关的圈闭中成藏，形成断块油气藏、断层—岩性油气藏。此类油气藏主要分布在古油藏之上断裂带附近，可以形成薄砂多层油气藏。此类油气藏类型典型实例有准噶尔盆地陆梁油田白垩系呼图壁河组油藏。

陆梁油田位于三个泉凸起西段，是中国陆上第一个亿吨级储量的沙漠整装油田（图3-1-9）。其油气主要来自西南部盆1井西凹陷的二叠系风城组和下乌尔禾组烃源岩[12]。风城组主要生油期为早三叠世—侏罗纪，白垩纪后进入生气高峰；下乌尔禾组烃源岩主要生油期为白垩纪—古近纪，新近纪后进入生气阶段。油气从生烃凹陷出发，运移经过石南地区，最后再聚集到陆9井区形成陆梁油田。

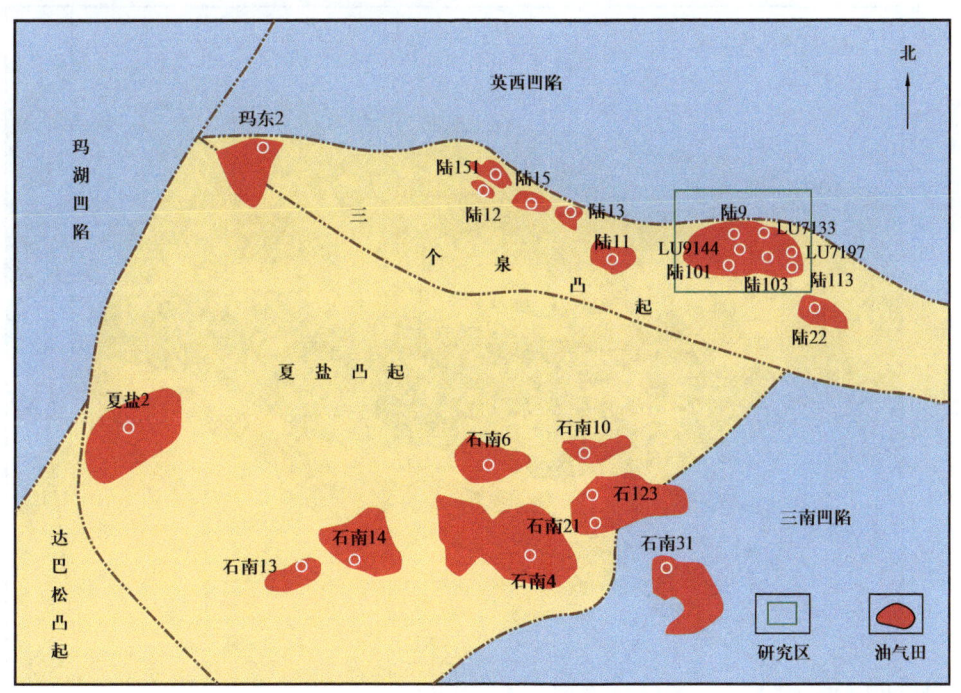

图3-1-9　陆梁油田位置示意图[13]

储层主要分布在白垩系呼图壁河组，特点为砂层多且油层"薄、多、散"，每个砂层组顶部均有一套薄层泥岩，纵向上呈"一砂一藏"的多油藏组合。区域盖层由前白垩纪风

化壳及下白垩统胜金口组泥岩组成，分布稳定，具有良好的封闭性。

输导体系包括两套断层系统，深层高角度断层主要活动于海西期至印支期，浅层断层主要活动于燕山早中期。断裂、不整合面及砂体形成的输导体系是油气从盆1井西凹陷至陆梁隆起的主要通道。研究表明，白垩系油藏是异地两期油藏破坏后再次运聚成藏的结果，油藏类型主要为构造岩性油藏，受构造和岩性的双重控制[13]。

陆梁油田的成藏过程及成藏模式如图3-1-10所示：白垩纪原生成藏期，盆1井西凹陷生成的油气通过源外断裂—毯砂阶状输导体系远距离运移至三个泉背斜带，在侏罗系西山窑组和白垩系清水河组形成大规模背斜油气藏，源圈距离可达60km，纵向上也跨越了3000～4000m。这个过程中，深浅断裂和不整合面形成的高效输导网络是远距离成藏的重要条件。古近纪至今由于盆地整体发生向南掀斜，三个泉背斜带消失或幅度变小，同时在三个泉凸起顶部形成东西向喜马拉雅期断裂，早期形成的原生背斜油藏被喜马拉雅期断裂破坏，油气沿喜马拉雅期断裂调整运移至白垩系呼图壁河组成藏，形成薄砂多层型多套油气藏，如图3-1-11所示。陆梁油田K_1h_1油藏包括7个储量计算单元，K_1h_2油藏包括5个储量计算单元，探明石油地质储量$5170×10^4t$，占陆梁油田探明储量的71%，证明古油藏垂向调整断层岩性油气藏可以形成规模富集。

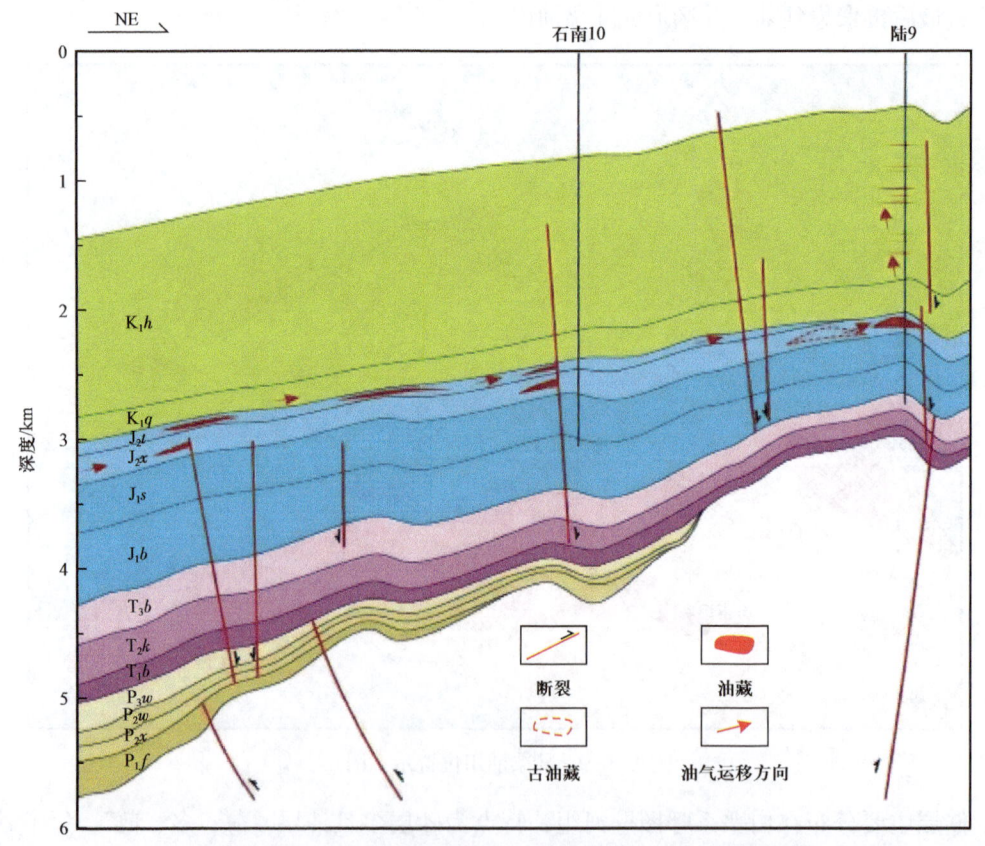

图3-1-10　准噶尔盆地陆梁油田呼图壁河组古油藏垂向调整断层—岩性成藏模式

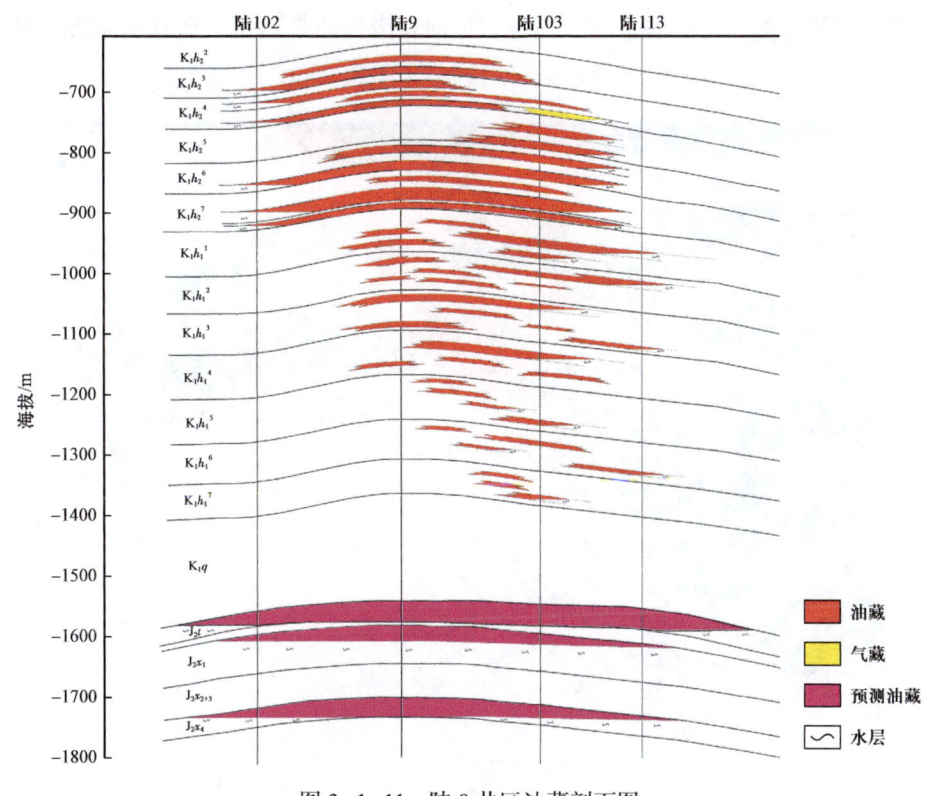

图 3-1-11　陆 9 井区油藏剖面图

2. 古油藏阶状调整、环凸尖灭带聚集成藏模式

古油藏阶状调整、环凸尖灭带聚集成藏模式是指古油藏被破坏散失的油气通过砂体或不整合面低凸带侧向运移，当遇到岩性或地层尖灭线时油气运移方向发生调整，由沿低凸带运移调整为沿岩性或地层尖灭线运移，边运移边成藏，形成次生型岩性地层油气藏群。该成藏模式又称为"藏—凸—藏"型成藏模式，其运移方式和路径与"源—阶—藏"模式（源外断裂—砂阶状输导、环凸尖灭带聚集）相似，不同之处在于，该油藏的油源为古油藏经过侵蚀破坏，沿着断层及砂体构成的输导体系，向清水河组低凸起地带聚集成藏，继承性古凸周缘尖灭带是油气有利的富集区。此类成藏模式的典型实例为准噶尔盆地石南油气田石南 31 井白垩系清水河组油藏。

石南 31 油气藏位于准噶尔盆地腹部石南 21 井侏罗系油田以南、石西油气田以北，是石南地区继石南 21 井侏罗系头屯河组油藏之后的又一重大发现。其油源主要来自二叠系下乌尔禾组的成熟至高成熟油气，盖层由清水河组一段顶部的湖泛泥岩构成，为油气提供良好的封闭条件。整个油气藏的形成受到断裂—不整合面—砂体复合源输体系的影响，这个复合体系不仅在垂向上连接了油源岩和储层，还在横向上促进了油气的有效运移和聚集。

石南 31 油气藏的成藏过程体现了复杂的地质作用和动态的油气运移机制。早期油气在异地成藏后，随着盆地构造的变化，其南部石西古油藏被破坏，油气首先沿断裂垂向调整至白垩系底部不整合面沿清水河组底砾岩顶面石南低凸带运移，在基东鼻凸东翼遇到清水河组岩性尖灭带，然后沿尖灭带边运移边成藏（图 3-1-12）。

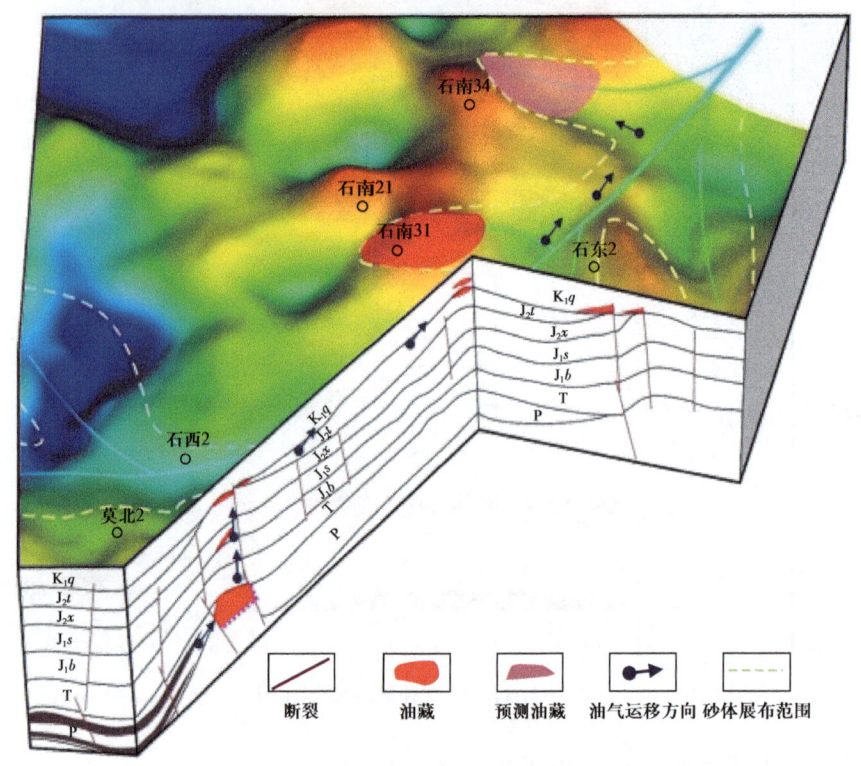

图 3-1-12　古油藏侧向调整岩性地层成藏模式

第二节　远源次生油气藏成藏主控因素

成藏主控因素，国内学者也称为关键控藏要素，其内涵是指在油气成藏的基础上，通过分析研究来确定影响研究区的油气成藏最为关键的因素。自 20 世纪 60 年代我国提出"源控论"的观点至今，关于油气成藏主控因素的研究已经取得了丰富的成果，包括源—盖—起共同控制油气成藏的理论、断控成藏的理论等[14-15]。时至今日，石油地质学家在关于油气成藏方面的研究已经达成了共识，在含油气盆地中，"生、储、盖、圈、运、保"等成藏要素的耦合关系和时空匹配都对油气成藏起到一定的控制作用，只是不同类型的油气藏，其成藏要素的作用程度不尽相同[16]。

远源次生油气藏"多源、多期、多类型、次生成藏"的特点对成藏条件要求非常苛刻，各种成藏要素要在时间和空间上匹配才能最终在圈闭中聚集成藏。基于远源次生油气藏自身的形成特点和规律，经研究发现其成藏主要受优势输导通道、规模遮挡条件以及二者的空间配置三大因素的控制，具体表现为：优势输导通道是油气经过长距离运移形成远源油气藏以及破坏早期原生油气藏控制次生油气藏的前提条件；规模遮挡条件是原生油气藏破坏、调整后油气再次聚集成藏形成次生油气藏的必要保证；优势输导通道和规模遮挡条件的组合关系是最终形成远源次生油气藏的决定因素。

一、优势输导通道是远源次生油气藏形成的前提条件

远源次生油气藏输导体系由断裂、不整合面和砂体三大输导要素组合而成，优势输导体系包括断裂垂向单一输导体系、断裂—不整合复合输导体系和断裂—毯砂阶状输导体系。我国西部叠合盆地远源次生油气藏的勘探实践证明，不同优势输导体系对油气聚集、分布、规模具有明显的控制作用，输导通道的分布与油气藏分布表现出明显的因果联系。部分地区失利井未获油气发现的直接原因与局部输导体系不发育有重要关系[17]。

（1）优势输导通道控制油气藏的分布及规模，表现出明显的正向因果联系。

油气输导通道是连接烃源岩与圈闭的运移通道所组成的输导网络，烃源岩生成的油气只有经过有效的输导体系才能进入圈闭，聚集成藏。输导通道决定着油气在地下的运移方向、距离、输导样式、油气聚集量等，控制着油气藏的类型和成藏位置，其有效性进一步决定了含油气盆地内圈闭最终能否成藏[18]。远源次生油气藏最显著的特点为源储分离，按照分离方式可继续划分为垂向跨越式分离和横向错位式分离[19]。跨越式分离，即烃源岩与储层在垂向上被分隔层分开，主要通过断裂输导体系在空间格架下建立系统关系。错位式分离，是指烃源岩与储层在横向异地错位分离，两者主要通过不整合面、断裂和连通砂体构成的复合输导体系建立油气行为的系统关系。没有优势输导通道的关键作用，便不能建立起源储之间的联系。

① 断裂垂向输导通道控制了油气的纵向分布特征。准噶尔盆地腹部地区的油源断裂与浅层断裂组合共同控制了油气藏的分布，表现出"断裂所至，藏之所成"的特征。准噶尔盆地腹部地区沉积充填纵向上具有多套细粗交互特征，下部烃源岩与上覆多套储层间被多套区域性盖层分割，因此，高角度走滑断裂体系成为沟通油气源与各套储层垂向运移的唯一有效方式。腹部地区发育两组四期断裂，在构造活动期，各期深浅断裂主要起输导作用，在晚白垩世原生成藏阶段，北东向的海西期、燕山期垂向上呈Y形组合，形成垂向输导通道，控制二叠系生成的油气向侏罗系、白垩系古构造高点运移汇聚。

油气自海西期断裂与燕山期断裂构成的垂向运移通道运至侏罗系后，受早燕山期、中燕山期和晚燕山期三幕断裂影响，不同幕次的断裂发育区，油气运移和富集的层段也不相同。从三幕燕山期断裂发育区对比现今油气藏的平面展布可以看出，早燕山期断裂发育的地区，八道湾组见良好的油气显示（图3-2-1），三工河组油藏主要分布在中燕山期断裂发育区（图3-2-2），向上的头屯河组、西山窑组、清水河组油藏主要分布在晚燕山期断裂发育区（图3-2-3）。据此推断早燕山期断裂控制了八道湾组成藏及分布，中燕山期断裂控制了三工河组成藏及分布，而晚燕山期断裂控制了西山窑组、头屯河组、清水河组成藏及分布。

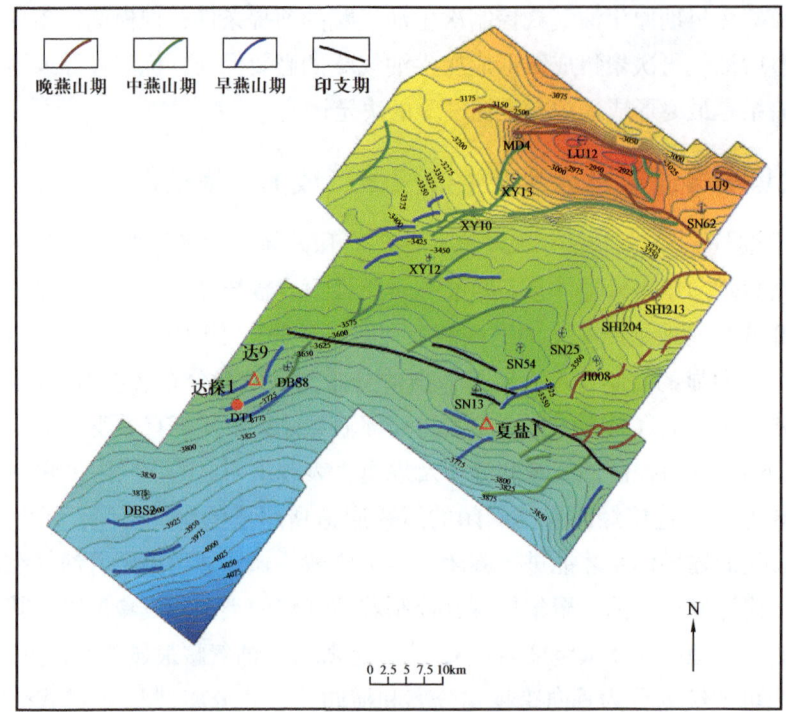

图 3-2-1 陆西地区八道湾组底界构造图

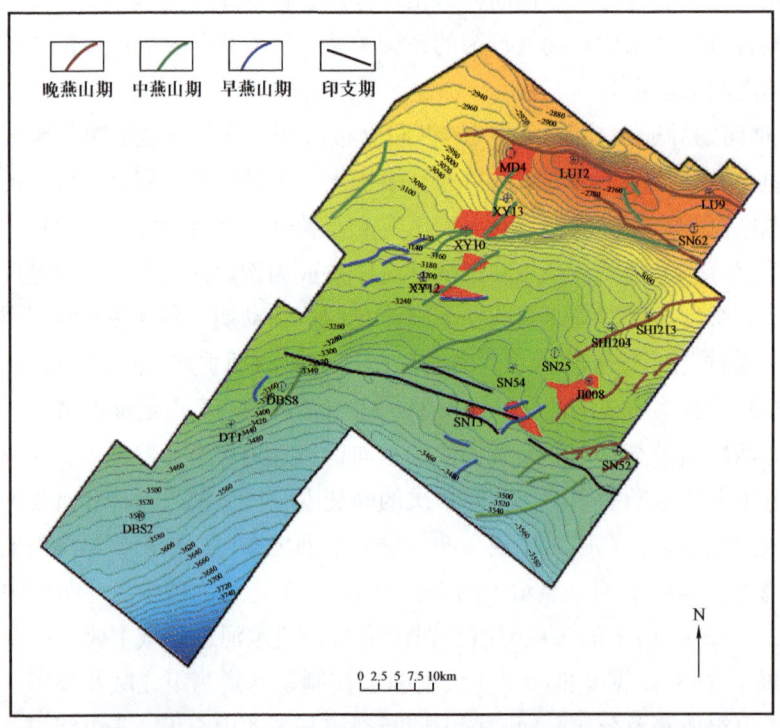

图 3-2-2 陆西地区三工河组底界构造图

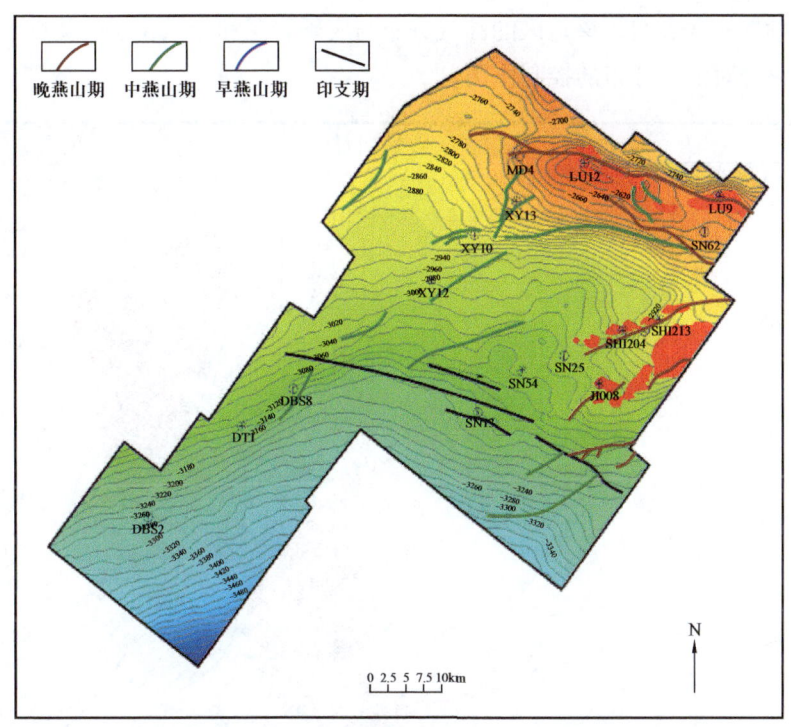

图 3-2-3　陆西地区西山窑组底界构造图

喜马拉雅期断裂向下沟通至侏罗系，是腹部地区断裂垂向输导通道的末端，在油气调整运移过程中，可以沟通油气自侏罗系向白垩系圈闭运移，形成以陆9井为代表的沿断层面垂向叠置的多层岩性地层油气藏。

在构造活动相对静止的地质时期，腹部浅层断裂逐渐停止活动并具有一定封闭性，可以在圈闭上倾方向形成有效的遮挡条件，使从深层调整上来的次生油气得以保存。从现今准噶尔陆西地区夏盐鼻凸、基东鼻凸带三工河组已探明油气的分布特征可以看出，油气在构造上倾方向受低凸带侧翼主干断裂一侧的次生断裂遮挡，沿低凸带侧翼形成带状分布的断块油气藏群（图3-2-4）。

② 油源断裂—不整合复合输导体系控制远源油气规模输导，其中不整合对油气侧向运移具有重要的控制作用。西部叠合盆地经常发育多套区域不整合面，例如准噶尔盆地二叠系和三叠系之间的不整合面、白垩系和侏罗系之间的不整合面等。区域不整合面之下发育半风化壳高孔淋滤带，具有较强的油气侧向输导能力，不整合面之上多发育退覆式三角洲砂体，该类砂体的退覆与湖侵有关，湖侵泥岩与下部三角洲砂体构成优质储盖组合，该套储盖组合随着湖侵的发展及三角洲的退积，横向上大面积分布，对油气侧向运移具有重要的控制作用。

柴达木盆地昆北断阶带广泛发育基岩不整合，可以作为该区侧向运移的主要通道。昆北地区不整合面垂向上主要发育二元结构，即不整合面之上的底砾岩层和不整合面之下的半风化层。勘探实践表明，该地区的油气分布与底砾岩层和半风化层的物性及厚度密切相关，证明不整合对油气分布的控制作用。

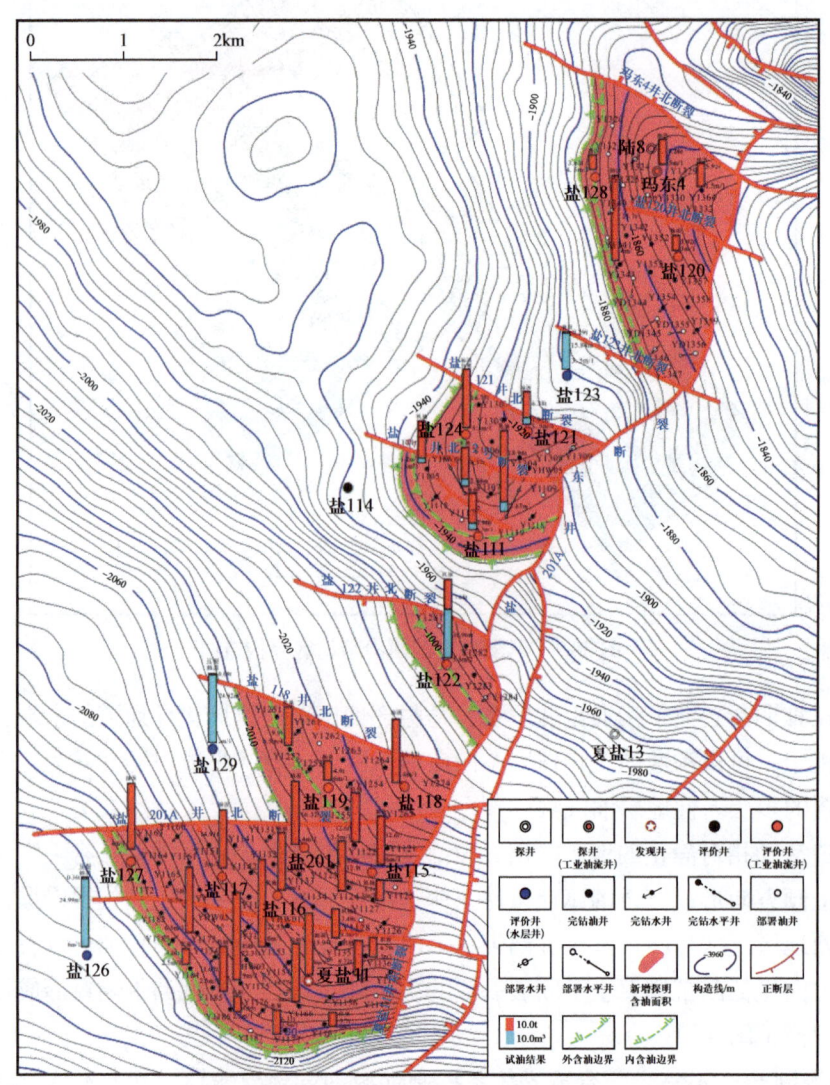

图 3-2-4　夏盐 11 井区侏罗系三工河组油藏含油面积图
（据新疆油田研究院）

昆北断阶带基岩不整合底砾岩层普遍比较发育，分布比较连续，厚度 15～80m 不等。但从物性来看，在横向上存在较强的非均质性，不同井区物性差异较大，其中切 12 井区和切 16 井区物性好，孔隙度大多可达 10% 以上，底砾岩层可作为良好的输导层。切 4 井区和切 6 井区底砾岩物性较差，低于储层孔隙度下限 6.5%，因此其底砾岩层不能作为有效的输导层。从昆北地区不整合面之上底砾岩层等厚图（图 3-2-5）及油藏分布的配置关系可以看出，油气在底砾岩物性好且具备输导能力的切 12 井区和切 16 井区聚集，而切 4 井区和切 6 井区由于底砾岩物性较差，处于油气藏分布的边缘地带。

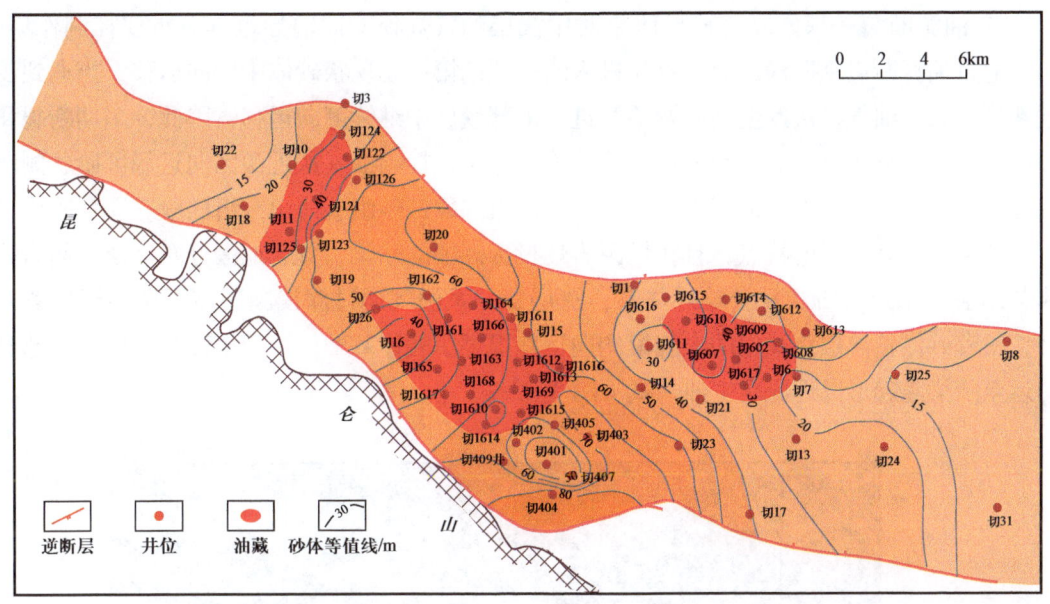

图 3-2-5　昆北地区不整合面之上底砾岩层等厚图（基准面海拔 0m）

昆北断阶带不整合面之下半风化层的基底地层遭受风化、剥蚀、淋滤、溶蚀等作用后而形成的风化淋滤带，平面分布比较稳定，厚度为 20~60m（图 3-2-6）。受风化淋滤、溶蚀、构造改造等作用的控制，半风化层往往发育裂缝、溶蚀孔、溶洞等多种孔隙空间，物性较好，一般具有良好的输导性能。因此，不整合面之下的基岩半风化普遍比较发育，是该区主要的高效输导层，对油气的侧向运移具有明显的控制作用，切 6 井区的油气富集主要与不整合面之下半风化层的输导作用相关。

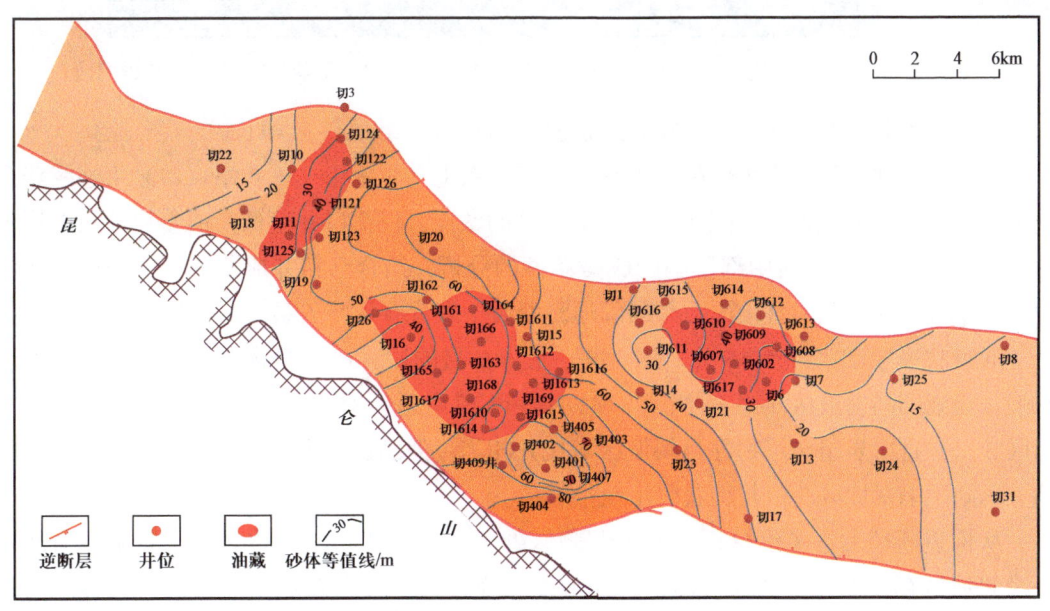

图 3-2-6　昆北地区不整合面之下半风化层等厚图（基准面海拔 0m）

③ 油源断裂—毯砂复合输导体系对中浅层油气规模侧向输导也具有重要控制作用。油气通过油源断裂垂向沟通后,首先进入断裂顶端第一套毯状砂体中侧向运移,当遇到浅层断裂体系,油气再次发生垂向调整并进入上部毯砂中继续侧向运移,因此,多期断裂和多期毯砂配置形成复杂的断裂—毯砂阶状输导体系,控制油气从近源区向远源区阶状侧向运移。准噶尔盆地腹部八道湾组一段、三工河组二段二砂组、西山窑组四段三套毯砂均具有高孔隙度、高渗透的特点,且在烃源岩灶投影外围的陆梁、莫北地区分布广泛。侧向砂体与断裂体系形成阶状复合输导体系,深层二叠系油气通过深浅断裂体系调整至侏罗系后,三套砂体输导层为油气的大规模侧向运移提供了载体基础,从而使油气得以从南部侧向运至陆梁隆起形成远源次生油气藏(图3-2-7)。

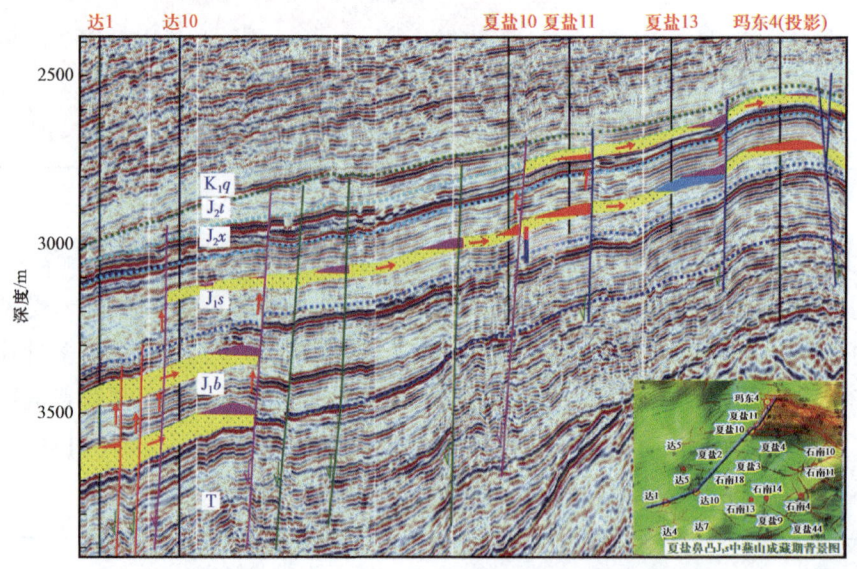

图 3-2-7　准噶尔盆地腹部过达1—达10—夏盐10—夏盐11—夏盐13—玛东4地震剖面

(2)失利井无油气显示,与输导通道发育不好密切相关。

准噶尔盆地近年在中央坳陷边缘斜坡区二叠系上乌尔禾组、三叠系百口泉组连续获得重大油气发现,但盆地中部凹陷区针对该领域的钻探,仅2口井获低产而多口井目的层未见油气显示[17]。通过对中部凹陷区成藏条件的分析,结合已钻井成藏分析,明确凹陷区失利井未获油气发现的直接原因与局部通源断裂不发育有重要关系。

通过将准中凹陷区沙15井、庄2井、成6井目的层百口泉组物性及钻探结果与沙湾凹陷、玛湖凹陷斜坡区沙探1井、玛131井、玛13井进行对比(表3-2-1),发现准中凹陷区3口井百口泉组储层物性与斜坡区对比井相当,但勘探结果均无油气显示,而沙湾凹陷、玛湖凹陷斜坡区3口井均获得工业油气流。

从构造断裂发育角度分析,准中凹陷区处于各生烃凹陷的主体区,地质条件与凹陷边缘斜坡区存在差异,盆缘造山带形成时期,逆冲挤压应力在从山前带向盆内传递的过程中逐渐减弱,导致凹陷主体区断裂发育程度较山前斜坡区弱且不均衡。以成6井为例

（图 3-2-8）说明，该井并未钻遇到通源断裂，未获得任何油气显示，而沙湾凹陷的征 10 井，井周边发育贯穿自下二叠统至中—上三叠统的通源断裂，而该井上乌尔禾组经小型压裂获峰值日产油 13m³，日产气 4.1×10⁴m³，也证实了通源断裂的存在及对油气富集成藏的控制作用。

表 3-2-1　准噶尔盆地中部及周边钻井储层平均孔隙度及油气发现情况对比[17]

储层物性及油气		准中凹陷区				沙湾凹陷、玛湖凹陷斜坡区			
		沙15井	沙12井	庄2井	成6井	沙探1井	玛131井	玛13井	夏201井
平均孔隙度/%	T_1b_3	9.7	13.9	6.9~12.5	3.3~8.0	4.0~6.0	9.5		
	T_1b_2		7.5				8.8		7.1
	T_1b_1								
T_1b 油气发现		无油气显示	T_1b_3 解释油层 4.8m/2层	未钻穿，无油气显示	无油气显示	试油自喷，日产油 1.22m³，日产水 13.99m³	日产油 11.1m³	日产油 1.24~6.29m³，日产气 2010~8640m³	T_1b_2 成藏，数据不详
储层物性及油气		准中凹陷区				沙湾凹陷、玛湖凹陷斜坡区			
		沙15井	沙12井		成6井	沙探1井	沙探2井	玛湖1井	玛湖23井
平均孔隙度/%	P_3w_3		未钻穿		2.8~7.2	9.1	7~9	6.7	10.6
	P_3w_2	11.6							
	P_3w_1	6.7					9.1		
P_3w 油气发现		无油气显示	无油气显示		无油气显示	日产油 30.25m³	日产油 106m³，日产气 6842m³	试油获得日产油 12.84t	试油，日产油 10.84t

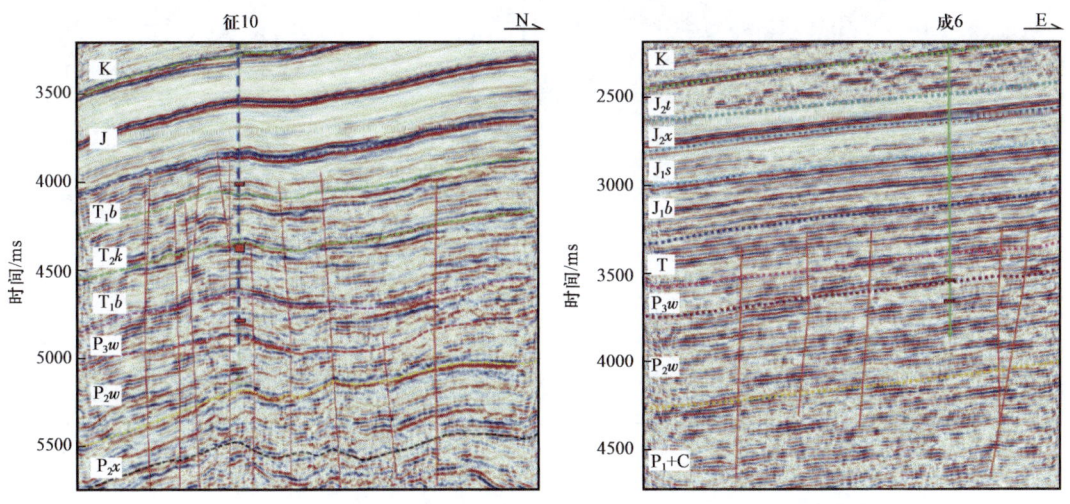

图 3-2-8　准噶尔盆地过征 10 井、成 6 井三维地震解释剖面[17]
红色实线表示断层；横向虚线表示地层线；红色方框表示油气显示

综上分析认为，优势输导体系对远源次生油气藏有重要的控制作用，是油气成藏的前提条件，没有优势输导体系建立的源储关系，油气难以长距离聚集成藏。现今的油气分布与优势输导通道空间展布相关联，证明了输导体系是油气成藏的关键控制因素，也启发了远源次生油气藏的勘探思路，即需要加强优势输导体系的研究，找油需先找优势输导体系发育区。

二、规模遮挡条件是远源次生油气藏形成的重要保障

（1）构造运动对原生油气藏的调整作用强烈，无规模遮挡条件油气不能再次成藏。

我国沉积盆地尤其海相盆地经历了加里东期、海西期—印支期、燕山期、喜马拉雅期等多期改造，现今多已成为残留盆地，原多层次的油气系统经隆升、剥蚀遭受了强烈的改造，并在后期的盆地叠加作用下发生重组与再造[20]，部分油气遇到新的遮挡条件重新聚集成藏，也有很多油气在运移过程中没有遇到遮挡条件，油气直接运移到地表形成油气苗。构造运动对原生油气藏的破坏或调整表现为以下方式：

① 晚期构造运动使得原生油气藏的圈闭溢出点发生变化，或地层倾斜角度或倾向发生变化，使圈闭的部分油气发生聚集和重新调整。例如，古近纪末，在喜马拉雅构造运动作用下，准噶尔盆地发生从南向北的大规模掀斜，造成早期定型的古背斜变小，背斜构造高部位向北迁移。原来在古背斜聚集的油气沿着连通砂体、燕山期—喜马拉雅期断裂、不整合面和白垩系底砾岩不断向北运移，除少部分残留油气外，大部分发生调整，并在古隆起以外的圈闭中重新成藏。从现今的构造图［图3-2-9（b）］可以看出，早白垩世三工河

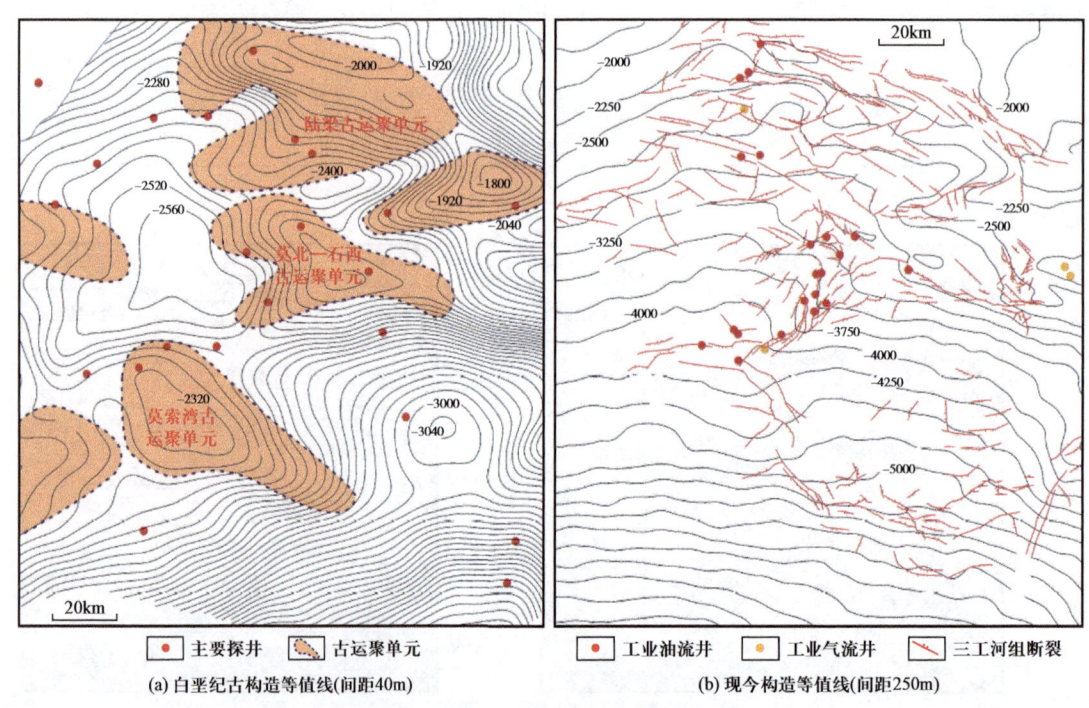

(a) 白垩纪古构造等值线（间距40m）   (b) 现今构造等值线（间距250m）

图3-2-9 三工河组底界构造等值线

组的陆梁、莫北—石西、莫索湾三大古背斜已解体，南翼变成继承性的低凸带，北翼变成单斜或反向低凸。早期形成的圈闭发生向北的翘倾，油气溢出点发生变化，少量残留的油气依旧聚集在继承性的低凸带内，向北溢出的油气则沿现今的鼻凸带向北调整。

② 构造运动使地层变形，褶皱或断裂作用破坏了原生油气藏圈闭的完整性，使得油气重新运移散失，如渤海湾盆地古近系断块发育，断层纵横交错，由于受新构造活动影响，继承性断层上延至新近系[21-22]。由于长期多次断裂活动，造成了油气散失，即原有油气藏多次遭破坏。晚喜马拉雅期构造运动对柴达木盆地早期形成的原生油气藏的改造和破坏，打破了原生油气藏的平衡，使原生油气藏重新分配。重新分配对原生油气成藏的破坏性作用表现在：一是在多层系成藏的同时导致油气层垂向分布相对分散，没有相对集中的成藏系统；二是由于近地表断裂活动导致浅层油气逸散，形成大量地表油气苗沿断层分布[23]。在准噶尔盆地克拉玛依油田，由于喜马拉雅运动导致盆地整体抬升，沉积坳陷收缩到盆地南缘，克拉玛依地区大幅隆起，已聚集油气的圈闭上升到地表，盖层被剥蚀，圈闭储层暴露于地表，在油层压力作用下原油外涌，该现象至今还在继续[24]。

（2）规模遮挡条件是油气远距离运移形成次生油气藏的重要保障。

构造运动对原生油气藏的调整作用十分强烈，直接影响着原生油气藏的圈闭形态、储存条件和资源规模，有的甚至使油藏完全破坏，油气全部散失。在油气调整长距离运移过程中，只有遇到新的规模遮挡条件才能使油气聚集再次成藏，形成次生油气藏。准噶尔盆地以及柴达木盆地众多的油气勘探实例证明，规模遮挡条件是油气远距离运移形成次生油气藏的重要保障，油气分布与规模遮挡体系的分布密切相关。

油气调整运移路径上的遮挡条件，包括平缓背斜遮挡、地层尖灭带遮挡和断层遮挡以及复合多面遮挡等类型，不同的遮挡条件都对次生油气藏的形成起到了关键性作用。

① 断裂遮挡。

准噶尔盆地腹部夏盐低凸起带油气沿着低凸带向北调整的过程中遇到喜马拉雅期断裂，圈闭类型主要为断块圈闭，断层上下盘恰好出现砂泥岩对接的情况，即形成断层遮挡，油气受其遮挡停止运移，并沿着一系列断裂聚集，该区主要为断块油气藏和断层—岩性油气藏，油气藏特征为沿断块阶梯状成藏，每个断块油气藏具有不同的油水界面并单独成藏，形成夏盐阶梯状断块油气藏（图3-2-10）。

柴达木盆地北缘受新近纪末的强烈构造运动改造，中浅层地层在原来深部构造基础上进一步褶皱、断裂，其向下沟通深层构造或深层油气藏，破坏了深部原生油气藏。被破坏后的油气藏中的油气沿断裂向上散失于地表，沿冷湖构造带的轴部发育多组线状沥青证明了该论断。油气被风化、沥青化，滑脱断裂顶部逐渐被封闭，使封闭性由上而下逐渐增强，沿滑脱断裂向上运移的油气逐渐在其下盘的古近系—新近系圈闭中聚集，形成被滑脱断裂遮挡的下盘次生中浅层油气藏，如冷湖五号、南八仙等构造中浅层次生油气藏[25]。

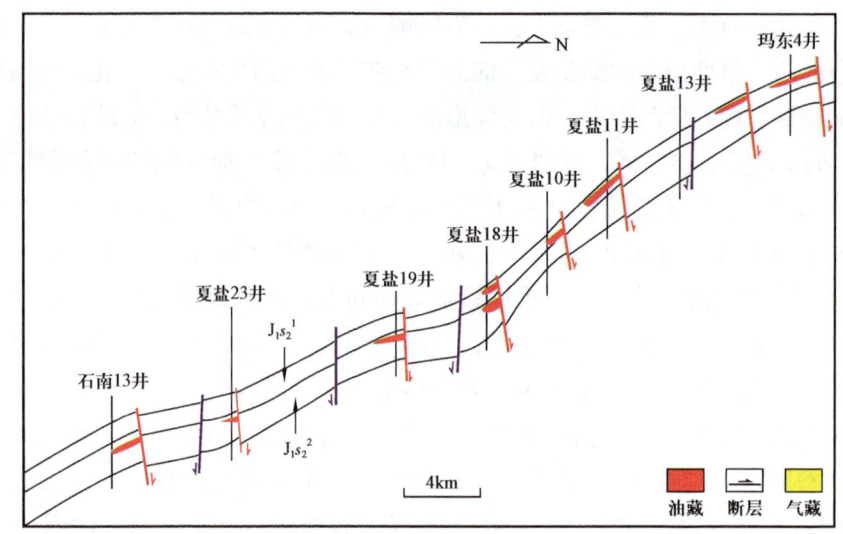

图 3-2-10　准噶尔盆地腹部夏盐油藏剖面

② 地层尖灭线遮挡。

准噶尔盆地腹部地区继承性古凸起控制沉积体系和地层剥蚀，在古凸起周缘往往发育地层削蚀带或岩性尖灭带，形成地层尖灭带遮挡。地层发生掀斜时，凸起的北翼易形成岩性地层圈闭，这些圈闭捕获向北运移的油气，形成岩性地层油气藏，例如莫 17 井区岩性油藏（图 3-2-11）。

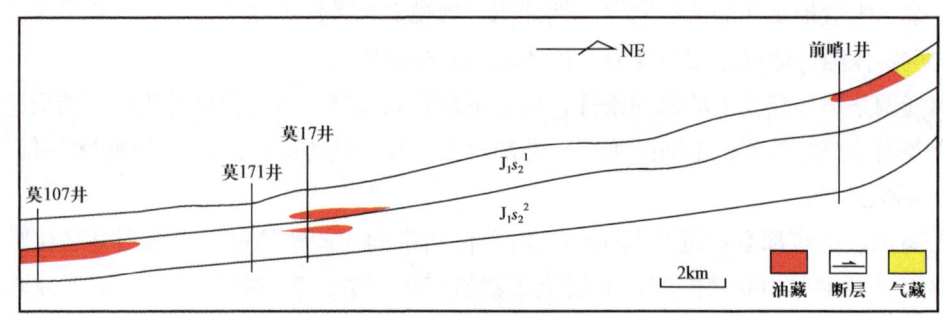

图 3-2-11　准噶尔盆地腹部莫北油气藏剖面

③ 平缓背斜遮挡。

准噶尔盆地腹部在调整掀斜期，成藏期的古背斜隆起幅度急剧变小，构造高部位向北迁移，在早期背斜的北翼（即现今构造的平缓地带）容易形成平缓构造，形成平缓背斜遮挡将向北运移的油气捕获，例如莫索湾盆 5 井气田即为平缓构造气藏（图 3-2-12）。

④ 复合遮挡体系。

准噶尔盆地腹部地区玛湖 1 井区上乌尔禾组发育湖侵背景下的扇三角洲沉积体系。其中，前缘相带形成有效储集体，扇体主槽部位发育杂色、褐色致密砂砾岩带，在扇三角洲前缘相带两翼形成良好的遮挡条件；扇三角洲平原致密砂砾岩和扇间泥岩形成致密的侧翼遮挡，前扇三角洲湖相泥岩可作为良好的区域性盖层，形成良好的顶底板条件，共同形成了复合式多面遮挡体系（图 3-2-13），为玛湖 1 井区扇三角洲前缘相带大面积连续成藏提供了匹配良好的保存条件。

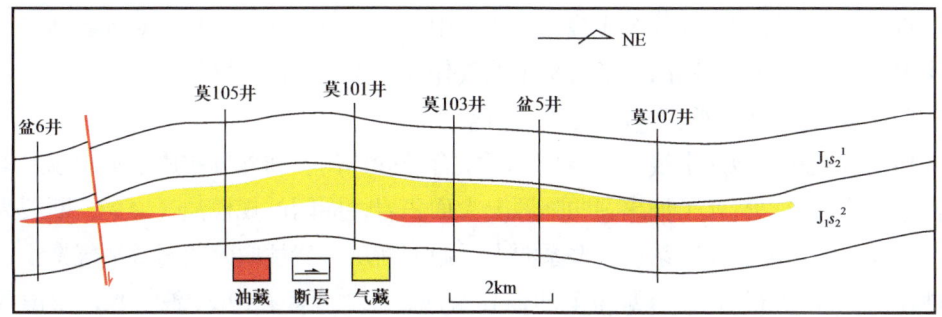

图 3-2-12　准噶尔盆地腹部莫索湾气藏剖面

(a) 沉积相平面图　　(b) 综合柱状图

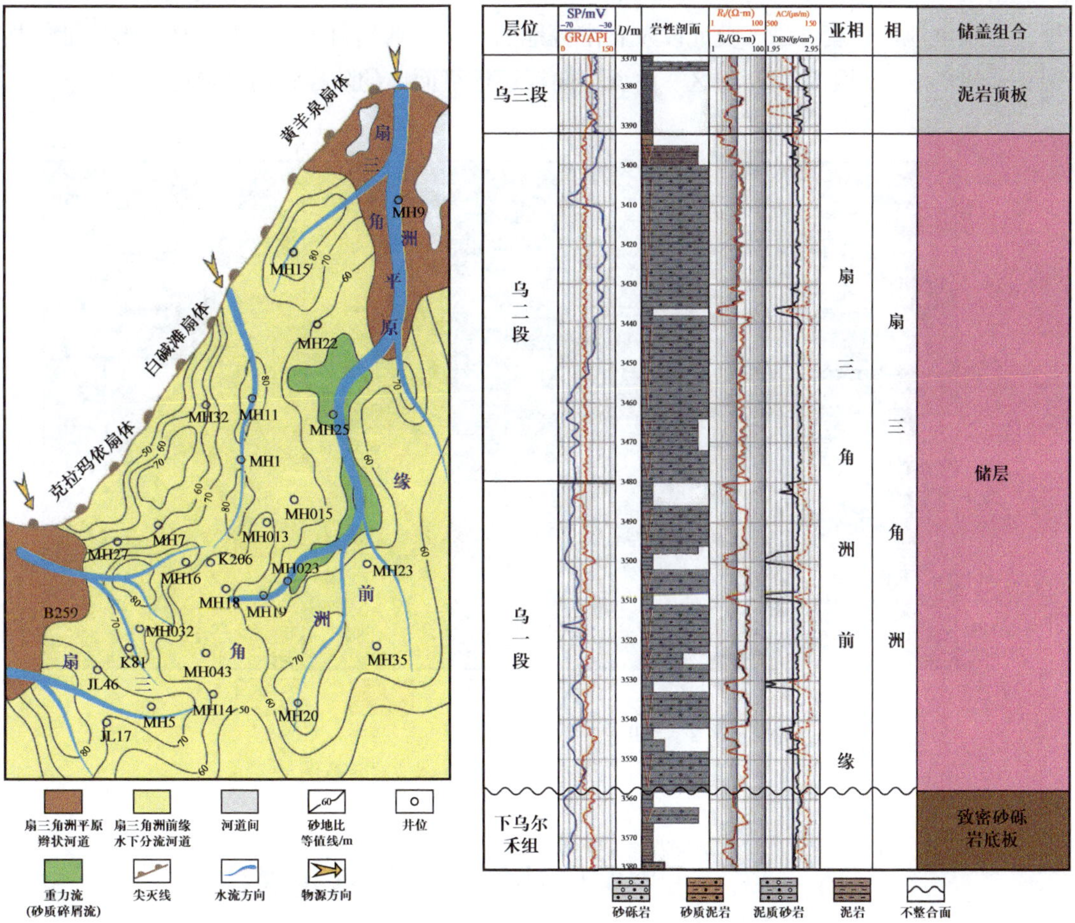

图 3-2-13　玛湖凹陷玛湖 1 井区二叠系上乌尔禾组沉积相平面图和综合柱状图[26]

三、优势输导通道与遮挡条件合理配置是远源次生油气藏形成的决定因素

优势输导通道是沟通源储成藏的关键，是油气远距离运移成藏的前提条件，但是在多期构造运动的背景下，输导通道也可以使已形成的油气藏破坏散失，因此规模遮挡条件显得尤为重要。在远源次生油气藏成藏关键要素中，优势输导通道凸显了对远源油气运移的关键作用，规模遮挡条件则凸显了对次生油气保存的重要作用，输导通道与规模遮挡条件的合理配置是远源次生油气藏形成的决定因素。

准噶尔盆地腹部地区中浅层，断裂、不整合及砂体的空间配置构成了准噶尔盆地高效的网格输导体系，也造就了如玛湖凹陷源上大面积岩性圈闭的规模油气聚集，断裂为最主要输导条件；陆梁隆起侏罗系—白垩系源上远源型断层—岩性圈闭的高效油气聚集，不整合、砂体是保障油气横向运移最主要的输导条件。陆梁隆起石南21油气藏以及南部永进地区的永进油田，受喜马拉雅期盆地整体构造掀斜，南降北升，形成自南向北拾级而上的构造格局，受断裂—不整合—砂体的油气输导（图3-2-14），油气逐渐向浅层、高部位运聚，在永进地区、莫索湾、莫北以及石南等地的中浅层遇到封闭断层的遮挡，形成油气聚集，最终形成自凹陷区向凸起区、由深层向浅层逐级而上的阶梯状油气聚集。

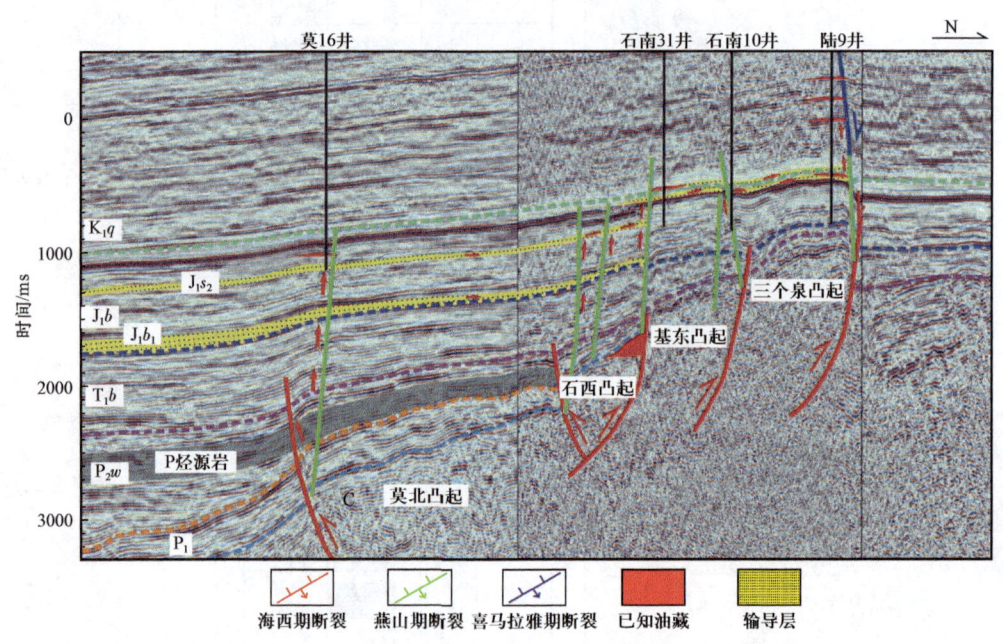

图 3-2-14　准噶尔盆地腹部地区立体成藏示意图[27]

第三节　远源次生油气藏油气富集规律

富集于叠合盆地中浅层的远源次生油气藏，其成藏及富集规律明显不同于东部的断陷盆地、坳陷盆地源内、近源成藏，明显受优势输导体系和遮挡成圈条件有效配置控制。

第三章 远源次生油气藏成藏模式与油气富集规律

本书通过对我国西部叠合盆地典型远源次生油气藏油气富集规律和成藏模式进行深入研究，初步梳理出三种油气富集规律和模式，包括断裂垂向单一输导立体成藏、油源断裂—不整合复合输导体系控制远源油气规模输导大面积成藏和断裂—毯砂阶状输导环凸成藏（图3-3-1）。三种模式下的油气富集规律表现为：断裂垂向单一输导立体成藏富集模式下，油源断裂与湖侵期重力流砂体配置控制油气富集；油源断裂—不整合复合输导体系控制远源油气规模输导大面积成藏富集模式下，不整合面之上发育的退覆式三角洲砂体控制油气的侧向运移和大面积成藏；断裂—毯砂阶状输导环凸成藏富集模式下，古油藏及调整期鼻凸带配置控制次生油气藏富集区。

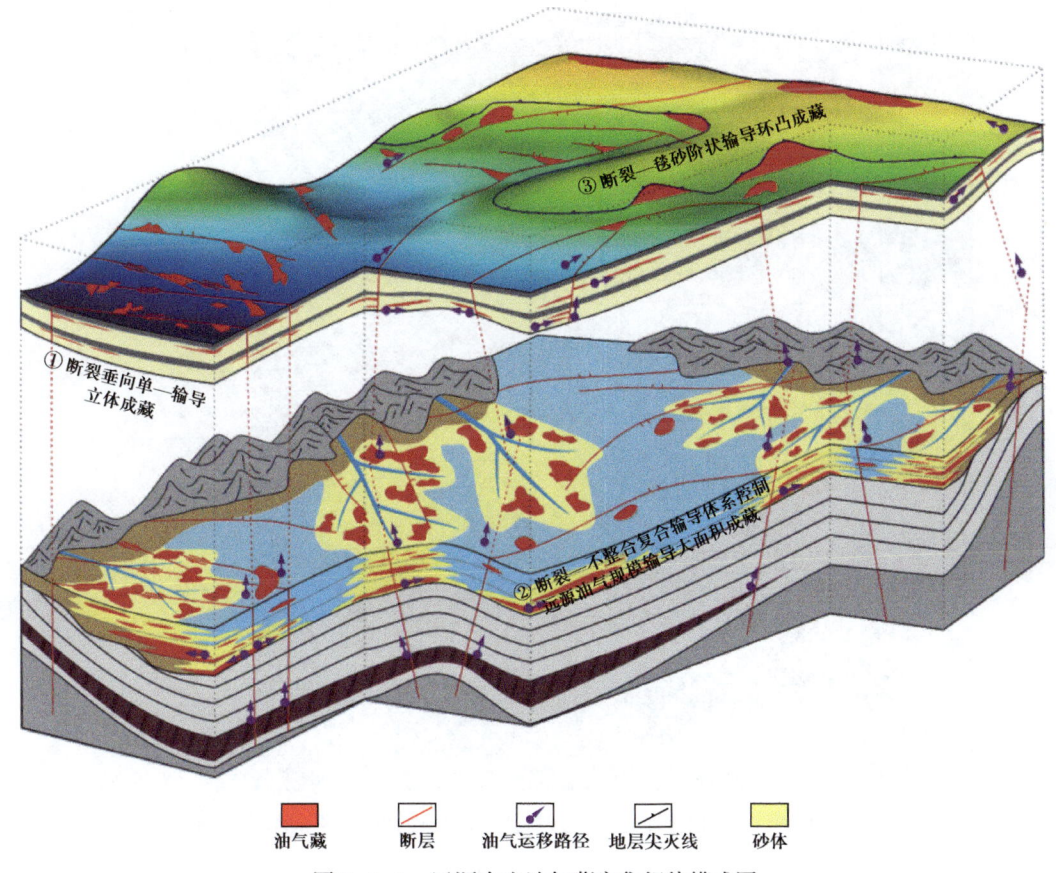

图 3-3-1 远源次生油气藏富集规律模式图

一、断裂垂向单一输导立体成藏

在断裂垂向单一输导立体成藏模式下，油源断裂与湖侵三角洲前缘砂体配置控制源上岩性油气藏富集，纵向上油气分布于湖泛面之下湖侵三角洲前缘砂体，平面上分布在油源断裂两侧。在该模式下，油气的富集规律受到油气关键控藏要素的影响，即油源断裂、砂体及断裂—砂体的合理配置关系。

断裂垂向单一输导立体成藏的关键控藏要素之一是沟通深部油源的断裂体系构成油气垂向优势运移通道，控制油气沿断裂带垂向规模运移。断裂体系可以是晚期的走滑断裂体系，深部切入烃源层沟通油源。例如准噶尔盆地玛湖凹陷的大侏罗沟走滑断裂体系，形成于印支期—燕山期，向下断穿三叠系底界，切入二叠系风城组烃源岩，上向断至侏罗系、白垩系，为油气向浅层规模运移提供了优势通道。继承性发育的深、浅断裂组合也可以构成断裂垂向优势运移通道。例如准噶尔盆地广泛发育的海西期、燕山期断裂体系（图3-3-2），海西期断裂切入二叠系烃源岩沟通油源，燕山期断裂体系继承发育，向下与海西期断裂搭接，形成深、浅断裂接力输导。

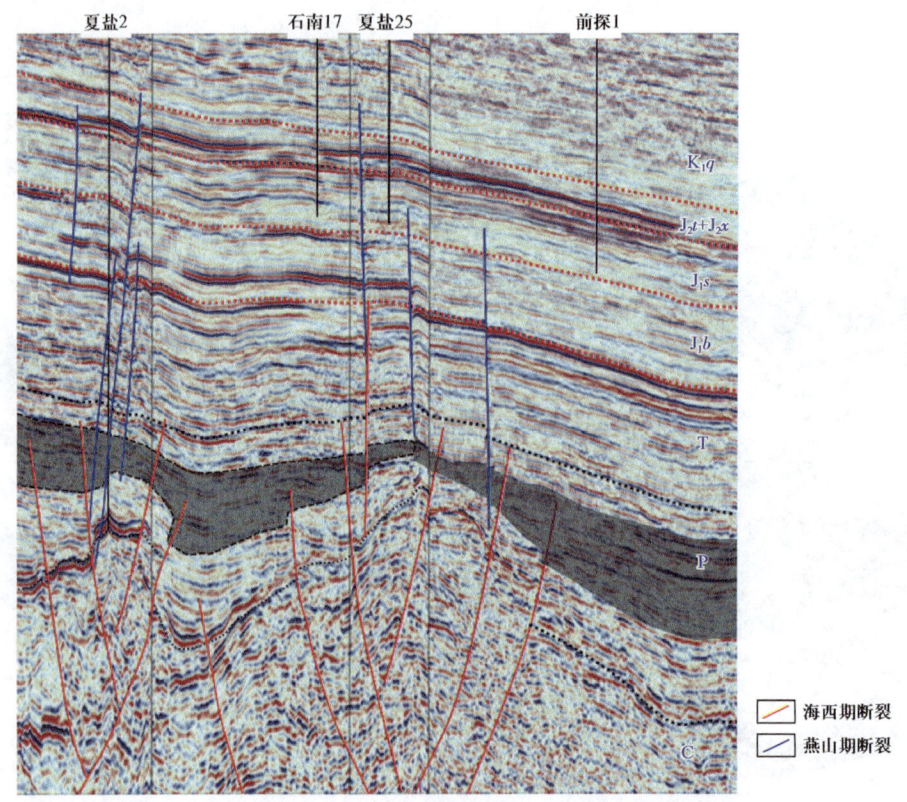

图3-3-2 准噶尔盆地腹部地区海西期、燕山期断裂垂向组合剖面

断裂垂向单一输导立体成藏的关键控藏要素之二是多期发育的厚层湖泛泥岩对油气的垂向封堵及侧向遮挡作用。湖泛期泥岩一般厚度大，泥岩纯，韧性强，往往是断层顶端终止部位，即使断层断穿了厚层湖泛泥岩，由于泥岩涂抹强且断层静止期断层压实固结强，断层在湖泛泥岩段往往是封闭的，因此，沿断层垂向运移的油气可以被封堵在多套湖泛泥岩之下，表现为立体成藏。例如准噶尔盆地玛湖地层中浅层发育三叠系白碱滩组，侏罗系八道湾组二段、三工河组三段等多套最大湖泛期泥岩，控制形成了克拉玛依组上段—白碱滩组、八道湾组一段、三工河组二段三套含油层系（图3-3-3），表现为沿断裂带立体成藏模式。

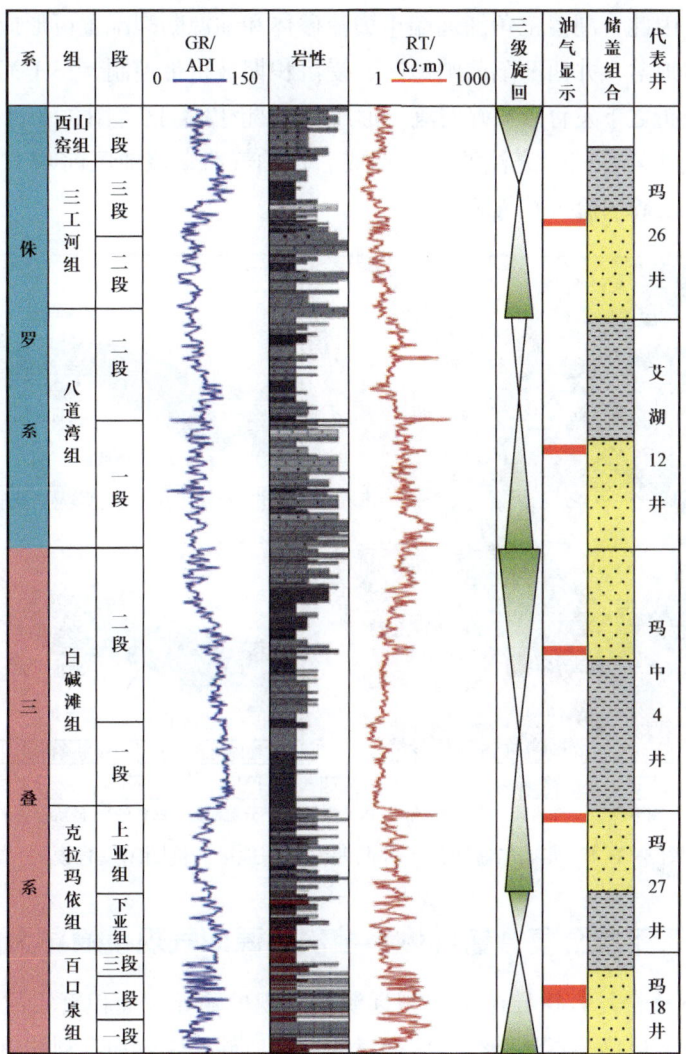

图 3-3-3 玛湖地区中浅层储盖组合及成藏综合柱状图

断裂垂向单一输导立体成藏还要受控于断裂—砂体的合理配置关系。油源断裂与湖侵期重力流砂体配置成藏模式的先决条件是富烃凹陷发育的油源断裂体系。油源断裂沟通了深部烃源岩和上覆湖泛泥岩盖层之下的储集砂体,深层油气沿油源断裂垂向运移过程中受到最大湖泛面及湖侵泥岩遮挡和限制,在湖泛泥岩之下进入各类砂体中侧向运移或聚集。中浅层断距往往偏小,不能错断比断距大的厚层砂岩,不能有效侧向遮挡油气而成藏,而薄砂层侧向尖灭快,小断距断裂也易错断,因此可以形成岩性上倾尖灭油气藏及断层—岩性油气藏。

据统计,玛湖地区中浅层主要油层砂岩厚度均小于 12m,证明湖泛泥岩之下的薄砂层易于成藏的规律。根据沉积层序演化序列,紧邻最大湖泛面之下发育湖侵三角洲砂体,受沉积期坡折带控制,湖侵三角洲远端发育砂质碎屑流、浊流等深水重力流砂体,是岩性圈闭集中发育区。因此，湖侵三角洲远端重力流砂体和油源断裂配置可形成岩性油气藏富集区。如准噶尔盆地盆1井西凹陷前哨地区，受沉积期坡折带控制，三工河组二段一砂组湖侵期三角洲在坡折之下发育砂质碎屑流，形成岩性圈闭发育区（图3-3-4），经油源断裂沟通深部油气，这些岩性圈闭充注油气而形成岩性油气藏，该地区前哨1、前哨2、前哨4等多口井发现砂质碎屑流天然气藏。

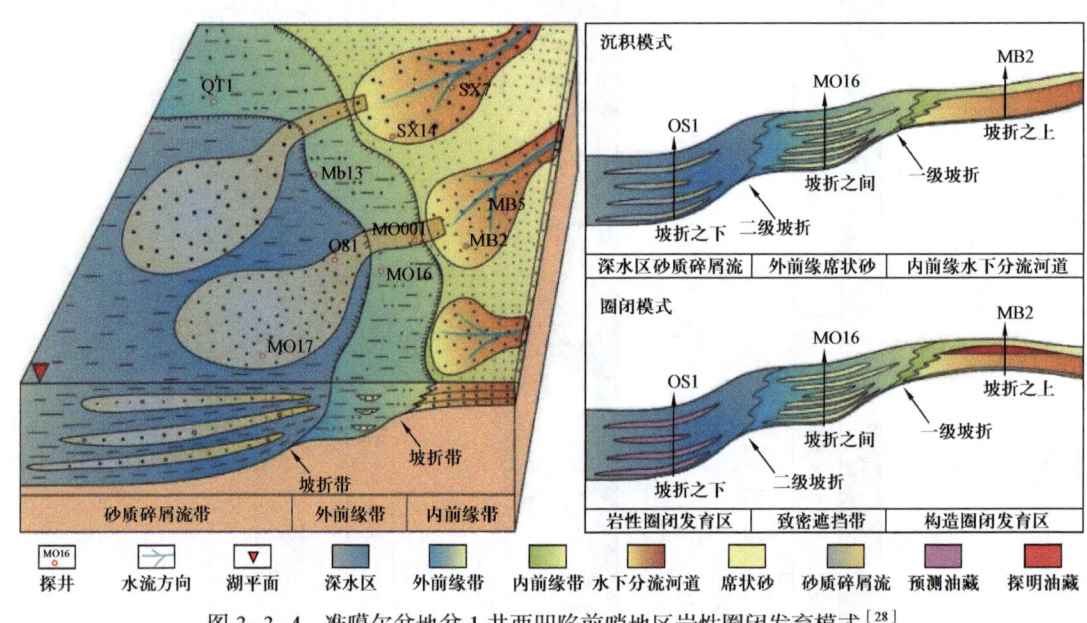

图3-3-4 准噶尔盆地盆1井西凹陷前哨地区岩性圈闭发育模式[28]

二、断裂—不整合复合输导体系控制远源油气规模输导大面积成藏

在断裂—不整合复合输导体系控制远源油气规模输导大面积富集成藏模式下，断裂输导深层油气向上运移，不整合结构体通过控制优质储层厚度和有利储盖组合发育，进而控制成藏规模。区域不整合面之下发育半风化壳高孔淋滤带，具有较强的油气侧向输导能力；不整合面之上多发育退覆式三角洲砂体，横向上大面积分布，对油气侧向运移及大面积成藏具有重要的控制作用。

断裂—不整合复合输导体系控制远源油气规模输导大面积成藏的关键控藏要素之一是断裂体系沟通区域不整合面构成垂向、侧向复合输导体系，构成油气优势输导通道，控制油气规模运移。断裂体系可以是晚期断裂直接切入烃源层沟通油源，也可以是深、浅继承性发育的断裂，深部断裂沟通油源，浅部断裂接力构成垂向输导。不整合面主导油气的侧向输导，在西部叠合盆地经常发育多套区域不整合面，例如柴达木盆地昆北断裂带基岩不整合、准噶尔盆地二叠系和三叠系之间的不整合面、白垩系和侏罗系之间的不整合面等，这些不整合是油气侧向长距离运移的关键。

断裂—不整合复合输导大面积成藏第二大关键控藏要素，是发育在区域不整合面之下的风化淋滤带、不整合面之上的底砾岩以及退覆式三角洲叠置砂体。柴达木盆地昆北断裂带发育基岩不整合，基岩以火成岩、变质岩为主，多经历长期风化淋滤，形成基岩风化壳储层，孔渗结构被改善，具有较强输导能力和储集能力，基岩不整合面之上往往发育碎屑岩、碳酸盐岩，大面积分布的底砾岩也可以有较强的输导能力。

准噶尔盆地不整合面之上发育退覆式三角洲叠置砂体，该类砂体的退覆与湖侵有关，湖侵泥岩与下部三角洲砂体构成优质储盖组合，该套储盖组合随着湖侵的发展及三角洲的退积，横向上大面积分布。沿区域不整合面侧向运移的油气受坡折带、三角洲平原致密相带及上覆泥岩的遮挡形成地层岩性油气藏，在平面上大面积分布，如石南21不整合面上大面积分布的地层岩性油气藏（图3-3-5、图3-3-6）。

断裂—不整合复合输导大面积成藏主要包括近源岩性地层油气藏和远源岩性地层油气藏两种成藏模式，如准噶尔盆地玛湖地区的二叠系上乌尔组和三叠系百口泉组大面积成藏，均受控于晚二叠世—早三叠世盆地性质转换形成的区域不整合及退覆式三角洲形成大面积分布的岩性地层圈闭。

三、断裂—毯砂阶状输导环凸成藏

断裂—毯砂阶状输导环凸成藏是指油气通过油源断裂垂向沟通后，沿着多套呈毯状分布的厚层砂岩呈阶梯状侧向运移，最后在古凸起周缘地层岩性尖灭带成藏、富集。该模式下，由于油气在沿低凸带侧向运移过程中遇到岩性尖灭带，油气侧向运移方向将会发生被动调整，因此该模式下，油气是边调整边成藏，最终形成岩性地层油气藏富集区。

断裂—毯砂阶状输导环凸成藏关键控藏要素之一是继承发育的断裂—鼻凸带。这类鼻凸带往往有深部构造背景，发育深层断裂，这些断裂既控制了早期凸起，也控制了晚期断裂及鼻凸，深、浅匹配的断裂为油气垂向运移提供了优势通道，鼻凸带可汇聚油气形成侧向优势运移通道。因此，继承发育的断裂—鼻凸带往往构成了油气垂向、侧向运移的优势通道。准噶尔盆地腹部地区中浅层夏盐鼻凸、基东鼻凸、莫北凸起等鼻凸带，均受控于深部海西期断裂体系及凸起带，浅层燕山期断裂及鼻凸继承发育，构成了二叠系油气向中浅层运移的优势通道（图3-3-7）。柴达木盆地阿尔金山前东坪鼻隆、牛东鼻隆等也属于此类继承性断裂—鼻凸带。

断裂—毯砂阶状输导环凸成藏的第二个关键控藏要素是中浅层发育的多套厚层毯砂及浅层不同期断裂构成的阶状输导体系。厚层毯砂往往是油气侧向运移的主要载体，油气沿油源断裂垂向运移至中浅层后，会通过厚层毯砂继续侧向运移，在侧向运移过程中受中浅层断裂遮挡和向上调整，构成复杂的阶梯状输导体系，总体运移趋势是由鼻凸低部位向高部位优势输导层位逐阶变新、变高（图3-3-7）。准噶尔盆地基东鼻凸带侧向输导体系由低部位的八道湾组向高部位的三工河组、西山窑组及清水河组逐步抬升，构成复杂的阶状优势运移通道。

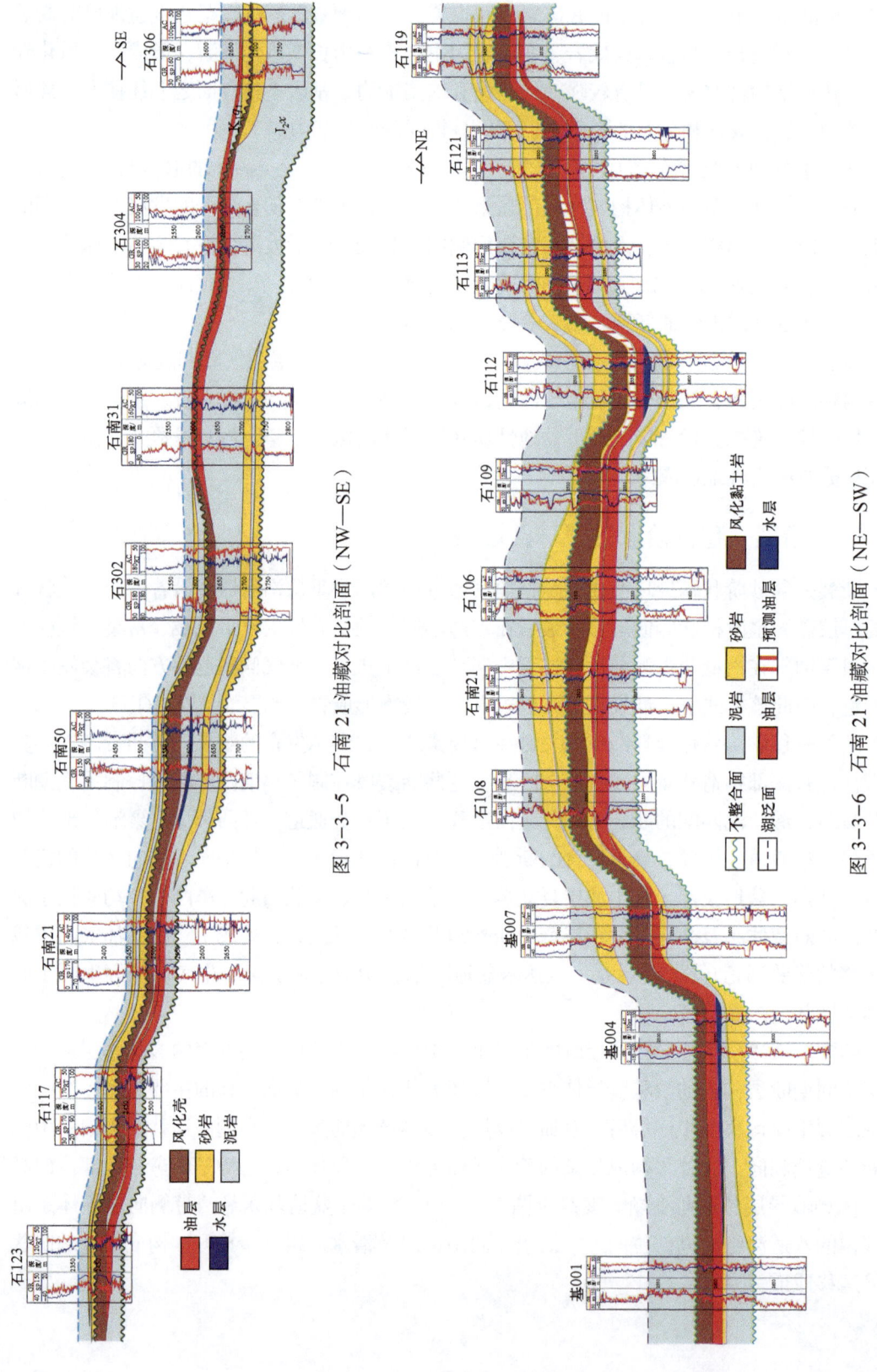

图 3-3-5 石南 21 油藏对比剖面（NW—SE）

图 3-3-6 石南 21 油藏对比剖面（NE—SW）

第三章 远源次生油气藏成藏模式与油气富集规律

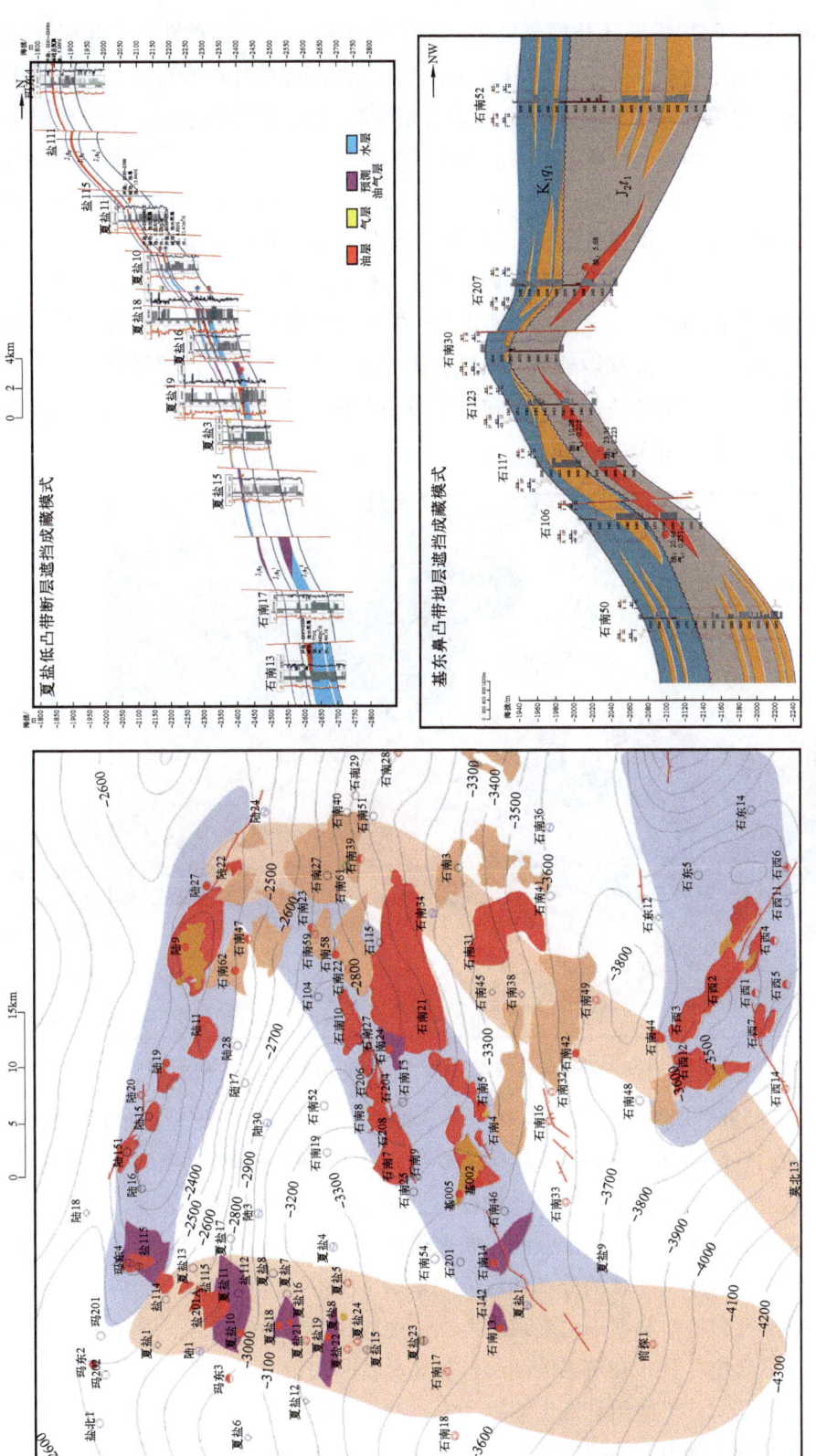

图 3-3-7 准噶尔盆地陆西地区两类凸起、两种成藏模式

断裂—毯砂阶状输导环凸成藏的第三个关键控藏要素是继承性古凸起周缘的地层岩性尖灭带对侧向运移油气的遮挡作用。继承性古鼻凸高部位往往发育地层剥蚀尖灭线，斜坡区发育岩性超覆尖灭带，即便不发育地层超削带，也经常分隔水系，在凸起周缘形成岩性、岩相变化带。当油气沿着鼻凸带在毯砂中阶状输导的过程中，在高部位遇到凸起周缘地层岩性尖灭带或岩相变化带遮挡，油气运移方向不再是沿鼻带脊部向上运移，而是被迫沿尖灭带或相变带发生调整，遇到地层岩性圈闭则成藏，圈闭充满后继续运移，沿鼻凸带周缘形成运聚一体成藏带，环鼻凸带周缘形成岩性地层圈闭群，典型的实例就是准噶尔盆地基东鼻凸东翼的石南21、石南31油藏及西翼的多个断层—岩性油气藏。随着盆地构造的变化，其南部石西古油藏被破坏，油气首先沿断裂垂向调整至白垩系底部不整合面沿清水河组底砾岩顶面石南低凸带运移，在基东鼻凸东翼遇到清水河组岩性尖灭带，然后沿尖灭带边运移边成藏（图3-3-8）。

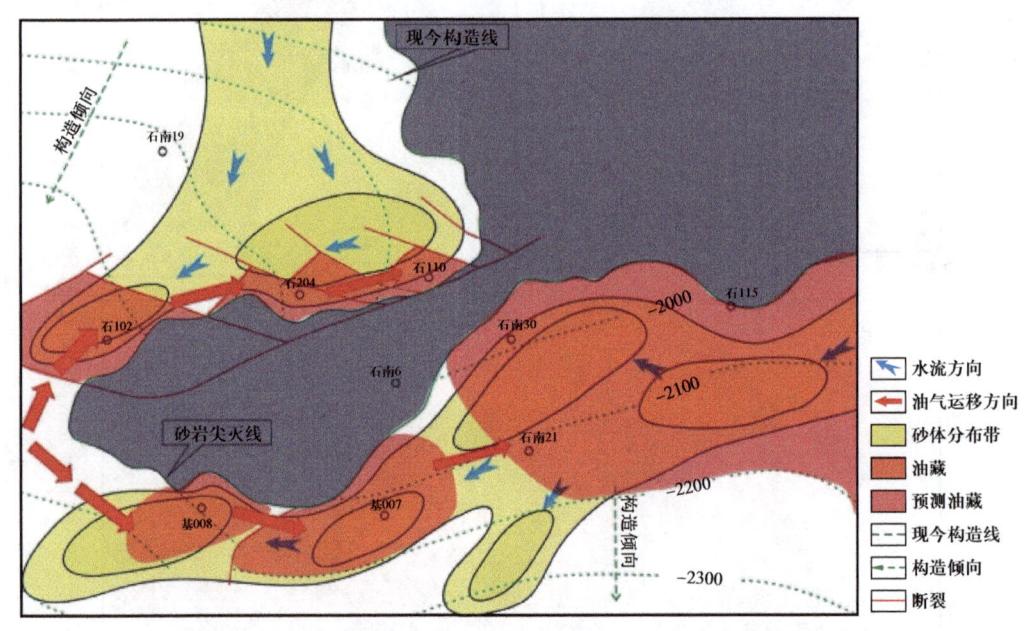

图3-3-8　基东鼻凸两翼岩性尖灭线调整油气运移方向示意图

断裂—毯砂阶状输导环凸成藏模式下，油气发生调整和再聚集形成次生油气藏，次生油气藏的调整运移路径及成藏富集区主要受原生古油藏和调整期断裂体系及鼻凸带的控制。准噶尔盆地腹部侏罗系—白垩系发育大量的次生油气藏。研究表明，莫索湾、陆南和陆梁古鼻状构造是侏罗系原生油藏的主要聚集区，经过油气的运聚调整，形成多个区域的次生油气藏。综合原生油藏的分布和古近纪末期（次生油气调整期）的构造特征，结合输导体系的差异性，将侏罗系—白垩系次生油气藏划分为4类成藏区（图3-3-9）。

Ⅰ类成藏区主要分布在莫索湾凸起、莫北鼻状凸起带以及石西凸起等古油藏北翼，成藏层位以下侏罗统三工河组和八道湾组为主，油气藏类型以低幅度背斜油藏和断块油藏为主，受现今构造和燕山期断裂控制。

第三章 远源次生油气藏成藏模式与油气富集规律

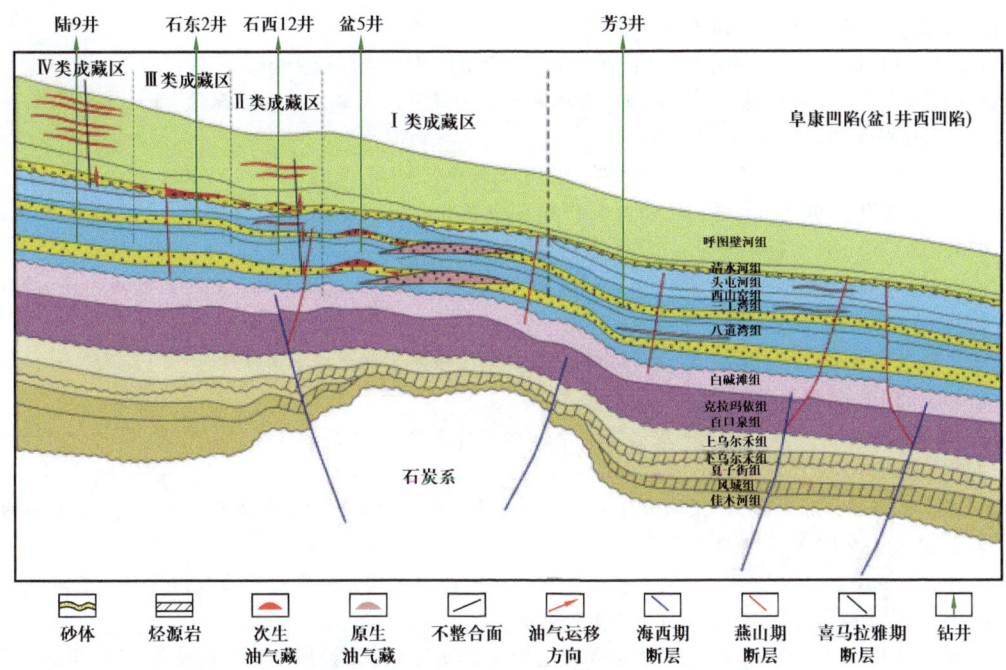

图 3-3-9 准噶尔盆地腹部侏罗系—白垩系次生油气藏分布模式图

Ⅱ类成藏区，主要分布在石西凸起和三个泉凸起，纵向成藏层系较多，包括下侏罗统三工河组、中侏罗统西山窑组和下白垩统呼图壁河组等，油气藏受喜马拉雅期断裂控制，与断裂对接的岩性圈闭和低幅度背斜圈闭均可成藏。

Ⅲ类成藏区主要分布在石西凸起至石南鼻状凸起和石东鼻状凸起南部地区，成藏层位主要包括下白垩统清水河组和中侏罗统头屯河组，油气藏受不整合面控制，多形成断块和地层油气藏。

Ⅳ类成藏区主要分布在陆梁地区的三个泉凸起和石东凸起北部地区，成藏层位主要为下白垩统呼图壁河组，受喜马拉雅期断裂控制，以呼图壁河组的薄砂多层油气藏为主。

综上4类成藏区油气的富集规律和控制因素，认为断裂—毯砂阶状输导环凸成藏模式下油气受调整期断裂体系及鼻凸带的控制。

参 考 文 献

[1] 吴冲龙，林忠民，毛小平，等."油气成藏模式"的概念，研究现状和发展趋势[J].石油与天然气地质，2012，30（6）：673-683.

[2] 付广，付晓飞.断裂输导系统及其组合对油气成藏的控制作用[J].世界地质，2001，20（4）：344-349.

[3] 梁宏斌.二连盆地隐蔽油气藏成藏模式及预测研究[D].北京：中国科学院研究生院，2006.

[4] 彭文绪，孙和风，张如才，等.渤海海域黄河口凹陷近源晚期优势成藏模式[J].石油与天然气地质，2009，30（4）：510-518.

[5] 刘震，贺维英，韩军，等.准噶尔盆地东部地温－地压系统与油气运聚成藏的关系[J].石油大学学

报（自然科学版），2000，24（4）：15-20.
[6] 周兴熙.封存箱与油气成藏作用[J].地学前缘，2004，11（4）：609-615.
[7] 操应长，姜在兴，邱隆伟，等.渤海湾盆地第三系火成岩油气藏成藏条件探讨[J].石油大学学报（自然科学版），2002，26（2）：6-10.
[8] 王志欣，张金川.鄂尔多斯盆地上古生界深盆气成藏模式[J].天然气工业，2006，26（2）：52-54.
[9] 胡潇，曲永强，胡素云，等.玛湖凹陷斜坡区浅层油气地质条件及勘探潜力[J].岩性油气藏，2020，32（2）：67-77.
[10] 刘桂珍，张德诗，李能武.昆北断阶带基岩储层特征及油气成藏条件[J].岩性油气藏，2015，27（2）：62-69.
[11] 史玲玲，李建明，汪立群，等.柴西南地区昆北断阶带基岩油藏成藏条件分析[J].新疆石油地质，2015，33（4）：434-435.
[12] 刘刚，张义杰，姜林.准噶尔盆地腹部陆梁油田侏罗系-白垩系成藏模拟研究[J].地质科学，2014，49（4）：1314-1326.
[13] 任鹏，王伟锋，陈刚强.陆梁油田陆9井区呼一段低含油饱和度油藏特点及成因[J].新疆石油地质，2018，39（3）：304-310.
[14] 赵永强，云露，王斌，等.塔里木盆地塔河油田中西部奥陶系油气成藏主控因素与动态成藏过程[J].石油实验地质，2021，43（5）：758-766.
[15] 刘念，邱楠生，秦明宽，等.冀中坳陷束鹿潜山带油气成藏主控因素与成藏模式[J].地质学报，2023，97（3）：897-910.
[16] 谢明举，战剑飞，刘春杨，等.松辽盆地北部西部斜坡区萨一组稠油成藏主控因素分析及有利区优选[C]//2022油气田勘探与开发国际会议论文集，2022.
[17] 张仲培，张宇，张明利，等.准噶尔盆地中部四陷区二叠系—三叠系油气成藏主控因素与勘探方向[J].石油实验地质，2022，44（4）：559-568.
[18] 田光荣，白亚东，裴明利，等.柴达木盆地阿尔金山前东段输导体系及其控藏作用[J].天然气地球科学，2020，31（3）：348-357.
[19] 郑和荣，尹伟.中国中西部四大盆地碎屑岩油气成藏体系[M].武汉：中国地质大学出版社，2016.
[20] 陶士振，李建忠，柳少波，等.远源/次生油气藏形成与分布的研究进展和展望[J].中国矿业大学学报，2017，46（4）：699-714.
[21] 夏胜梅，李争.江陵凹陷次生油气藏成藏条件及勘探有利地区[J].江汉石油科技，2001，11（3）：1-22.
[22] 张树林，张玉明，郭飞飞.油气次生成藏动力学[J].现代地质，2008，22（4）：580-585.
[23] 张正刚，袁剑英，陈启林.柴北缘地区油气成藏模式与成藏规律[J].天然气地球科学，2006，17（5）：649-652.
[24] 霍志鹏，庞雄奇，杜宜静，等.含油气盆地油气藏破坏的油气显示及其地质意义[J].石油与天然气地质，2013，34（4）：421-430.
[25] 姜振学，庞雄奇，罗群，等.柴北缘西部油气成藏的主控因素[J].石油与天然气地质，2012，25（6）：692-695.
[26] 卢红刚，罗焕宏，骆飞飞，等.玛湖凹陷MH1井区上乌尔禾组扇控大面积成藏条件与成藏模式[J].特种油气藏，2021，28（1）：42-50.
[27] 唐勇，宋永，何文军，等.准噶尔叠合盆地复式油气成藏规律[J].石油与天然气地质，2022，43（1）：132-148.
[28] 厚刚福，徐洋，孙靖，等.三角洲前缘—湖盆深水区沉积模式及意义——以准噶尔盆地盆1井西四陷三工河组二段一砂组为例[J].石油学报，2019，40（10）：1223-1232.

第四章 远源次生油气藏地质评价流程与关键技术

油气藏地质评价，是针对已发现的油气藏，以石油地质理论为指导，充分利用勘探开发各种技术手段以及所获得的多种信息资料，对油气藏地质特征、油气成藏特征进行系统研究，优选有利区带，指导下一步勘探开发部署。油气藏地质评价是石油地质综合研究的重要组成部分和方法之一。不同类型的油气藏，其地质评价的关键点和方法存在差异：SY/T 5601—2009《天然气藏地质评价方法》标准中，提出天然气藏形成地质条件评价应充分利用地震、测井、综合录井、测试及各项化验分析资料，在单项评价基础上进行综合评价，需要对天然气成藏的"生、储、盖、圈、运、保"及相互的配置关系进行评价；GB/T 34906—2017《致密油地质评价方法》标准中，提出对于致密油的地质评价包含了对烃源岩、储层、资源潜力、产能、经济性的评价，重点是利用地震、测井及实验分析手段对致密油"甜点"进行评价。

远源次生油气藏是一种特殊类型的油气藏，具有"源储分离，纵向多层叠合，埋藏浅，输导体系与油源连通的模式多样化"等特征，针对远源次生油气藏的地质评价，需要在"生、储、盖、圈、运、保"等成藏要素评价的常规流程方法上，重点加强对输导体系的刻画和有效性评价，即对断裂、砂体、不整合等输导要素的刻画与描述，对油气运移过程、路径进行精细的示踪和运聚模拟。本章将对远源次生油气藏地质评价的流程和方法进行梳理，并重点对地质评价的关键技术——输导体系刻画与评价技术进行深度分析。

第一节 远源次生油气藏地质评价流程及方法

一、远源次生油气藏地质评价流程

"十三五"期间，我国学者加强了对远源次生油气藏的地质评价研究和技术攻关，主要研究成果进展可分为两个阶段：第一阶段为2016—2018年，其间在研究形成古油藏识别、刻画及优势运移通道示踪两项关键技术的基础上，综合油气关键成藏期、输导体系构建、油气成藏模式、遮挡条件评价等技术方法，以远源次生油气藏形成过程为主线，围绕定时、定向、定位整体构架，形成了包括6个核心技术步骤（"三定六步"）的远源次生油气藏地质评价技术流程；第二阶段为2019—2020年，在"三定六步"地质评价方法基础上，加强了源灶刻画、成因类型判识、运聚单元划分等技术环节，输导体系刻画及地质评价方法进一步升级和完善，形成了以输导体系刻画及运聚模拟技术为核心的定源、定时、定向、定层、定圈、定藏及综合评价"六定一综"远源次生油气藏地质评价技术序列（图4-1-1）。

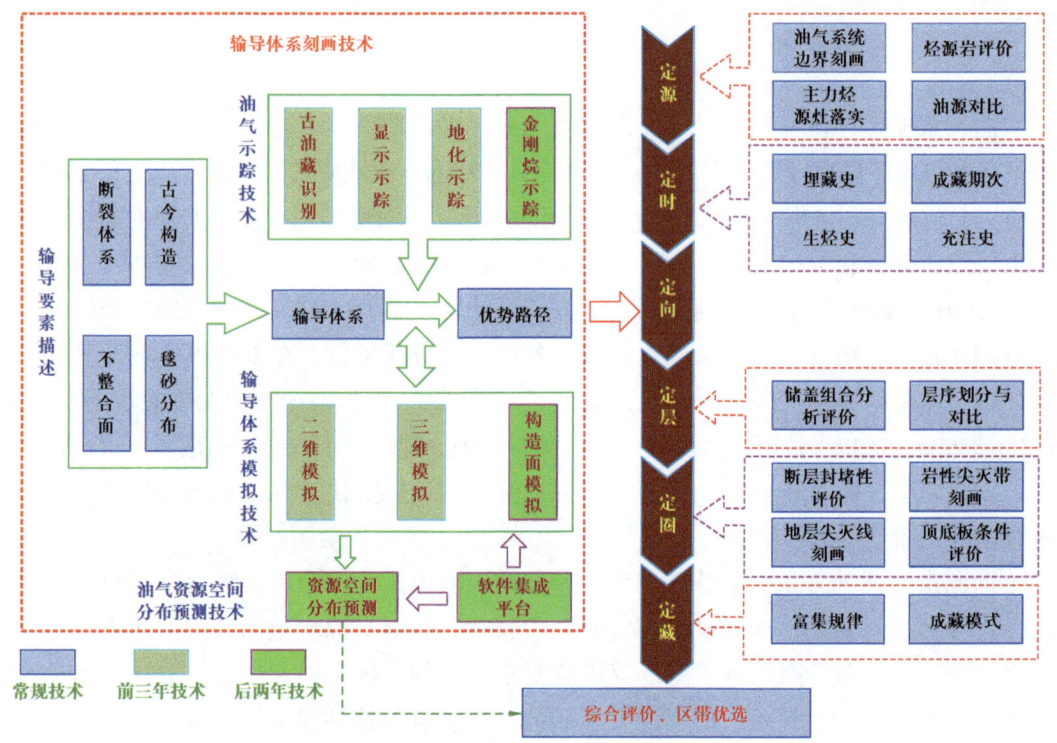

图4-1-1　远源次生岩性地层油气藏地质评价技术流程图

二、远源次生油气藏主要地质评价内容及方法

1. 定源——确定主力源灶及油气系统

定源的主要内容包括烃源岩评价、油源对比、主力烃源灶落实以及油气系统边界刻画。

（1）烃源岩评价：主要评价内容包括确定烃源岩的层位、岩性、厚度、分布面积、有机质丰度、母质类型、热成熟度，主要的评价手段包括地球化学方法、测井评价方法及地震预测方法等，其中以地球化学评价方法为核心，目前评价方法及评价手段已经发展成熟，我国已经发布的SY/T 5735—2019《烃源岩地球化学评价方法》适用于远源次生油气藏的烃源岩评价。

（2）油源对比：依靠地质和地球化学证据，确定石油和烃源岩间成因联系。适用于油源对比的指标较多，如石油的族组成（如饱和烃、芳烃和非烃的含量等）、石油的正构烷烃分布曲线、石油的碳同位素。此外，近年来，又广泛应用生物标记化合物作为对比指标，包括色素和异构烷烃、甾族、多环萜类等异戊间二烯型的萜类衍生物。如果各层石油的上述指标相近，则可确认这些石油是同源的；反之，如果各层石油的上述指标相差较大，则可认为这些石油来自不同的生油岩。例如，准噶尔盆地玛湖凹陷二叠系风城组、乌尔禾组和其他不同层系原油中普遍检测出三芳甾烷（TAS）和三芳甲藻甾烷系列。基于多口井的原油和14块代表性烃源岩样品的芳烃组分色谱—质谱资料，系统分析其TAS组成特征，并将其用于油源对比研究。结果表明，玛湖凹陷不同层系原油TAS分布特征基本一致，主要表现为C_{26}-20S含量低，C_{27}-20R含量高，三芳甲藻甾烷含量低或者未检测出，与风城组烃源岩分布特征相似。应用C_{26}-20S/C_{28}-20S TAS 与 C_{27}-20R/C_{28}-20R TAS 比值和TAS三角图图版进行了原油对比分析，结果表明不同层系原油均来源于风城组烃源岩[1]。

（3）主力烃源灶落实：烃源灶通常用来表征盆地生烃中心，具体指在地质演化过程中生成和排出大量油气的烃源岩发育区，烃源灶内的烃源岩一般有机质丰度高、类型好，具有较大的生烃潜量[2]。烃源灶的落实主要研究烃源岩的地球化学特征、空间分布特征及热演化史特征，其中地球化学特征主要通过地球化学实验方法研究烃源岩的有机碳（TOC）含量、镜质组反射率（R_o）、岩石热解参数、时间—温度指数（TTI）等；空间分布特征可采用测井、地震相结合的方法，可采用测井资料进行单井—连井评价（例如，采用$\Delta\lg R$方法定性识别烃源岩并计算TOC[3]），采用连井剖面勾勒烃源岩的平面展布特征，还可以通过地震相法、地震速度法、多井测井约束反演法等对烃源岩的纵横向展布进行预测；烃源岩的热演化史特征可在地球化学实验的基础上进行生烃热模拟实验、盆地模拟等，明晰其生烃动力学特征及生烃特征[2]。

（4）油气系统边界刻画：含油气系统（Petroleum System）是介于含油气盆地（或含油气区）与油气聚集带（或成藏组合）之间的一个油气地质单元，它是盆地中一个自然的烃类流体系统，其中包含一套有效烃源岩、与该烃源岩有关的油气及油气藏形成所必需的一切地质要素及作用。针对远源次生油气藏的油气系统边界刻画，需要在烃源岩评价、油源对比的基础上，确定主力烃源岩层系，然后结合已知钻井标定及地震解释成果刻画出主力源灶的分布范围，最后结合"生、储、盖"配置关系及油气源对比结果划分含油气系统。

2.定时——确定关键成藏期

要确定油气的关键成藏期，需要对地层的埋藏史进行基础性研究，在此基础上模拟烃源岩的生烃史、油气充注史，最后通过生烃、排烃、油气充注之间的时间—空间耦合关系，确定关键成藏期。

埋藏史研究是以盆地构造演化研究为基础，在此基础上通过测录井资料进行地层压实校正、地层剥蚀量估算，最后利用盆地模拟的方法进行埋藏史重建。埋藏史研究属于盆地分析研究的基础内容，相关技术已经发展成熟。

生烃史的研究主要是通过生烃热模拟实验、盆地模拟等手段展开。生烃史的研究是油气充注历史研究的前提，油气藏充注历史研究方法主要有烃源岩生排烃史方法、相对充注史分析和流体定时定年三类。（1）烃源岩生排烃史方法：根据盆地或凹陷的生排烃史推断油气的充注历史，其基本原理是油气主要的成藏时期不可能早于盆地或凹陷内烃源岩的大规模生烃期。（2）相对充注史分析：根据储层流体的组成及其层间非均质性、流体包裹体分析，识别油气动态充注过程和储层流体事件，建立不同流体事件的相对时序。（3）流体定时定年：根据储层流体性质、成岩矿物和流体包裹体分析，识别主要储层流体事件并利用直接或间接定年技术，确定各流体事件的绝对时间。目前应用最广的最有效方法还是流体包裹体均一温度法，油气在充注储层的过程中，通常会形成烃类包裹体、含烃包裹体和盐水包裹体，其中与烃类包裹体伴生的盐水包裹体均一温度代表了油气成藏时期的地层温度，也就是油气充注时的地层温度。利用盐水包裹体均一温度，将其投影到埋藏史图上，可以获得包裹体形成时的古埋深和地质时间，进而确定油气成藏时间。

对于远源次生油气藏，要确定油气关键成藏期主要从两个方面开展研究工作：一是油气微观充注期次分析，目前主要存在两种方法，最主要的方法是通过包裹体观察及测温，结合单井埋藏史模拟，可以确定储层的主要充注期次和充注时间，同时可以结合单井油气物理性质、地球化学综合分析进行佐证；二是含油气系统成藏事件分析，主要通过主要烃源岩的生排烃史结合区域构造演化过程综合分析。两个方面研究工作相互印证、补充，综合分析、确定主要目的层的关键成藏期。

3. 定向——刻画优势输导体系

远源次生油气藏的一个主要特点是源储分离，成藏富集受到断—面—砂—脊有效配置构成的"断裂垂向、断裂—不整合复合、断裂—毯砂阶状"三种优势输导通道的控制。因此，优势输导体系的研究在油气藏地质评价中占据着非常重要的地位。

刻画优势输导体系主要包括四个方面的工作：一是研究区断裂输导体系精细刻画，明确各期断裂控运控藏作用，解释油气垂向输导通道；二是主要目的层沉积体系研究，明确毯砂发育层段，刻画区域展布范围，揭示油气侧向输导空间；三是不整合超剥带刻画及上下岩性对接关系分析，揭示垂向封堵带及油气溢出"天窗"；四是综合各输导要素在空间分布规律及成因演化特征，总结梳理优势输导要素组合类型。通过关键成藏期主要目的层古构造恢复，确定各成藏期的古背斜及古鼻凸的构造脊，初步分析成藏期的油气优势运聚趋势，同时结合含油包裹体颗粒指数（GOI）、定量荧光（QFT）、地球化学色层效应分析、气测异常示踪等微观分析刻画古油藏及验证油气运移方向。

在明确了油气宏观运聚规律的基础上，综合油气优势输导趋势与沉积体系、地层尖灭线的配置关系，解释输导体系格架下的优势运移路径。同时，结合基于输导体系格架的三维运聚模拟软件，建立输导体系地质模型，模拟油气运移路径。

4. 定层——确定主力储盖组合

确定主力储盖组合主要包括两个核心内容，即基于层序地层学的地层划分与对比以及基于不同输导体系和油气富集规律的储盖组合分析评价。

首先，通过沉积微相及充填序列精细划分、对比等时层序格架，在等时层序格架内研究不同地层单元空间分布及岩性、岩相变化规律。然后，针对不同类型的优势输导体组合及油气富集规律，评价优选主力储盖组合。对于断裂垂向单一输导体系，通过确定最大湖泛面及其下伏湖侵体系域前缘砂体与断裂体系的配置关系评价，优选主要成藏层段。对于断裂—不整合复合输导体系，通过确定不整合面之上超覆地层低位体系域及下伏削蚀地层储盖组合关系评价优选有利成藏层段。对于断裂—毯砂阶状输导体系，首先要明确毯砂空间发育规律，然后分析不同期断裂与不同期毯砂的配置关系，确定不同区域油气侧向运移的主要毯砂通道，从而锁定主要目的层段。

5. 定圈——确定油气遮挡成圈条件

远源次生油气优势运移通道上的圈闭才能成藏，因此，对于油气输导通道上的可能遮挡条件及圈闭成因模式系统评价是远源次生油气藏地质评价技术中的重要环节，主要包括断裂封堵性评价、地层尖灭线刻画、砂体尖灭线刻画，然后结合顶、底板条件评价岩性地层圈闭的有效性，最终锁定油气运移路径上有利的岩性地层圈闭发育区。

影响断层封闭性的主要因素包括断层性质、断层面压力、断层面形态、充填物和流体性质等。近年来，随着对断层研究方法的不断发展，对断层封闭性的评价也从定性分析逐渐转化为定量研究。其中，定性评价方法包括通过压实成岩程度、充填胶结作用和泥岩涂抹程度以及断层两侧砂岩是否直接对接来判断，而定量的分析方法包括地层应力分析测量技术、断层面虚拟井法、泥岩涂抹势（CSP）法与页岩涂抹因子（SSF）法等。断层定量分析法大部分基于测井、地震、岩性资料的计算，通过计算大大提高了评价的准确性，从而广泛地被油气开发部门所接受[4]。

对于地层尖灭、砂体尖灭及岩性地层圈闭的评价，我国已有成熟的评价标准SY/T 5520—2019《圈闭评价技术规范》，相关技术评价方法也较为成熟。

6. 定藏——确定关键控藏要素及成藏模式

针对远源次生油气藏成藏主控因素研究，需在输导体系刻画、圈闭条件评价的基础上，通过对研究区已知油气藏解剖和实例井分析，明确不同区带上油气成藏的关键控藏要素，建立成藏模式，指导有利区带评价、优选。例如，通过准噶尔盆地陆西地区油气藏解剖，确定夏盐凸起带关键控藏要素为低凸带优势输导通道上小断裂遮挡成藏，沿夏盐低凸带形成一系列断块油气藏。而基东鼻凸带为继承性古凸起，其周缘发育超削型地层圈闭，油气在基东鼻凸周缘的运移方向并不受鼻凸带构造脊控制，而是受翼部的地层尖灭带控制，据此确定了继承性鼻凸带尖灭线控藏、低凸带断块控藏两种成藏模式，有效指导了该区有利区评价及圈闭识别工作。

7. 综合评价、优选有利区带

有利区带综合评价、优选是在油气运聚规律分析及油气优势输导通道刻画的基础上，结合油气遮挡条件及岩性地层圈闭发育区的评价，最终锁定远源次生岩性地层油气藏的有利成藏区带。其中，油气遮挡条件评价包括断裂封堵性评价、地层尖灭线刻画、砂体尖灭线刻画等。具体操作是通过烃源灶、古构造和古油藏、调整期古构造、断裂体系、沉积体系、地层岩性尖灭线、已发现油气分布等综合叠图，通过优势运移通道与地层岩性尖灭线的配置关系综合评价远源次生油气藏有利成藏区带。

第二节　远源次生油气藏输导要素描述与油气示踪技术

远源次生油气藏"六定一综"地质评价技术序列中，"定向"研究，即输导体系的刻画，占据着非常重要的地位，是远源次生油气藏地质评价的核心。"定源、定时、定层、定圈、定藏"等研究内容都可以使用常规成熟的技术方法进行研究，但是由于远源次生油气藏具有"源储分离、长距离运移"的特点，其"定向"研究方法具有一定的特殊性，本节将重点对远源次生油气藏输导体系的刻画内容及方法进行阐述。

断裂、不整合及输导砂体是远源次生油气藏输导体系研究的核心内容，输导体系的刻画与评价主要是对不同输导要素及其组合形态的描述以及输导能力的评价。较为常规的做法是先开展研究区断裂体系、沉积体系、区域不整合面及规模连通砂体顶面构造等单一输导要素刻画，然后通过多输导要素叠图定性分析油气的优势运移趋势，但实际上单一输导要素的认知程度明显受限于勘探资料的丰度、精度及研究程度，因此，通过正向构建的优势运移通道只能代表油气的可能运移通道或趋势，是否真正有油气大量通过，还需要结合油气显示信息、地球化学信息及大量测井录井信息进行逆向验证。

一、远源次生油气藏输导要素的刻画

输导体系的正向刻画是针对断层、不整合、砂体等输导要素的结构、形态以及不同输导要素的组合形态进行定性的刻画。通常的技术手段是以高分辨率二维、三维地震数据体为基础，辅以测井、钻井、地质等资料进行精细构造解释、沉积体系分析和预测，最后通过多输导要素叠图定性分析油气的优势运移趋势。关于输导体系的正向刻画技术手段已经非常成熟，国内外有很多的研究成果[5-6]，但是不同的输导体系刻画手段有差异。

1. 断裂输导体系的刻画

目前有多种技术可以用于定性识别断裂，其中地震几何属性反映了地震资料中振幅、倾角和反射层连续性的异常变化，是有效识别断裂构造的常用手段。相干和曲率属性在刻

画地质构造的形状和特征中具有重要作用，曲率属性能识别地质体的曲率变化，从而对地层弯曲、断裂和褶皱等构造进行有效刻画，以及对裂缝的发育进行预测；相干属性通过测量地震资料中由构造不连续、地层不连续、尖灭等造成的振幅和波形横向变化，来表征地层中的不连续性特征，通常用于断层的识别。在第二代相干算法和断层扫描上提出的最大似然属性以及基于地震属性的蚂蚁追踪技术对断层解释也能取得较好的效果。除地震属性外，时频分析技术也能用于检测地层不连续性、提高分辨率，以帮助圈定地层和地质构造特征。

不同规模的断层刻画技术手段存在一定的区别，通源断裂发育规模大，地震响应特征相比于浅层断裂更为明显，目前的常规技术手段即可识别，但对于部分深层通源断裂，由于断裂延伸的深度大，深层地震资料面临信噪比低、分辨率低等难点问题，可利用Q补偿等技术手段来提高深层地震信号的保真度，或者重磁电震联合等手段进行研究。通源断层在我国西部叠合盆地较为常见，塔里木盆地鹿场区块、顺北区块、四川盆地川中地区均发育大型高陡型通源断裂，我国学者通过重磁电震等地球物理手段，结合地质、测井等资料进行了断层的识别与解释[7-9]，定性刻画了断层的分布特征，取得了较好的效果。

浅部油藏断裂通常发育规模小，在不同构造部位广泛发育，常与深部的油源断裂相连。以断距10m左右的低序级断裂为例，其在地震剖面上的特征表现为反射波的同相轴不清晰、同相轴错断不明显或者在地震剖面上仅表现为某一两个相位的错动等，其识别特征在地震剖面中并不容易被清晰地反映出来。因此，针对浅部油藏断裂的识别和刻画，除需要对地震剖面进行同相轴精细对比解释外，还需综合地震相干体、地震切片、谱分解、断层强化处理等技术进行精细断层解释，在识别精度不够时，还需要充分利用钻井、测井数据进行井震联合处理解释[10-15]。

2. 不整合输导体系刻画

不整合结构体的研究与刻画方法有很多，包括地震分析和预测方法[16-18]、测井资料的识别分析方法[6, 19-20]，以及利用钻井、测井、岩心等资料综合分析研究的方法[21-22]。国内外的众多研究实践表明，单一研究手段仍然存在局限性，综合运用钻井、测井、岩心、地震等多种资料进行相互验证，以获得更准确的结果。通过这种多维度的分析，可以更全面地理解不整合面的性质和形成机制，为地质研究提供更加深入和细致的见解[19-20, 22]。

由于不整合面是构造运动和海平面升降的产物，因此在研究时还需要进行构造运动历史、地层埋藏史、古地貌等方面的研究。其研究涉及的方法包括印模法、层序地层学法、沉积学法及残厚法等[22]。这些分析方法已经发展成熟，这里不再赘述。

3. 砂岩输导体系刻画

砂岩输导体系刻画的核心是针对目的层展开沉积学研究，充分利用地震、钻井、测井、地质岩心等资料,在层序地层分析的基础上,开展沉积相研究、砂体展布分析及预测,刻画砂体的区域展布范围,揭示油气侧向输导空间。目前,国内外关于沉积相研究及砂体展布预测都有非常多的研究成果[23-25],常规的研究分析方法同样适用于远源次生油气藏砂体展布特征的研究。

二、古油藏识别与刻画技术

古油藏是指地质历史上它曾经是一个油藏,但是目前储层中的石油已被运移或被破坏,包括两个方面:一是绝大多数石油已被运移,目前储层中只有少量的油包裹体或残余烃类的化石记录;二是大多数原油在原地经历了次生蚀变变成沥青。油气藏油水界面的变迁记录了油气藏形成以后调整、改造甚至破坏的历史,恢复各地质时期古油气水界面位置,结合现今的残余油水界面位置可以判断油气散失的原因以及后来流体调整的过程。

1. 颗粒定量荧光示踪分析古流体和现今流体

目前对古油藏的分析一般采用含油包裹体颗粒指数、储层定量荧光技术等方法。含油包裹体颗粒指数虽能定性检测古油藏,但却不能检测残余油藏,也不能对古油藏做定量分析,而且显微镜下操作耗时长、成本高,人为因素影响大,荧光显示、钻井解释等方法研究古油藏存在一定的误差。储层定量荧光技术是使用短波长的紫外光对储层岩石颗粒进行激发,油气中的芳烃和极性化合物会自发产生荧光,光谱特征可以反映原油的化学组成、物理性质及含油饱和度等信息。通过分析吸附在颗粒表面和颗粒内包裹体的烃类所发出的荧光光谱来识别残留油水界面和古油水界面、计算油柱高度的方法。该技术通过对实验样品的进一步清理和粉碎处理还可得到4项关键参数,可用来判断油气的物理性质、成熟度等指标:(1)储层颗粒定量荧光(QGF),代表颗粒内部油包裹体及部分残留吸附烃,可用于识别古油层;(2)储层萃取液定量荧光(QGF-E),代表颗粒表面吸附烃,可用于识别现今油层或残留油层;(3)全息扫描三维荧光(TSF),检测原油、储层游离烃和吸附烃,用于原油成分分析及油气源对比;(4)油包裹体定量荧光(QGF+),检测储层颗粒内部油包裹体的荧光特征,可判断古油藏性质。

储层定量荧光技术在准噶尔盆地莫索湾凸起古油藏识别中得到了很好的应用。麻伟娇等[26]通过对莫索湾凸起三工河组进行流体包裹体分析和系列定量荧光分析,并结合构造演化史、生烃史和区域埋藏史—热史为古油藏的存在提供了流体证据,分析了其油气充注历史,并预测了次生油气藏的调整方向。

研究中通过对准噶尔盆地莫索湾凸起莫深1井岩屑样品进行QGF、QGF-E、TSF测试,实验检测结果见表4-2-1。

表 4-2-1 莫深 1 井定量荧光检测结果

样品编号	深度/m	层位	岩性	QGF指数	QGF-E 强度/pc	λ_{max}/nm	TSF MaxEm/nm	R_1	R_2
MS1_1	4370	$J_1s_2^1$	粉—细砂岩	4.3	71.9	375.0			
MS1_2	4374	$J_1s_2^1$	粉—细砂岩	4.0	86.4	370.0	375.9	1.7	2.4
MS1_3	4378	$J_1s_2^1$	粉—细砂岩	4.2	128.1	372.0	370.9	2.4	3.3
MS1_4	4382	$J_1s_2^1$	粉—细砂岩	4.3	182.8	374.0	380.9	3.2	4.1
MS1_5	4396	$J_1s_2^1$	粉—细砂岩	4.5	1596.0	378.0	378.0	4.5	6.0
MS1_6	4404	$J_1s_2^1$	粉—细砂岩	4.5	687.3	378.0	373.0	4.6	6.0
MS1_7	4408	$J_1s_2^1$	粉—细砂岩	3.8	367.9	378.0	378.0	4.3	5.6
MS1_8	4412	$J_1s_2^1$	粉—细砂岩	4.9	118.9	374.0			
MS1_9	4420	$J_1s_2^2$	粉—细砂岩	4.9	85.3	379.0			
MS1_10	4424	$J_1s_2^2$	粉—细砂岩	4.2	127.1	377.0	378.0	3.4	4.5
MS1_11	4432	$J_1s_2^2$	粉—细砂岩	4.4	164.2	374.0	373.0	3.4	4.5
MS1_12	4434	$J_1s_2^2$	粉—细砂岩	3.4	156.0	372.0	375.0	2.3	3.1
MS1_13	4438	$J_1s_2^2$	粉—细砂岩	4.2	127.4	377.0	375.0	2.8	4.1
MS1_14	4440	$J_1s_2^2$	粉—细砂岩	4.0	254.8	379.0	378.0	4.6	6.1
MS1_15	4442	$J_1s_2^2$	粉—细砂岩	4.1	112.2	378.0			
MS1_16	4446	$J_1s_2^2$	粉—细砂岩	4.2	542.6	378.0	380.0	5.6	7.1
MS1_17	4448	$J_1s_2^2$	粉—细砂岩	3.8	236.4	380.0	380.9	4.4	5.7
MS1_18	4456	$J_1s_2^2$	粉—细砂岩	4.1	218.3	378.0	373.0	4.3	5.5
MS1_19	4476	J_1s_1	泥质粉砂岩	3.5	665.6	374.0	373.0	3.9	5.5
MS1_20	4494	J_1s_1	粉—细砂岩	3.5	305.3	372.0	373.0	3.8	5.3
MS1_21	4498	J_1s_1	粉—细砂岩	3.7	72.5	375.0			
MS1_22	4528	J_1s_1	泥质粉砂岩	3.3	61.4	470.0			
MS1_23	4551	J_1s_1	泥质粉砂岩	3.7	291.3	368.0	365.0	2.8	3.9
MS1_24	4553	J_1s_1	泥质粉砂岩	2.8	102.8	374.0			

续表

样品编号	深度/m	层位	岩性	QGF指数	QGF-E		TSF		
					QGF-E强度/pc	λ_{max}/nm	MaxEm/nm	R_1	R_2
MS1_25	4576	J_1s_1	泥质粉砂岩	4.1	560.7	372.0	375.9	3.6	4.9
MS1_26	4594	J_1s_1	泥质粉砂岩	4.3	91.0	380.0	377.0	2.7	3.3
MS1_27	4601	J_1s_1	粉—细砂岩	4.7	305.5	375.0	383.0	4.8	5.7
MS1_28	4608	J_1s_1	粉—细砂岩	4.0	248.7	374.0	373.0	4.1	5.0
MS1_29	4617	J_1s_1	泥质粉砂岩	3.6	338.0	378.0	383.0	2.9	3.6
MS1_30	4623	J_1s_1	泥质粉砂岩	3.1	1239.2	376.0	378.0	5.1	6.4
MS1_31	4638	J_1s_1	泥质粉砂岩	4.2	1141.3	382.0	375.0	4.7	5.8
MS1_32	4676	J_1s_1	泥质粉砂岩	4.0	286.6	376.0	373.0	3.4	4.4
MS1_33	4686	J_1s_1	泥质粉砂岩	3.2	412.7	367.0	370.9	3.3	4.3

注：主要含油层段为三工河组二段。λ_{max} 为 QGF 荧光光谱最大荧光强度所对应的波长；MaxEm 为 TSF 最大强度处所对应的发射波长；R_1、R_2 分别为在 270nm 和 260nm 激发光下，360nm 处发射波长的荧光强度与 320nm 处发射波长的荧光强度的比值。

1）储层颗粒定量荧光特征

储层颗粒定量荧光分析参数主要是 QGF 指数和荧光光谱特征。QGF 指数越大，油包裹体丰度越高，含油饱和度越大。油层的 QGF 指数一般大于 4，水层的小于 4 且曲线较为平坦。

对清水河组、三工河组和八道湾组样品的测试分析结果表明，清水河组和三工河组 QGF 指数较大，八道湾组 QGF 指数较小（图 4-2-1）。清水河组底部砂岩储层物性好、砂体厚度大，是油气聚集的有利指向区，再加上区域性的高自然伽马泥岩盖层，很有可能在本地区形成古油藏，QGF 指数显示 4254~4266m、4278m 附近有油气聚集。三工河组二段砂体 4374~4456m、4576~4608m 处的 QGF 指数较大（图 4-2-1），是古油藏聚集的有利层段。由于三工河组储集体较厚，推测古油藏聚集规模更大，因此选取三工河组为研究的主要目的层。

确定主要目的层为三工河组后，对该段进行 QGF-E 强度、TSF 测试，测试结果表明，QGF 指数为 2.8~4.9，最大值在 4420m，最小值在 4553m，且上部指数整体高于下部指数。4374~4456m、4576~4601m 处的 QGF 指数大于 4，且自 4456m、4601m 向下，指数逐渐减小并小于 4。从两个区间的荧光光谱可以看出，375~475nm 光谱特征较为明显（图 4-2-2），具有向短波长移动的不对称分布特征，为典型的原油波谱特征，反映出曾经有油气通过或者聚集。

第四章 远源次生油气藏地质评价流程与关键技术

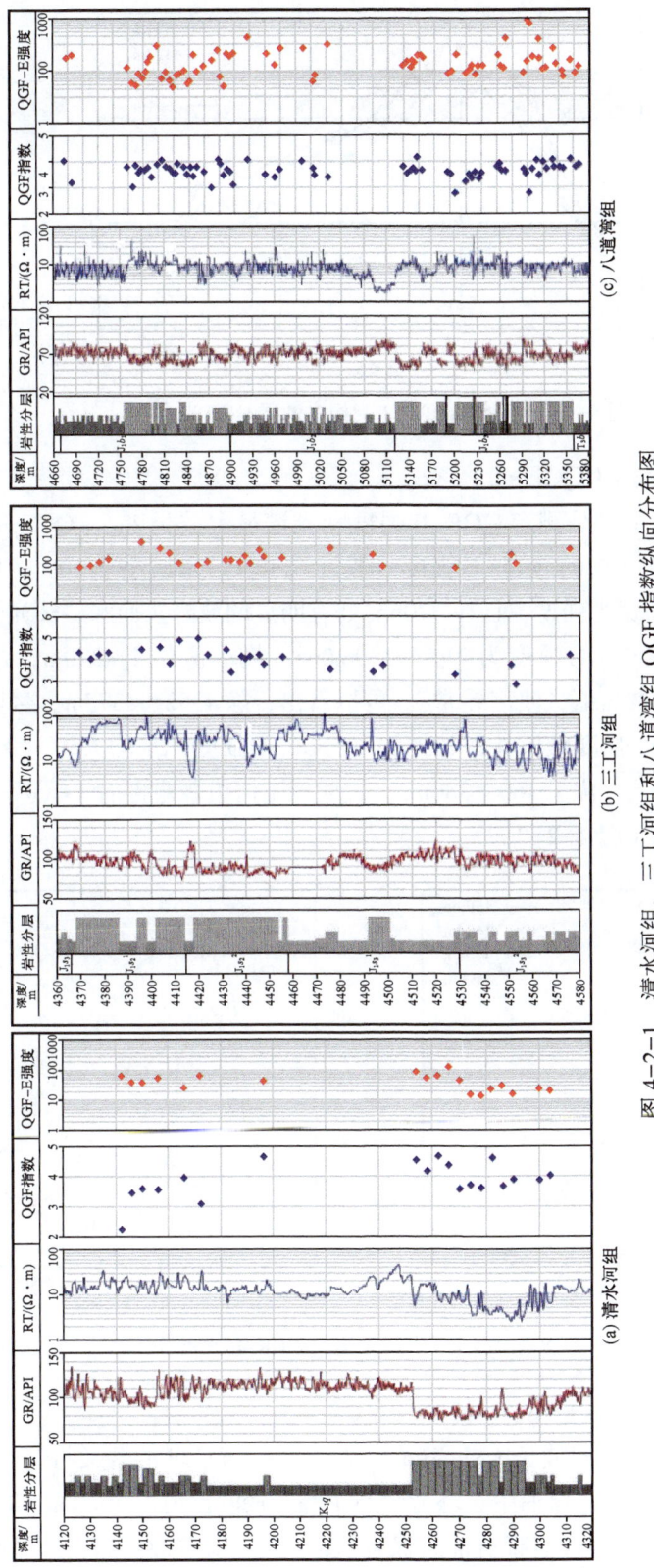

图 4-2-1 清水河组、三工河组和八道湾组 QGF 指数纵向分布图

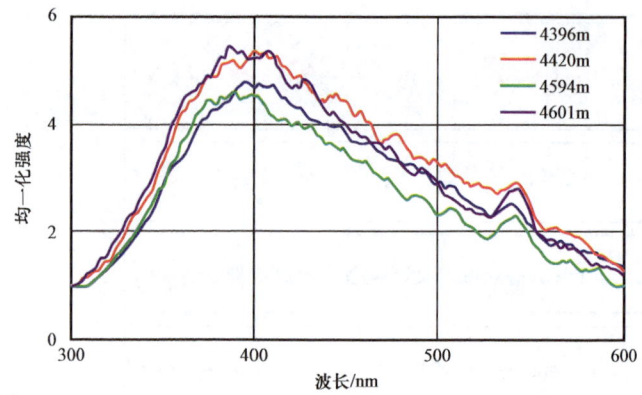

图4-2-2 莫深1井三工河组古油层QGF光谱

2）萃取液定量荧光（QGF-E）

储层QGF-E分析主要是测定QGF-E强度和光谱最大波长λ_{max}。QGF-E强度反映储层表面吸附烃含量，油层的QGF-E强度一般大于40pc，水层小于20pc；现今油层或残余油层光谱具有较高荧光强度，且在370nm处有明显的波峰，而水层荧光光谱强度低且平缓。莫深1井的QGF-E强度为71.9～1596.0pc，最小值位于4370m，最大值位于4396m（4528m处为高伽马值，波谱异常）。可以看出，除4352～4378m、4412～4456m、4498～4553m处QGF-E强度较低外，其他深度QGF-E强度几乎均大于100pc，且所有样品的光谱特征明显，λ_{max}位于360～380nm，说明三工河组普遍含油，QGF-E指数大的地方，含油饱和度较高（图4-2-3）。

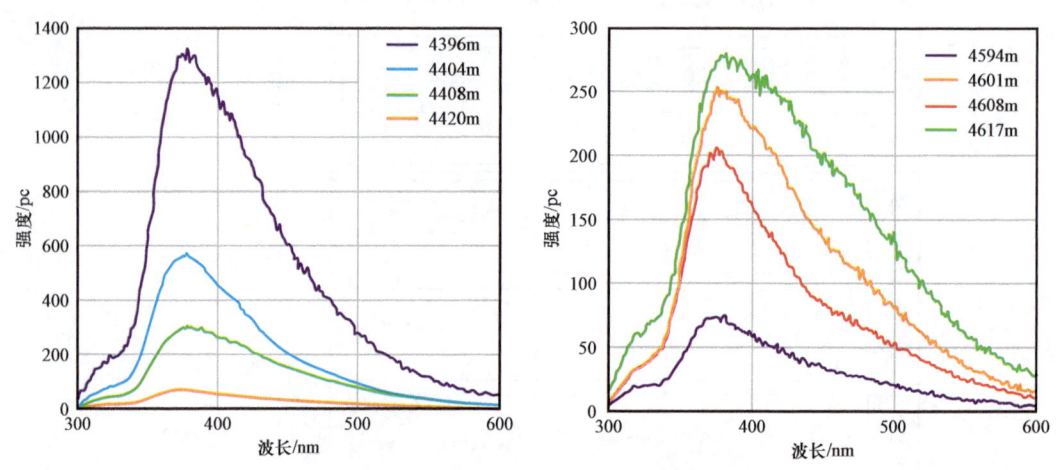

图4-2-3 莫深1井三工河组QGF-E光谱

3）全息扫描三维荧光（TSF）特征

TSF分析参数为最大发射波长（MaxEm）、R_1和R_2，MaxEm的含义与储层QGF-E分析的λ_{max}基本一致；R_1反映了原油中三环芳烃与单环芳烃的比值，与原油的Ts/（Ts+Tm）具有负相关的关系，$R_1<2.0$代表凝析油—极轻质油，$2.0<R_1<3.0$代表轻质油—中质油，

$R_1>3.0$ 代表中质油—重质油；R_2 代表的意义与 R_1 一样，可以用两者之间的关系判断原油成熟度和密度。从三维荧光光谱图可以看出，发射波长位于 360~385nm（图 4-2-4），R_1 介于 1.3~5.6（图 4-2-5），说明现今油层或残留油层的成熟度变化范围较大，既有成熟度非常高的轻质油，也有成熟度较低的重质油，具有混源特征。此外，整个层段 R_1 值与深度没有明显的相关变化趋势，分布比较散，说明三工河组油藏整体都经历了不止一期的油气充注。

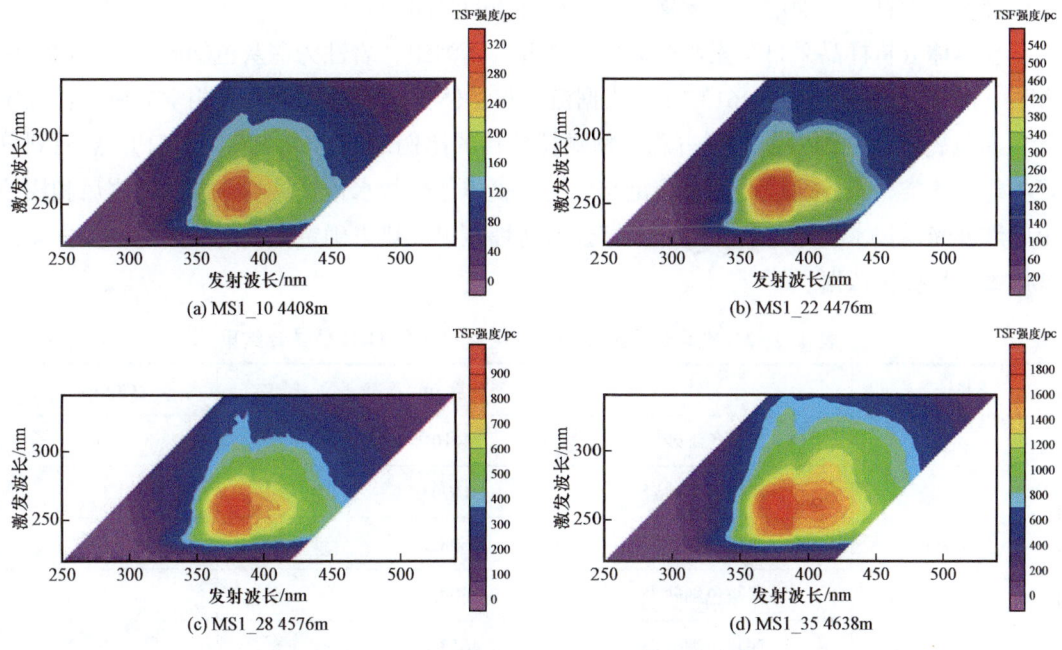

图 4-2-4　莫深 1 井三工河组 TSF 荧光光谱

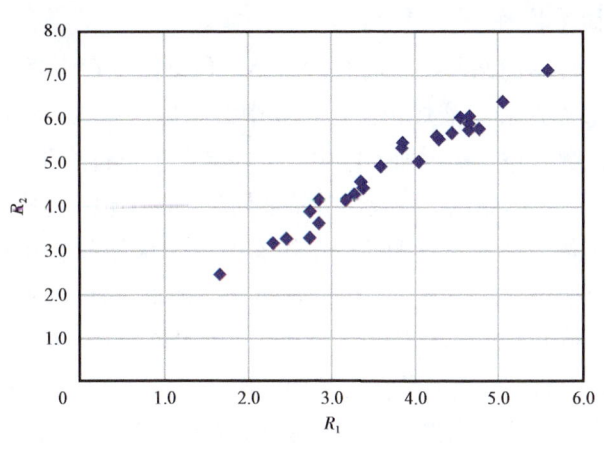

图 4-2-5　R_1 与 R_2 关系图

2. 流体包裹体特征分析确定古油气充注时间

油气在运移、充注和成藏过程中，可能会有微量的流体被捕获形成流体包裹体，这些被捕获的流体包裹体中蕴含着油气运移和充填时的温度、压力和成分等信息。利用这些信息，可为恢复储层古地温和古压力、确定油气运移和充注时间、划分成藏期次等提供有利证据[27]。由于烃类包裹体被捕获后更容易发生化学变化，其均一温度也会改变，而盐水包裹体在捕获后变化相对较小，因此通常利用与烃类伴生的同期盐水包裹体的均一温度来代表烃类包裹体被捕获的均一温度。利用盐水包裹体的均一温度数据，结合地层埋藏史、地温梯度等信息，可确定油气运移、充注和成藏的时间。

包裹体分析样品采自莫索湾凸起盆参2井三工河组，岩性为深灰色细砂岩和灰白色中砂岩，取样深度为4410～4613.1m。依据流体包裹体分析流程，开展岩相学分析，首先统计含油包裹体的矿物颗粒数目占总矿物颗粒数目的比例，即GOI（表4-2-2），然后划分烃类包裹体类型，并通过冷热台测定与烃类包裹体伴生盐水包裹体均一温度，之后利用傅里叶红外光谱技术测定包裹体成分，综合盆地埋藏史—热史确定油气充注时间，为恢复油气成藏过程提供依据。

表4-2-2 准噶尔盆地莫索湾地区盆参2井GOI值统计结果

井号	岩性	深度/m	层位	GOI/%
盆参2井	深灰色细砂岩	4410	$J_1s_2^1$	10
	灰白色中砂岩	4490	$J_1s_2^1$	3
	深灰色细砂岩	4608.3	$J_1s_2^1$	5
	深灰色细砂岩	4609.5	$J_1s_2^2$	4
	深灰色细砂岩	4613.1	$J_1s_2^2$	4

1）包裹体岩相学特征

显微镜下观察，莫索湾凸起三工河组砂岩储层包裹体发育中等，GOI值见表4-2-2。油气包裹体主要为液态烃和气液烃包裹体，其中液态烃占60%，气液烃占40%。包裹体主要赋存在石英颗粒微裂隙、次生加大边中，一些赋存于长石溶孔中，少数存在于方解石胶结物中。根据油气包裹体颜色、气液比等特征划分出两类包裹体类型（图4-2-6）。

第一类油气包裹体主要沿石英颗粒内部微裂隙呈带状分布［图4-2-6（a）］，环石英加大边呈带状分布［图4-2-6（b）］，在长石溶孔中成群分布［图4-2-6（c）］，气液比较小，形状不规则，单偏光下呈黄褐色，发黄色、黄褐色荧光。第二类油气包裹体主要发育于石英成岩次生加大后期，沿石英微裂隙面［图4-2-6（d）］或切穿石英颗粒的微裂隙［图4-2-6（e）］，或呈串珠状或带状分布，或在石英颗粒加大边微裂隙呈带状分布，仅个别视域可见包裹体在方解石胶结物中成群分布［图4-2-6（f）］，包裹体气液比较大，形态较为规则，以椭圆形、方形为主，单偏光下呈淡黄色或近似透明的灰白色，显示亮黄色、黄绿色、蓝绿色荧光。

(a) 沿石英颗粒微裂隙分布的黄色荧光包裹体 (三工河组二段灰白色中砂岩，4490m)

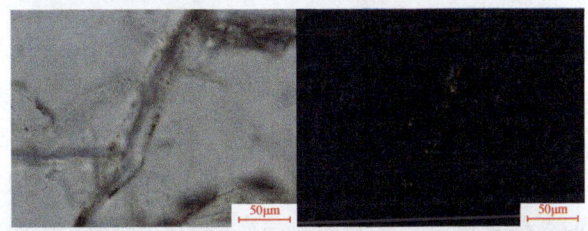
(b) 环石英颗粒加大边呈带状分布的黄褐色、黄色荧光包裹体 (三工河组二段深灰色细砂岩，4410m)

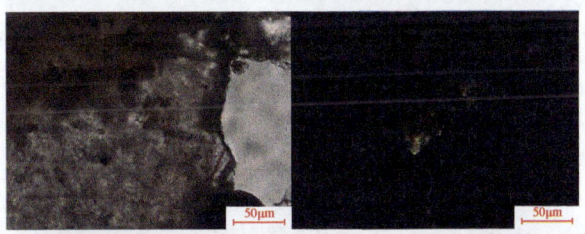
(c) 长石溶孔中成群分布的黄色荧光包裹体 (三工河组二段灰白色中砂岩，4490m)

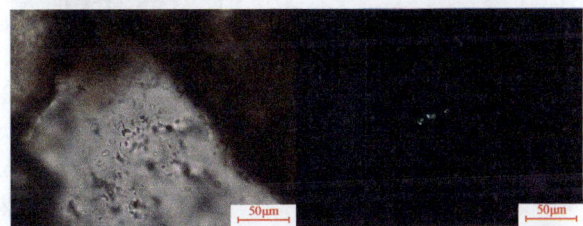
(d) 沿石英颗粒微裂隙面分布的蓝绿色荧光包裹体 (三工河组一段深灰色细砂岩，4613.1m)

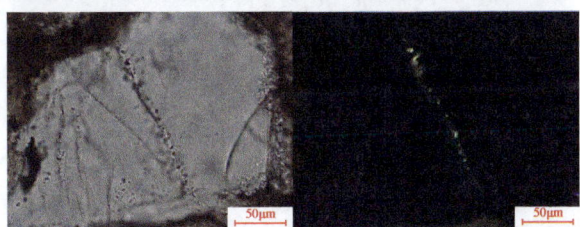
(e) 沿切穿石英颗粒微裂隙呈带状分布的黄绿色荧光包裹体 (三工河组一段深灰色细砂岩，4608.3m)

(f) 方解石胶结物中成群分布的亮黄色包裹体 (三工河组二段深灰色细砂岩，4410m)

图 4-2-6　烃类包裹体特征及赋存状态

左图为单偏光，右图为紫外光

2）油气包裹体成分特征

傅里叶红外光谱是针对单个流体包裹体进行分析的非破坏性方法，可以提供单个流体包裹体的成分特征。谱图中 2800～3000nm 的 4 个基团（对称甲基、对称亚甲基、非对称甲基、非对称亚甲基）的吸收峰代表了其相对丰度，其表征参数有 CH_2/CH_3 值、Xinc 值（包裹体有机质烷基碳原子数）和 Xstd 值（标准有机质烷基碳原子数），3 个参数的值越小，表明包裹体有机质成熟度越高。

对盆参 2 井侏罗系储层中典型油气包裹体开展红外光谱扫描，结果表明两类油气包裹体傅里叶红外光谱特征具有细微差别（图 4-2-7）。第一类发黄色荧光、气液比较小的包裹体，其 CH_2/CH_3 值为 4.08，Xinc 值为 36.49，Xstd 值为 15.5；第二类发绿色荧光、气液比较大的包裹体，其 CH_2/CH_3 值为 3.2，Xinc 值为 26.64，Xstd 值为 12.21。与第一类油气包裹体相比，第二类油气包裹体甲基相对较多，碳链短，成熟度稍高。

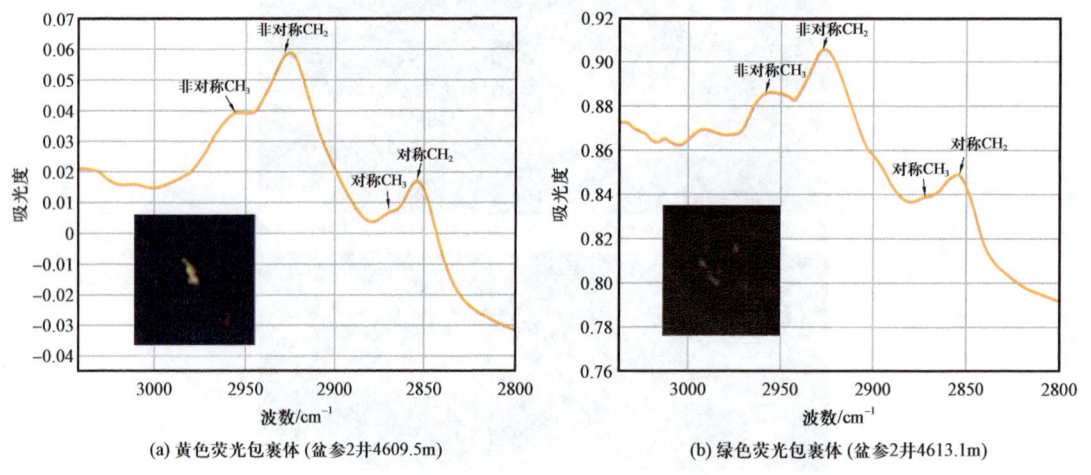

图 4-2-7　油气包裹体傅里叶红外光谱

3）包裹体均一温度与充注时间

测得的均一温度（图 4-2-8）显示，与第一类气液比较小，发黄色、黄褐色荧光烃类包裹体伴生的盐水包裹体均一温度较低，为 65～75℃；与第二类气液比较大，发黄绿色、蓝绿色荧光烃类包裹体伴生的盐水均一温度较高，为 80～95℃。

将所测盐水包裹体均一温度数据投影在盆参 2 井埋藏史—演化史图上，可以获得油气充注时间。从图 4-2-8 中可以看出，第一类包裹体均一温度对应充注时间为早白垩世早期，第二类包裹体均一温度对应充注时间为早白垩世中期，表示三工河组从早白垩世早期就开始接受油气充注，第一类包裹体和第二类包裹体温度分布比较连续，在其发育之间地层没有大的构造变动，表示两类包裹体代表一期连续充注，只是油气成熟度逐渐变高。

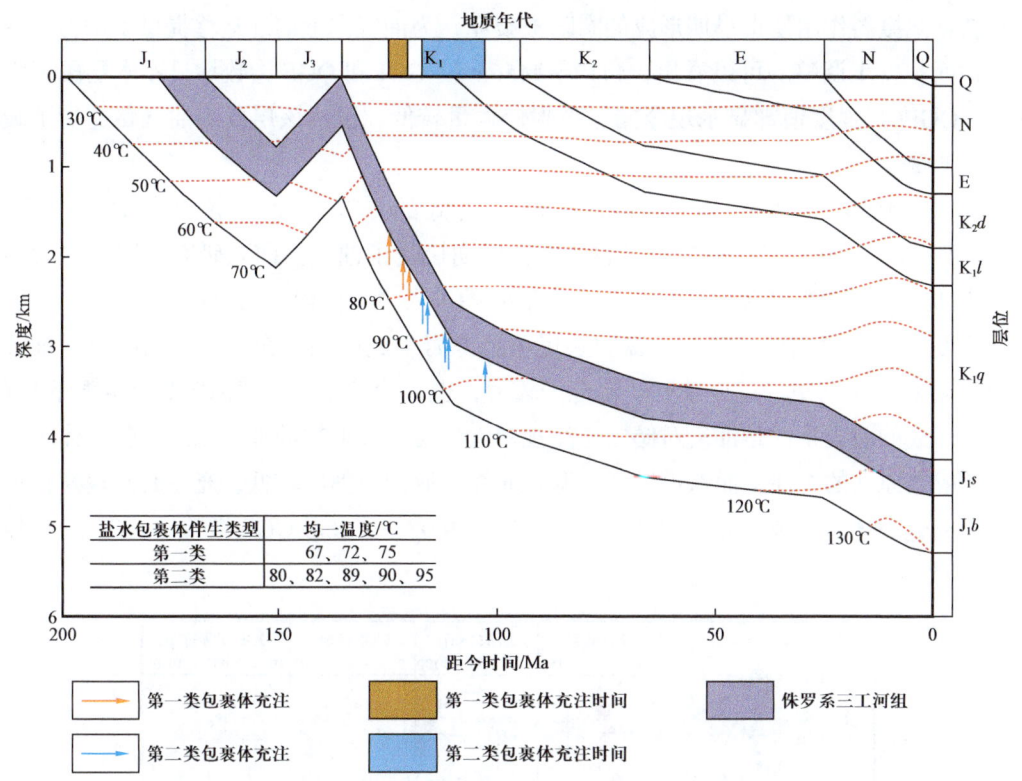

图 4-2-8 包裹体均一温度和充注时间

J_1b—侏罗系八道湾组;J_1s—侏罗系三工河组;K_1q—白垩系清水河组;K_1l—白垩系连木沁组;K_1d—白垩系东沟组

3. 流体演化过程分析及油气藏分布预测

1）流体演化过程分析

流体演化过程的分析是在构造演化史、地层埋藏史、烃源岩生烃史分析的基础上,利用 GOI、QGF 指数等流体分析手段分析油气生成、运移、充注成藏以及古油藏的破坏演化史等。

莫索湾凸起现今油藏是在古油藏的基础上调整改造形成的。构造发育史表明,莫索湾凸起在中侏罗世—晚侏罗世逐渐隆升,形成的古隆起在早白垩世以来稳定沉降,隆起阶段形成的背斜圈闭较好地保存下来,是油气汇聚的重要场所。烃源岩生烃史显示,下二叠统风城组烃源岩在侏罗纪以前已进入生油高峰期,油气主要聚集在侏罗系以下的地层中,中二叠统下乌尔禾组烃源岩在白垩纪成熟并进入大规模生油阶段。包裹体均一温度显示油气最早充注时间为白垩纪;包裹体岩相学显示,4410m 处 GOI 为 10%,4608m 处 GOI 为 5%,4374～4456m、4576～4608m 处 QGF 指数大于 4（图 4-2-9）。构造发育、生排烃和油气充注在时间上相吻合,结合包裹体岩相学 GOI 和 QGF 指数反映莫索湾凸起从白垩纪初期开始聚集下乌尔禾组生成的油气形成古油藏,随着烃源岩逐渐成熟,傅里叶红外光谱显示油气成熟度也逐渐变高。

新近纪掀斜作用使得早期形成的圈闭被破坏，为油气向上向北运移提供了动力，使得油气藏面貌发生调整。可以看出，4412～4456m处GOI和QGF指数均显示本层段聚集古油气，QGF-E强度值却显示现今储层吸附烃含量较低，说明该层段的油气藏遭受了破坏调整，油藏规模变小。

此外，4456～4498m、4608～4686m显示较低的QGF指数和较高的QGF-E强度（图4-2-9），表明先前不是古油层的砂体在后期接受了油气。前人研究表明，沙湾凹陷和阜康凹陷八道湾组烃源岩在早白垩世末期开始进入生烃门限，可以向莫索湾凸起供烃，因此推断三工河组储层又接受了侏罗系煤系烃源岩生成的油气充注。全息扫描三维荧光（TSF）显示三工河组油气成熟度变化范围较大，也表明莫索湾凸起油气具有混源的特征。包裹体形成的前提条件是油气对储层充注规模大，对于多期次的油气充注，包裹体主要记录早期成熟原油的充注，而八道湾组烃源岩充注的原油成熟度较低，充注时间较晚，很可能未形成包裹体，这或许是导致4456～4498m、4608～4686m QGF指数低、QGF-E强度大的原因。

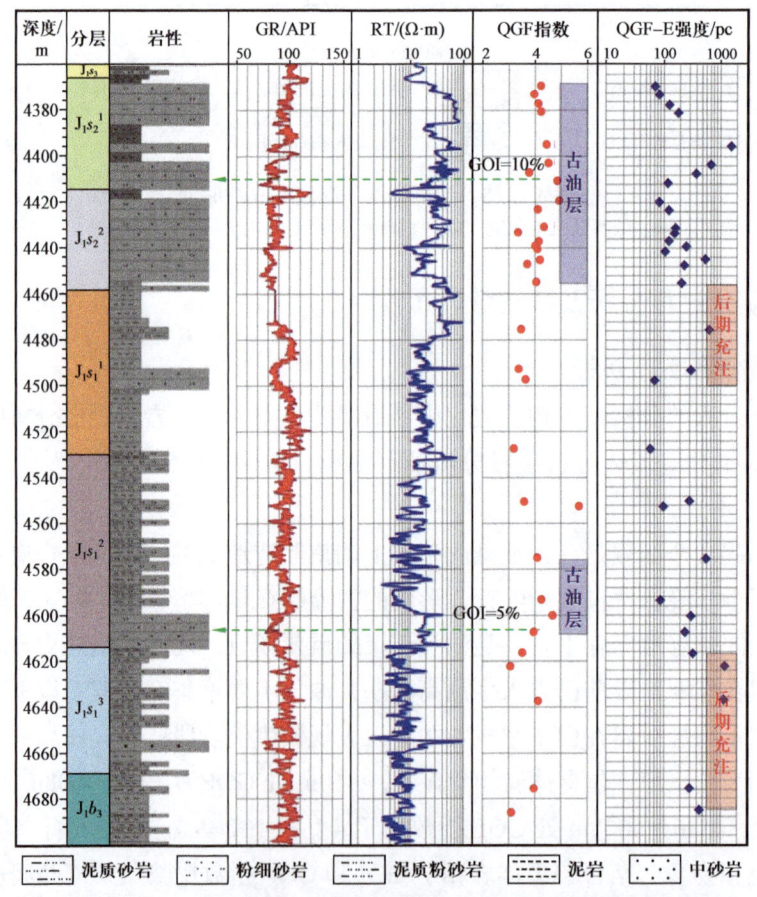

图4-2-9　莫深1井三工河组QGF指数、QGF-E强度随深度变化特征
GOI值为盆参2井所测

2）古今油气藏分布状态及预测

（1）古油藏规模及调整方向。

三工河组二段砂体规模大，且横向分布较为连续，因此古油藏发育规模较大。白垩纪古构造对古油藏的运聚有重要控制作用，早白垩世，准噶尔盆地存在一期广泛的湖侵，在腹部地区形成了稳定分布的暗色泥岩，纵向上位于白垩系底砾岩之上，因此可以将该湖侵泥岩顶界拉平以分析目的层的构造形态，并将其近似表示为白垩纪成藏期的古构造。构造图显示，成藏期盆参2井区位于构造高部位。从剖面来看，三工河组二段砂体几乎被古油气充满［图4-2-10（a）］，将剖面上确定的油气溢出点投影到平面构造图上，可以看出平面上分布范围比较广，圈闭面积约700km²［图4-2-11（a）］。到了掀斜期，古背斜消失［图4-2-10（b）］，盆参2井区从构造高点变成构造低部位，原来的古背斜也变成南低北高的单斜，油气沿着盆5井区背斜和莫北鼻凸带向上、向北调整［图4-2-11（b）］。

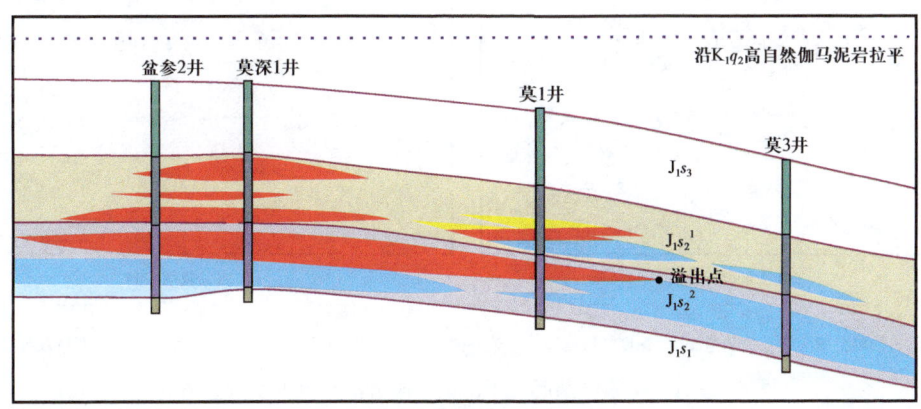

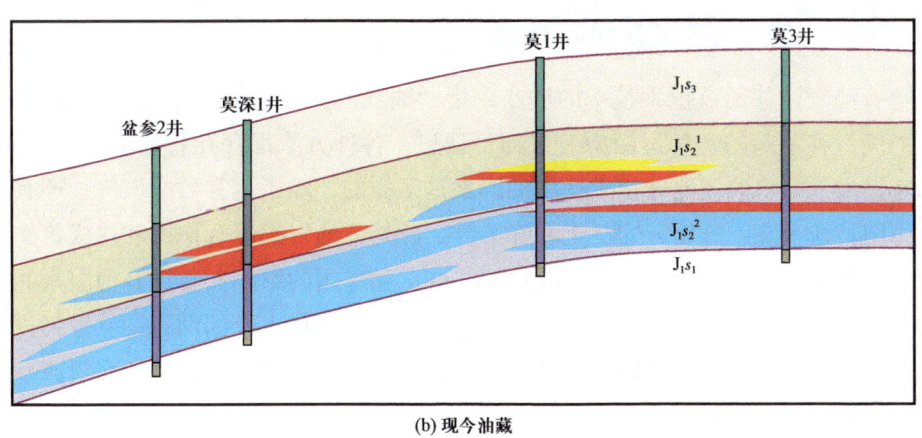

图4-2-10　莫索湾凸起三工河组二段油藏剖面

（2）现今油藏分布特征及次生油气藏预测。

向北调整的油气部分散失，但遇到合适的圈闭易形成次生型油气藏，由图4-2-11（a）

可以看出，现今莫北油气藏沿着莫北鼻凸呈带状分布，莫索湾油气田也分布在低幅度凸起构造上，现今油气藏的形成除了盆1井西凹陷烃源岩生成的油气直接贡献外，推测还受莫索湾古油藏的次生贡献。

莫索湾古油藏规模巨大，其散失后潜力不可小觑，观察现今低凸带[图4-2-11(b)]，顶部尚未有油气发现，因此预测次生油气藏需要加强油气运移路径和遮挡条件的研究，精细刻画成藏期和调整期的古构造，加强断层—不整合面—砂体输导体系的研究，由古油藏出发，顺藤摸瓜，沿着油气运移通道寻找下一个有利勘探区。

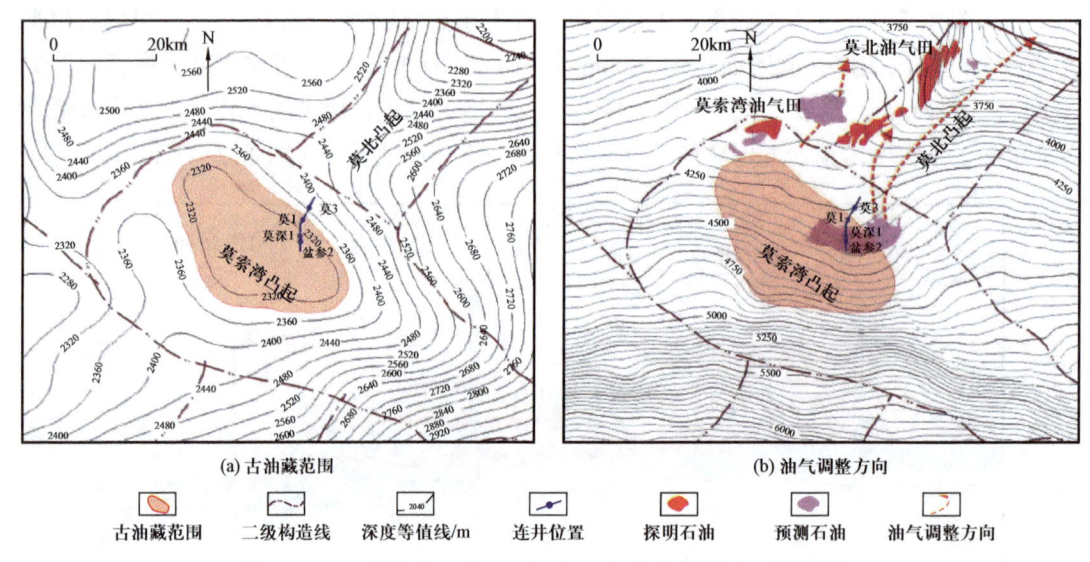

图4-2-11 莫索湾凸起三工河组二段古油藏范围及调整方向

三、输导通道地球化学示踪技术

伴随着油气运移通道识别技术的进步，指示油气运移路径的地球化学手段日新月异，但其在油气运移示踪的实际运用中效果却不理想，各种方法都存在着局限性。究其原因，归根结底是由于影响油气地球化学性质的因素是多样的，除了运移效应以外，还有各种次生蚀变作用，如水洗、蒸发分馏、生物降解等。此外，油气的混合作用和热成熟作用也会导致这些参数发生一系列的变化，因此仅仅强调运移作用的影响而忽视其他因素的改造往往是造成无法有效指示油气运移路径的重要原因。下文将首先介绍油气运移聚集过程中的地球化学作用类型、国内外最新的地球化学示踪参数研究进展，然后重点介绍典型的地球化学参数判断油气运移方向及应用实践。

1. 油气运移聚集过程中的地球化学作用

油气成藏过程中的地球化学作用受二次运移的影响非常大。石油运移分馏的概念由Gussow[28]和Silverman[29]引入，Thompson[30]进一步发展了这一概念。二次运移过程中输导层中的表面活性矿物对原油中的化合物有选择性吸附，原油也可以溶解输导层中的有机质而导入污染物，地层水对油中化合物的溶解使这一过程变得更为复杂。

1）地质色层效应

在石油运移中，原油中各种组分都要发生规律性的变化，首先出现溶解和地质色层效应两个过程，控制原油组分变化和分布。地质色层效应是一种化合物和其他化合物以不同速度运移通过岩石中矿物基底质的假想过程[31]。不同分子量、不同极性以及不同立体化学空间结构的化合物，在从烃源岩中排出（初次运移）或通过输导层（二次运移）的过程中，不同程度地遭受吸附和解吸作用，这种现象称为地质色层效应。例如，许多极性分子可能牢固地吸附在矿物表面，野外观察和实验室研究都证实了地质色层效应的存在。石油在运移过程中，最可能与岩石中的矿物和水发生相互作用的成分，是具有官能团的、能与强酸强碱或氢键相互作用的那些化合物，如酚类、咔唑类。咔唑属于中性氮吡咯类化合物，石油中这些吡咯类化合物成分的变化，可以比常规参数更好地指明石油运移的方向。

2）溶解作用

溶解作用包括两个方面：一方面是运移石油会捕获并溶解岩石中的有机质，另一方面石油中易溶解的物质会散失在地层水中。研究表明，溶解作用会导致运移石油的热成熟度特征十分复杂，在大多数情况下，被溶解物质与运移石油相比，具有较低的热成熟度。因此，实验测试选取的化合物不同，会导致实验结果存在不同的特征。如果实验中选取的化合物是运移石油的主要成分，则测试结果显示较高成熟度的特征；如果实验中选用的化合物以运移石油携带的浸入物为主，则这些测试结果可能反映低成熟度的特征。通常情况下，输导层和储层都是贫有机质的，因此，被溶解的化合物浓度与运移石油中的化合物浓度相比，要低很多，对石油组分的影响有限。然而在某些情况下，如贫生物标志的凝析油，当运移通过富有机质的煤层时，溶解作用对原油的组分影响将更大。

在石油运移过程中，石油中易溶于水的化合物的选择性分离的假设，早已被一些地球化学研究所关注。例如，Baker[32]认为，在阿克拉哈马北部Arbuckle组中石油的运移过程，部分苯从石油中去除了。Radke等[33]在研究了德国北部煤中菲及其同系物后发现，相同煤阶的煤进行比较时，有些样品缺少菲。与甲基菲相比，菲在水中具有更大的溶解度，可把缺少菲的煤样具有异常高的甲基菲值归因于地下水菲萃取造成的。Palmer[34]讨论二苯并噻吩优先分离的情形，Lafargue等[35]对萃取的假设做了综述。Thompson[36]用芳香度（二甲苯/正庚烷）和异庚烷值进一步证实石油的含水分馏作用。

3）运移分馏作用

运移分馏作用包含两条基本机理：第一，沿着运移途径（输导层）或油藏反转时，油气系统的压力与温度降低，在某个位置达到露点或泡点，形成饱和天然气的原油或饱和凝析油的天然气；第二，气相从原来液相中分离出后运移到较浅的储层聚集。

运移分馏可从气饱和油聚集中气顶的形成加以考虑，由于剥蚀、断层活动或附加气体的导入，引起压力下降，从而导致分馏作用的产生，气体的脱溶包括低—中分子量化合物向气相的转变。所有组分按其气液平衡常数在气液两相中分配，气液相中任何两个化合物的浓度比不同，这就是气液两相分离伴随的分馏作用过程。每个化合物进入气相的能力依赖于其蒸气压，更严格地讲，依赖于逸度。这由分子量、立体结构、烃系列、烃类混合物的构成等确定，其中分子量的影响最大。甲烷和乙烷的逸度比丙烷大，它们又都比丁烷大。在气油馏分中有些分子量相似或相同的化合物，此时，化合物的结构和系列所起作用更为重要。芳烃性质的变化非常大，除苯以外，几乎所有芳烃化合物都有极性，使其不易从液相中逃离出来，芳烃的 π 键导致分子间存在较弱的吸引力。

在饱和天然气的原油或饱和凝析油的天然气体系中，油气运移过程中决定分子标志物在天然气和原油两相中分配的一些分离作用，已经通过实验得到初步证实。当油气系统从单一的天然气—凝析油相态转变为气液混合相态时，一些与母源及成熟度相关的地球化学参数，偏离了原有的特性，分馏作用很可能是那些自然系统，特别是与天然气或凝析油相关的系统中，造成地球化学参数数据分散的多种作用中的一种。除了影响总体组成和轻烃成分外，在富含凝析油且气液相处于平衡状态的深层油藏中，原油成分在气液两相之间的物理分配作用也影响高分子成分，它使低分子同系物被分配到气相中，族组成类型参数（如饱和烃/芳烃值）也受到很大的影响。轻烃范围内石蜡烃的浓度被用来作为成熟度指标（如庚烷值），被富集于石蜡烃中的气态 C_{6+} 烃所分散，从而表现出更高的成熟度。运移分馏作用可不同程度地解释母源和成熟度参数，如芳烃的分布、轻烃参数以及甾烷碳数分布等分散的原因。

在运移过程中，含沥青质的流体沿输导层温压梯度向较低条件运移，沥青质将连续出现沉淀，流动流体的组成和相应特征由此发生变化。由于沥青质沉淀导致流体运移更远，沥青质含量的降低会造成油相对于气的饱和压力降低，沥青质沉淀同样会影响泡点压力。随着温压的降低，运移石油变得越来越轻，当压力降至泡点压力时，便开始析出气体，此时石油运移散失被加剧。由此可见，运移流体的 PVT 行为是重质油与轻质油分布的主要控制因素，沥青质沉淀能把重质油转变成中质油或轻质油，聚集的重质油与轻质油的比值比排出的重质油与轻质油的比值小。

总之，单相原油转变成油气两相时，除了考虑母源和成熟度控制分子的组成外，还必须考虑与相态有关的作用，这一点对于富含凝析油和高蜡油的体系尤为重要。

4）气洗作用

地下流体流动和可动流体侵入与相对不动流体的混合作用（可能圈闭在储层中），使两者的混合物分馏成液相和气相，如果可动流体是气体，它周期性地与不动流体（油）发生作用，这个过程称为气洗。随着注入气体的增加，分馏程度加强，带走了油中大部分的可溶组分，离开油的气流含一些油中溶解成分，在较低温压条件下反凝析形成低温凝析油，这一气流可以进入圈闭较浅的储层或逸散到体系外。

气洗对原油组成产生可预测的变化，这些变化主要体现在正烷烃的分布及芳香度和石蜡度上。甲烷洗油从油中带走的组分与它们在甲烷中的溶解度成正比（更精确地讲，与富甲烷混合物中的逸度成正比）。因此，容易溶解的组分先去掉，洗去一些难溶的组分需要更多的甲烷，正构烷烃在甲烷中的溶解度是碳数的函数。气洗分馏过程中低碳数正构烷烃比高碳数正构烷烃先从油中移出，随着气流不断被增加，残余油中低碳数正构烷烃被完全带走，而高碳数正构烷烃并不受气洗的影响。同时，分馏的油具有高的芳香度，分馏产生的凝析油则比未分馏油的芳香度低，被分馏的残余油具有低的石蜡度，凝析油则比未分馏油的石蜡度高。

5）凝析油的形成

近来的一些研究及地质、地球化学证据表明，相当数量的凝析油并非是传统机制的产物，即除了高成熟阶段热裂解形成的凝析油和煤系及陆源有机质在不同成熟阶段形成的未成熟、成熟凝析油外，运移分馏作用是一种非常重要但仍未得到充分重视和深入认识的凝析油成因机制。Thompson 提出了一种完全不同的观点，他将与原油成熟度相当的凝析油气称为蒸发凝析油，而晚期裂解形成的凝析油称为热凝析油，并且认为大量的凝析油气由蒸发分馏作用形成，那些油窗范围内（R_o 为 0.5%～1.2%）的凝析油尤其如此。这个观点已被大量实例所证实[37]。

2. 油气运移地球化学示踪参数研究进展

基于油气运聚过程中经历的不同地球化学作用，可采用不同的地球化学参数来预测油气的运移路径。20 世纪 90 年代中期以来，研究者开发出一系列咔唑、苯并咔唑类等中性含氮化合物相关的示踪地球化学指标，其中咔唑类含氮化合物总量、苯并咔唑［a］/（［a］+［c］）等示踪参数在油藏地球化学研究中已得到广泛的应用[38-39]。近年来与二苯并噻吩类（DBTs）含硫多环芳烃和二苯并呋喃类（DBFs）含氧多环芳烃化合物相关的指标被证实是有效的示踪指标，并逐渐得到推广应用，C_{27} 三降藿烷相关的 $T_s/(T_s+T_m)$、三甲基萘相关的 TMNr❶ 等成熟度参数也得到了成功的应用[40-41]。DBTs 和 DBFs 及其烷基衍生物具有与咔唑类化合物相类似的化学结构，但是前者在原油中的含量相对较高，特别是在轻质油和凝析油等高成熟原油中，弥补了咔唑类含氮化合物含量低、分离和定量不准确而导致参数值误差较大的缺点。此外，DBTs 及 DBFs 及其烷基衍生物比咔唑类含氮化合物参数更容易获得。只需在常规的芳烃馏分色谱质谱分析中，加入定量的标样即可。因此，DBTs 及 DBFs 在油气运移示踪研究中展示出较大的应用前景[42]。此外，储层自生矿物、稀有气体同位素和金刚烷等也可用于油气运移示踪，近年来在不断地探索发展[43-45]。

综合国内外油气运移示踪剂的研究进展，发现每一种单独的示踪剂和分析方法在应用时都有自己的适用领域和局限性，因此在油气运移示踪研究中，应加强新的地球化学指标的运用，强调多指标参数的综合运用。例如，在库车南斜坡中—新生界油气运移进行地球化学示踪中，刘春等[41]综合油气藿烷参数 $T_s/(T_s+T_m)$、重排藿烷参数 $C_{30}DH/C_{30}H$、甲基二苯并噻吩（MDBT）参数 4-/1- 甲基二苯并噻吩、C_1/C_2 值、$i-C_4/n-C_4$ 值、天然气烷

---

❶ TMNr 指三甲基萘异构体的相对含量。

烃碳同位素组成等众多地球化学参数对油气运移进行示踪，取得较好效果。

3. 综合多项地球化学参数判断油气运移路径

准噶尔盆地腹部中浅层有众多远源次生油气藏，例如陆梁油田、石南油气田等，这些油气藏油气运移路径远、输导要素组合类型多样，在研究油气运移路径时，需综合利用多种地球化学参数来进行判断。下面介绍利用原油物性变化、族组分变化、饱和烃色谱参数、成熟度参数、轻烃参数等来预测准噶尔盆地腹部油气田的油气运移路径。

1）运用物性变化预测原油运移路径

运移分馏作用往往会导致原油中的重组分含量逐渐降低，沿着原油的运移方向，其密度、含蜡量和黏度等物性参数会相应逐渐降低。地球化学实验表明，在准噶尔盆地腹部陆梁低凸带，沿北西—南东方向原油的含蜡量逐渐降低，油质变轻，该方向可能是油气运移至陆梁油田的方向。但该地区普遍遭受生物降解，是研究油气运移过程中必须考虑的一个因素。在石南低凸带，原油的含蜡量沿着近似由西向东的方向逐渐降低，该方向可能是油气运移至陆梁油田的方向。在南部地区，含蜡量的分布没有出现明显的分异特征，一方面这可能是由于该地区油气相态较北部地区多样（天然气、凝析油和正常原油），另一方面可能是由于该区靠近多个生烃凹陷，很有可能发生了多期油气的混合（图4-2-12）。原油的密度和黏度也总体表现出相似的特征。

2）运用族组分变化预测原油运移路径

模拟实验表明，如果不考虑运移过程中成熟度的变化，仅考虑运移过程的色层效应，芳烃的分馏效应是非常明显的。而饱和烃馏分随着运移距离的增加，变化幅度相对要小得多[46]。因此可选用芳烃或其他具有相对较强极性和较大分子结构的化合物与饱和烃馏分之间的相对关系，来判断油气的运移方向。随着运移距离的增加，饱和烃馏分相对于较强极性和较大分子结构的化合物的含量逐渐增加。

地球化学实验表明，在陆梁低凸带，沿北西—南东方向原油饱芳比逐渐增加，早期油气可能沿此方向运移至陆梁油田。这一方面有可能是由于运移作用的影响，但也应充分考虑生物降解等次生改造作用的干扰，应结合多种参数综合考虑。

在石南低凸带，沿近似由西向东方向原油饱芳比逐渐增加，可能是早期油气运移调整的方向。在石西低凸带，沿近似北西—南东方向原油饱芳比逐渐增加，可能是早期油气运移调整的方向。在前哨和莫北低凸带，沿南西—北东方向原油饱芳比逐渐增加，可能指示早期油气运移的方向。在莫索湾低凸带，原油饱芳比自南向北逐渐增加，但由于该区样品少，这一运移方向有待进一步确认。上述结果与饱和烃/非烃值、饱和烃/沥青质值所反映的情况基本一致。

3）运用饱和烃色谱参数预测原油运移路径

由于油气在运移过程中会发生地质色层效应，正构烷烃中相对短链、小分子量化合物较之长链、大分子量的化合物更易于运移，并顺着运移方向相对地富集。基于这一原理，优选了（$n\text{-}C_{21}+n\text{-}C_{22}$）/（$n\text{-}C_{28}+n\text{-}C_{29}$）、$n\text{-}C_{21-}/n\text{-}C_{22+}$、$n\text{-}C_{15}/$（$n\text{-}C_{15-30}+i\text{-}C_{19-20}$）和 $n\text{-}C_{15}/n\text{-}C_{15+}$ 4 个参数，来表征原油的优势运移路径。理论上，这 4 个比值都会顺着原油运移距离的增加而不同程度地增大。

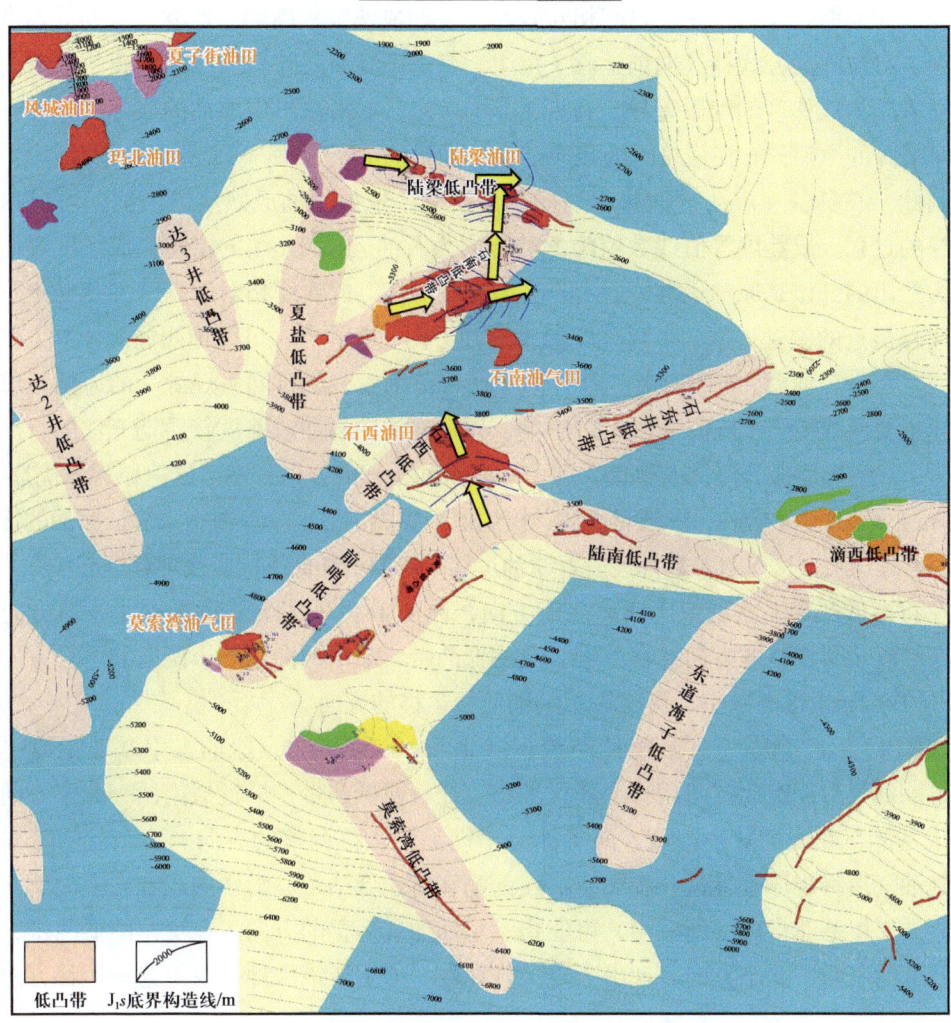

图 4-2-12　运用含蜡量预测准噶尔盆地腹部原油优势运移通道

在研究区北部，陆梁油田由于油藏埋深浅，普遍遭受生物降解，正构烷烃被大量消耗，因此上述比值随运移距离的增加，表现出的分异规律并不明显。在前哨和莫北低凸带，沿由西向东和由南向北两个方向，原油（$n\text{-}C_{21}+n\text{-}C_{22}$）/（$n\text{-}C_{28}+n\text{-}C_{29}$）和 $n\text{-}C_{21-}/n\text{-}C_{22+}$ 逐渐增加，可能指示早期油气运移的方向。在莫索湾低凸带，原油（$n\text{-}C_{21}+n\text{-}C_{22}$）/（$n\text{-}C_{28}+n\text{-}C_{29}$）、$n\text{-}C_{21-}/n\text{-}C_{22+}$、$n\text{-}C_{15}/$（$n\text{-}C_{15-30}+i\text{-}C_{19-20}$）和 $n\text{-}C_{15}/n\text{-}C_{15+}$ 值自南向北逐渐增加，但由于该区样品少，这一运移方向有待进一步确认。在莫北低凸带，由南向北，原油 $n\text{-}C_{15}/$（$n\text{-}C_{15-30}+i\text{-}C_{19-20}$）和 $n\text{-}C_{15}/n\text{-}C_{15+}$ 逐渐增加，可能指示早期油气运移的方向。

4）运用成熟度参数预测油气运移路径

成熟度梯度原理是油藏地球化学中用于石油运移方向和油藏充注途径示踪的基本原理之一。基于 England 等[47-48]建立的砂岩油藏充注模式，依据油藏内部原油成熟度的微细变化，可以表征石油运移与油藏充注的途径。即在一个油藏范围内，早期充注的石油成熟度较低，而晚期充注的石油成熟度相对较高，晚期成熟度较高的原油驱动早期成熟度较低的原油，以波阵面方式持续向前运移/充注，直至注满圈闭的有效空间为止。油藏内部总是存在着原油成熟度的细微差异，在原油运移/充注的沿途出现原油的成熟度梯度，成熟度相对最高的原油分布在最接近油藏充注点的地带。

因此，在具备一定数量油井和油样的前提下，依据原油成熟度等值线，可以示踪油藏充注的过程。成熟度等值线数值降低的方向为石油运移/充注的指向，成熟度等值线向前最为凸出的部位是原油运移/充注的优势途径所在，成熟度相对最高的油井处于距离油藏充注点最近的位置，据此可以确定原油充注方向、充注点，可以预测烃源灶的方位。换而言之，在一个油藏/油田或者一个含油气区带范围内，源自同一烃源灶的原油，成熟度的差异主要反映成藏早晚时间因素的影响，先期充注的石油成熟度较后期充注的石油相对偏低，原油成熟度显著降低的轨迹，即可示踪石油运移的方向。基于这一原理，优选了 Ts/(Ts+Tm)、二甲基菲指数、甲基菲指数、庚烷值和异庚烷值 5 个参数，来表征原油的优势运移路径。理论上，这 5 个参数都会沿着原油运移距离的增加而不同程度地逐渐减小。

在石南低凸带，沿近似南西—北东方向，原油 Ts/(Ts+Tm) 逐渐减小，该方向可能是早期油气运移调整的方向。在前哨和莫北低凸带，沿由西向东和由南向北两个方向，原油 Ts/(Ts+Tm) 逐渐减小，可能指示早期油气运移的方向。

如图 4-2-13 所示，在陆梁低凸带，沿北西—南东方向，原油二甲基菲指数逐渐减小，早期油气可能沿此方向运移至陆梁油田。在石西低凸带，沿近似南西—北东方向，原油二甲基菲指数逐渐减小，该方向可能是早期油气运移调整的方向。石东低凸带样品较少，其油气运移规律有待进一步证实。在前哨和莫北低凸带，沿西向东和由南向北两个方向，原油二甲基菲指数逐渐减小，可能指示早期油气运移的方向。在莫索湾低凸带，原油二甲基菲沿南西—北东方向表现出一定的规律性，但由于该区样品少，这一运移方向有待进一步确认。

5）运用轻烃参数预测油气运移路径

随着运移距离的增加，地层中的吸附作用增强，苯和甲苯等芳烃化合物的含量将降低。随着运移距离增大，残留在天然气中的芳烃含量相对减少。这种规律性的变化，对研究油气的运移方式和运移路径具有重要意义。基于这一原理，优选了 (BEN)/(CH)、(BEN)/(n-C_6)、(i-C_6)/(n-C_6) 和 (n-C_7)/(MCH) 4 个参数，来表征原油的优势运移路径。莫北低凸带，沿南西—北东方向，原油 (BEN)/(CH) 逐渐减小，可能指示早期油气运移的方向。在前哨和莫北低凸带，沿由西向东和由南向北两个方向，原油 (BEN)/(n-C_6) 逐渐减小，可能指示早期油气运移的方向。

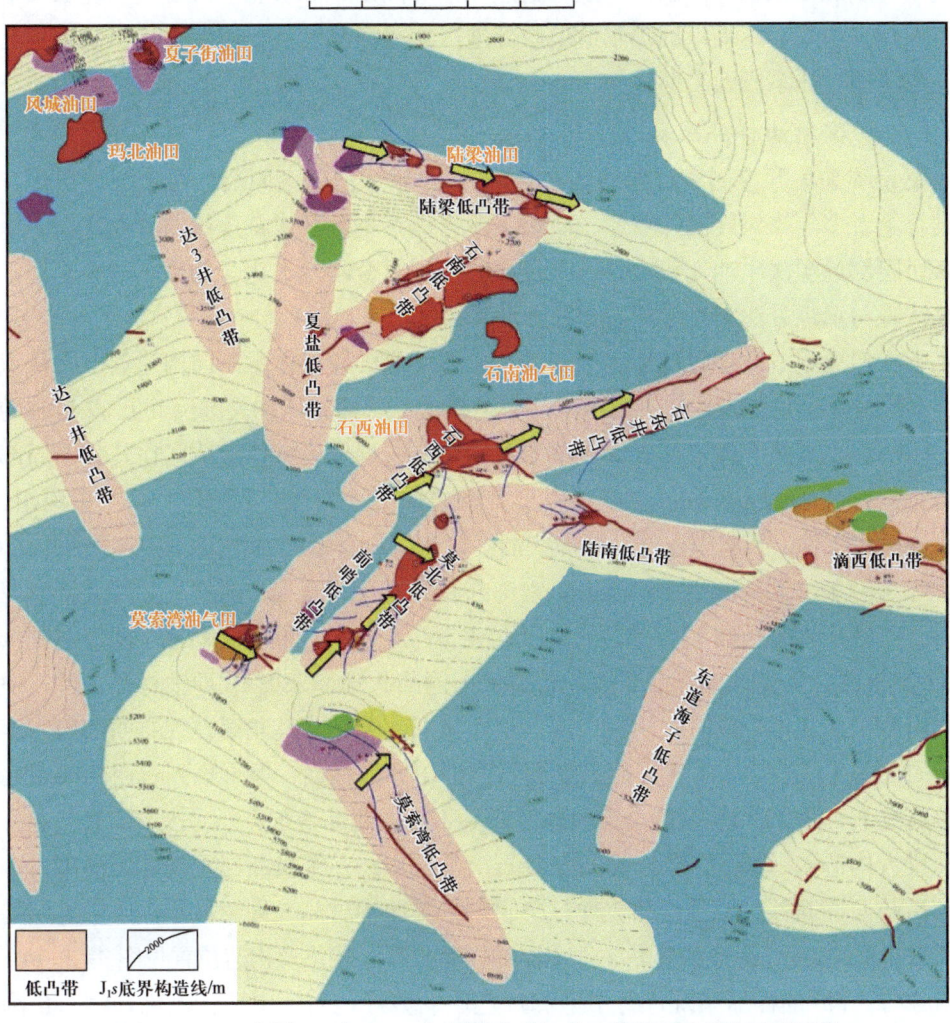

图 4-2-13 应用 Ts/(Ts+Tm) 预测准噶尔盆地腹部原油优势运移通道

4. 输导体系类型金刚烷示踪技术

金刚烷类化合物（$C_{4n+6}H_{4n+12}$）具有由 3 个椅式构象组成的对称笼形结构，类似金刚石晶格单元而得名，是多环烷烃化合物在热作用下经强酸催化剂聚合反应生成的产物，具有强的热稳定性和抗微生物降解能力，性质非常稳定[49-50]。尤其是在高—过成熟烃源岩和原油的研究中，金刚烷类化合物的指标更能体现其优越性。甲基双金刚烷指数与镜质组反射率（R_o）之间具有良好的线性关系，因此也可以利用原油中实测的甲基双金刚烷指数来推测其热演化程度[51]。

近年来，金刚烷类化合物鉴定及定量检测、成熟度判识、原油裂解程度及混源油判识、生物降解作用程度评价、烃源岩有机相判定、油气运移研究等方面取得大量研究进展[52-56]。

利用金刚烷判识输导体系类型主要通过原油样品采集和实验、协变关系确认及输导体系类型识别等步骤。本书以准噶尔盆地腹部地区实验样品通过金刚烷含量关系识别远源次生油气藏的输导体系成因类型。

1）金刚烷原油样品采集及实验结果

本书系统采集并检测了腹部地区 37 口井侏罗系、白垩系原油样品金刚烷类化合物含量，结合笔者多年来对腹部侏罗系、白垩系输导体系刻画及成藏规律的研究认识，综合分析、探讨腹部远源次生油气藏输导体系及成藏过程对金刚烷类化合物分布的影响，以期达到成藏认识与示踪方法相互印证、相互推动的目的。

本书在白垩纪成藏期腹部地区侏罗系古构造恢复、输导体系正向构建等研究认识的基础上，系统设计采集了古构造、现今低凸带、断裂带等输导体系关键位置上 37 口井的原油样品。南部莫索湾凸起侏罗系发育成藏期古构造，古近纪后掀斜解体，在其北翼局部残余低幅度背斜，凸起西部发现低幅度背斜型莫索湾气田，产油层系为侏罗系三工河组二段，采集原油样品 4 件，凸起中东部发现一些油气藏，但没有形成油气田，采集原油样品 6 件，涉及 J_1b、J_1s、J_2x、K_1q 四个出油层；莫索湾凸起北接莫北凸起，西翼莫北断裂带发现莫北油气田，采集原油样品 13 件，涉及 J_1b、J_1s、K_1q 三个层位，断裂带西侧下降盘前哨低凸带发现 J_1s 油气藏，采集原油样品 3 件，断裂带东侧凸起轴部采集 J_1s 原油样品 2 件。中部石西凸起白垩纪成藏期也发育古构造，古近纪后掀斜解体，在其北翼发现石西油田，出油层位涉及 C、J_1s、J_2x、K_1，本次没能采集到石西油田原油样品，但采集到石西凸起西北端油气调整路线上石南 42 白垩系胜金口组原油样品 1 件。北部基东鼻凸北接三个泉凸起，二者均属陆梁古构造的一部分，基东鼻凸发现石南油气田，三个泉凸起发现陆梁油田，本次采集基东鼻凸西翼断裂带原油样品 3 件，凸起东南翼原油样品 5 件。另外，还采集到陆梁隆起西部夏盐低凸带 J_1s 组原油样品 2 件（原油样品分布、层位及构造位置见图 4-2-14）。

对 37 口井原油样品系统进行了饱和烃色质、芳烃色质、中性含氮化合物、金刚烷类化合物等实验分析，重点结合甲基菲比值及其等效镜质组反射率对金刚烷类化合物分布特征进行了分析和讨论。根据腹部原油样品检测结果统计，金刚烷类化合物总含量变化大，样品检测值（171～1001）×10^{-6}，平均 472×10^{-6}。单金刚烷（As）含量从 160×10^{-6} 到 947×10^{-6}，平均 440×10^{-6}，明显占金刚烷类化合物的主体。双金刚烷（Ds）含量较低，（10～54）×10^{-6}，平均 31×10^{-6}。单金刚烷含量是双金刚烷含量的 5～27 倍。甲基菲指数 0.85～1.51（平均为 1.22），根据甲基菲比值（MPR）计算的等效镜质组反射率（R_{oc}）为 0.87%～1.22%（平均为 1.08%），说明腹部侏罗系、白垩系原油以成熟油—高成熟油为主。

2）金刚烷 Ds—As 协变关系及输导体系类型

腹部地区原油样品金刚烷类化合物中单金刚烷含量为主体，远高于双金刚烷的含量，单金刚烷含量是双金刚烷含量的 5～27 倍。本书将单金刚烷总量与双金刚烷总量进行交会分析，总体上，单金刚烷含量与双金刚烷含量变化呈正相关关系，拟合相关系数不高，但存在相关度较高的 4 个正相关线性群体（图 4-2-15），这 4 个线性群体大体上可将腹部原

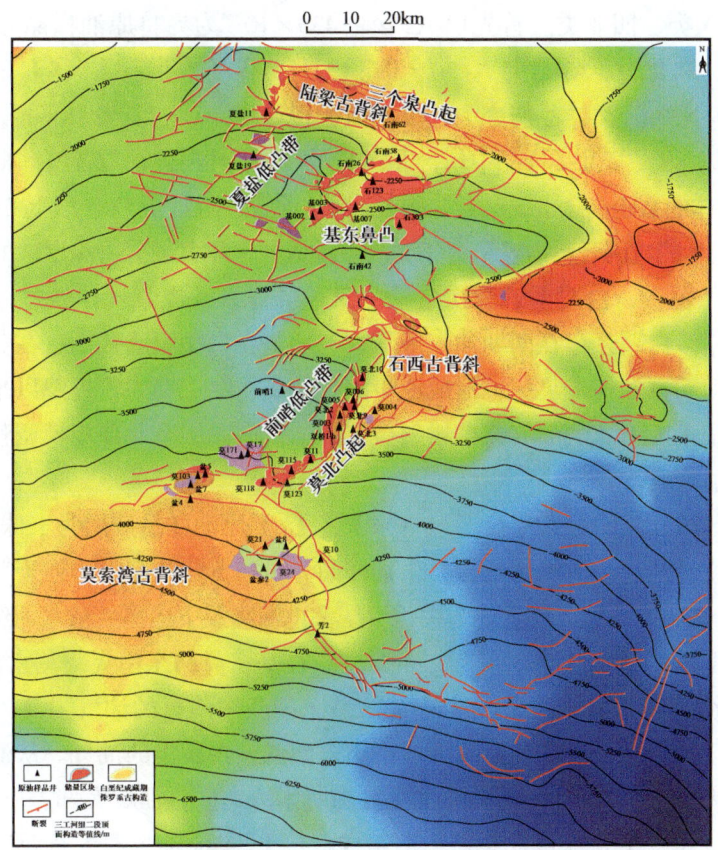

图 4-2-14　准噶尔盆地腹部金刚烷原油样品分布及古今构造位置

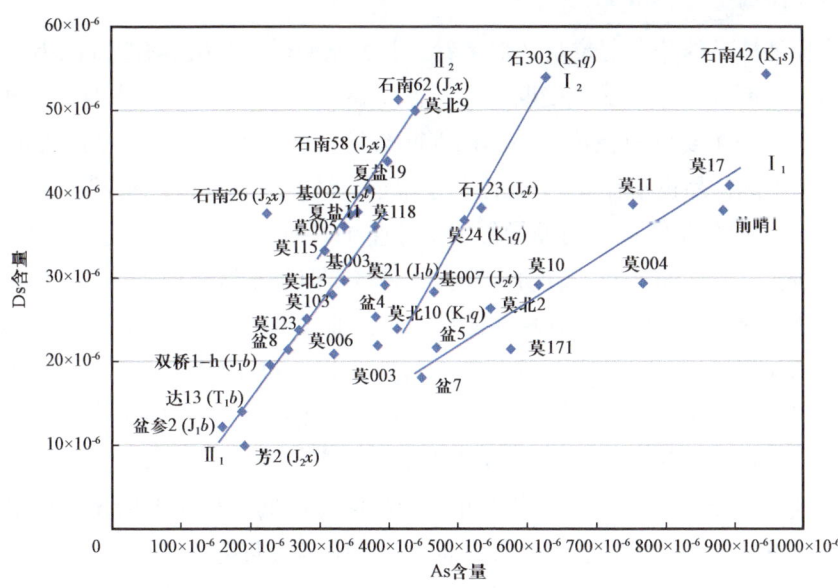

图 4-2-15　腹部地区原油样品金刚烷化合物 Ds—As 关系图
图中未标明产层的原油样品产层均为侏罗系三工河组

油样品分为两大类、四亚类。首先以As含量430×10^{-6}为界将原油样品分为Ⅰ类（As含量$>430\times10^{-6}$）和Ⅱ类（As含量$<430\times10^{-6}$）。Ⅰ类样品中包含I_1和I_2两个线性群体，I_1类样品斜率小，I_2类样品斜率大，说明前者相对富集Ds，二者具有相近的起点，揭示二者具有某种成因联系。Ⅱ类样品中包含II_1和II_2两个线性群体，二者斜率相同，近似平行，但II_2类线性群体的截距高于II_1类线性群体，揭示前者相对富集Ds。以上Ds—As协变关系及分类特征所揭示的成因联系需要结合相关油藏的成藏地质背景分析深层次的控制因素。

腹部地区侏罗系、白垩系远源次生油气藏输导体系及成藏规律做过深入研究，认为腹部地区侏罗系、白垩系存在两期油气成藏，一期是在白垩纪成藏期，在莫索湾凸起、石西凸起发育侏罗系古油气聚集区，形成原生油气聚集，第二期为古近纪以来次生成藏，白垩纪在古油气聚集区形成的油气藏被掀斜破坏，油气向浅层及北部规模调整运移并重新聚集，形成次生油气藏。

结合Ⅰ类原油样品的分布层位及区带来看，I_1类原油样品产层为下侏罗统三工河组，主要分布在莫索湾凸起、前哨低凸带，个别样品分布在莫北凸起，均处于莫索湾古油藏油气调整方向上。I_2类样品产层主要为中侏罗统头屯河组及下白垩统清水河组，纵向上均位于白垩系和侏罗系区域不整合面上下，主要分布在基东鼻凸东南翼，莫索湾凸起（莫24）和石西凸起周缘（莫北10）各有一个样品。基东鼻凸东南翼的油气主要为古近纪以来石西古油气聚集区经白垩系和侏罗系间区域不整合面调整再聚集的油气。从油气藏成因来分析，Ⅰ类原油为次生油气藏，I_1类原油主要为莫索湾地区古油藏底部溢出型次生油气藏，产层没有发生变化，主要在侏罗系三工河组成藏；I_2类原油主要为石西地区古油藏垂向调整型次生油气藏，古油藏被断裂破坏，油气向浅部垂向运移并沿白垩系底部区域不整合面侧向运移而成藏。

从Ⅱ类原油样品的分布层位及区带来看，Ⅱ类原油样品产层具有纵向多层、沿断裂带分布的特点，说明Ⅱ类原油成藏受断裂带控制明显。II_1类原油产层主要为下侏罗统八道湾组和三工河组，主要分布在莫北凸起西翼断裂带、莫索湾凸起，达巴松凸起达13井下三叠统百口泉组的样品也落在II_1类线性关系附近。结合成藏认识，II_1类原油主要为海西期、早燕山期Y形断裂体系垂向输导形成的原生油气藏，莫北凸起西翼断裂带主要为断块油气藏、断块—岩性油气藏，后期虽然有所调整，但基本保持原生油气藏的地球化学特征。莫索湾凸起部分样品代表了成藏期在莫索湾古油气聚集区形成的岩性油气藏，调整期得以保存，仍保留了原生油气藏的地球化学特征。II_2类原油产层主要为下侏罗统三工河组、中侏罗统西山窑组和头屯河组，明显高于II_1类原油。II_2类原油主体分布在盆1井西凹陷以北的基东鼻凸西翼（断裂带）、夏盐低凸带，该地区深部不发育二叠系烃源岩，油气输导体系比较复杂，首先要通过盆1井西凹陷区海西期、早燕山期Y形断裂体系垂向输导至三工河组二段砂体输导层，然后再通过北部中燕山期断裂或印支期开始幕式活动的东西向走滑断裂体系垂向调整至中侏罗统成藏，这类油气藏主要是在输导通道上受断裂遮挡形成的断块油气藏、断块—岩性油气藏，虽然运移距离远、输导体系复杂，但油气地球化学特征基本保持原生油气藏特点，受第二次垂向调整影响，Ds—As 关系与 II_1 类原油略有差别。

通过以上分析，I 类原油和 II 类原油的成因差别是 I 类原油经过了早期成藏、后期调整再聚集的过程，而 I 类原油和 II 类原油金刚烷分布特征最大的差异是 I 类原油 As 含量普遍较高、Ds—As 线性关系斜率较小，说明油气在次生调整过程中造成金刚烷相对丰度增加，并且 As 增加幅度高于 Ds。推测油气在次生调整过程中发生次生变化，而金刚烷化合物比较稳定，相对丰度增加，同时因为运移色层效应，分子量较轻的单金刚烷相对于双金刚烷丰度增加。

II_1 类原油和 II_2 类原油的成因差别主要是后者经历了两次垂向运移，而金刚烷分布特征上二者 Ds—As 线性关系斜率相等，II_2 类原油截距稍高，相当于 II_1 类线性群体向右上方发生了平移。II_2 类原油比 II_1 类原油相对富集 Ds，但 As 和 Ds 的比例关系没有发生变化，说明 II_2 类原油在经过中燕山期断裂或印支期走滑断裂体系第二次垂向调整至中侏罗统的过程中发生次生变化造成双金刚烷化合物丰度相对富集。

I_1 类原油和 I_2 类原油从成因上均为次生成藏，二者的主要差别在于 I_1 类原油次生调整以底部溢出为主，油气产层没有发生变化，I_2 类原油次生调整发生了沿断裂带垂向运移及沿区域不整合面侧向运移。I_1 类原油和 I_2 类原油金刚烷化合物分布的主要差别在于后者双金刚烷含量明显高于前者，推测受控于断裂垂向调整作用。Ds—As 关系中 I_2 类线性群体斜率高于 I_1 类线性群体，说明 I_2 类线性群体 Ds/As 值更高，根据前文金刚烷化合物指纹分布特征分析，I_2 类原油生物降解比较普遍，可能会造成 As 丰度相对降低，这与 I_2 类原油埋藏浅并且沿区域不整合面侧向运移有关。

3）输导体系类型金刚烷判识方法

准噶尔盆地腹部在白垩纪成藏期主要形成 II_1 类和 II_2 两类原生油气藏，II_1 类成藏层位主要为中—下侏罗统，主要沿凹陷区断裂带及其附近构造近源成藏，II_2 类成藏层位主要为中—上侏罗统，主要沿阶状输导体系在凹陷外斜坡区及凸起带远源成藏。古近纪以来调整期，古油气聚集区原生油气藏被破坏、调整，形成 I_1 和 I_2 两类次生油气藏，I_1 类次生油气藏与莫索湾古油气聚集区有关，成藏层位主要为三工河组，I_2 类次生油气藏与石西古油气聚集区有关，油气沿断裂、区域不整合面被破坏和调整，成藏层位主要在中侏罗统及下白垩统，两大类、四亚类油气藏成因不同，其金刚烷类化合物的分布特征也有明显差别。

根据以上分析及认识，本书利用金刚烷含量关系建立了两个远源次生油气藏成因类型判识图版（图 4-2-16、图 4-2-17），可以作为判别次生油藏成因类型的重要依据。

四、优势输导通道气测录井示踪技术

地球化学手段研究获取的数据均是点数据，不能像测井一样形成线性数据，也没有物探的三维属性，因此，利用录井资料的线性特征是识别油气运移通道的重要尝试，能弥补常规地球化学研究手段的不足，对于提高油气运移通道研究的精度具有重要意义。

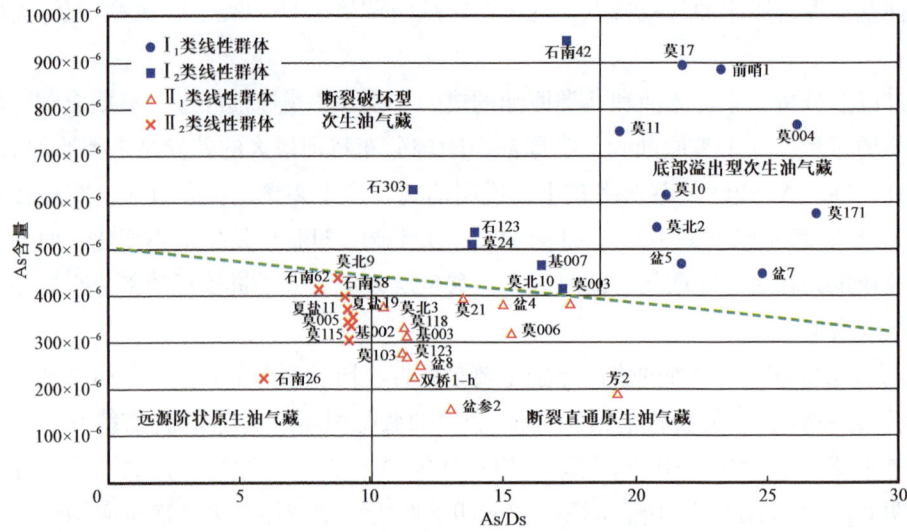

图 4-2-16　远源次生油气藏输导体系类型 As—As/Ds 判识图版

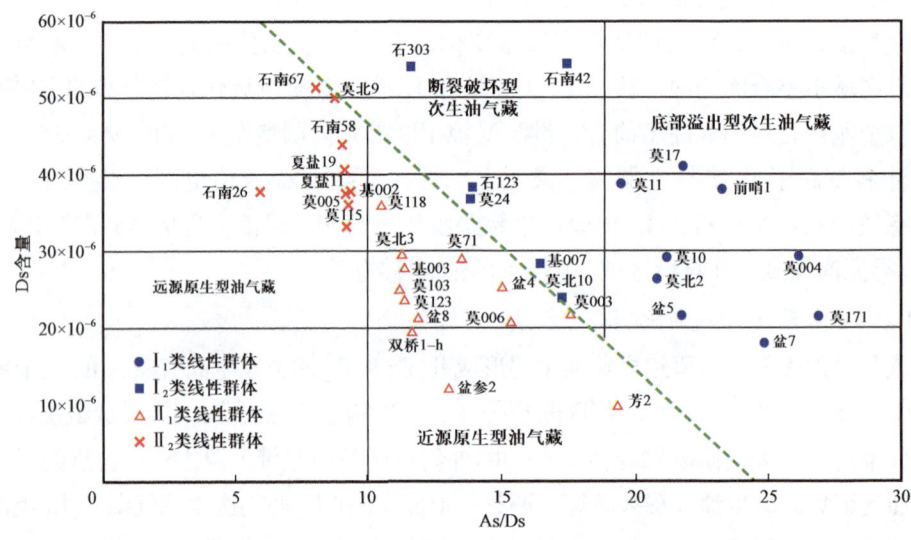

图 4-2-17　远源次生油气藏输导体系类型 Ds—As/Ds 判识图版

1. 油气运移聚集过程中的录井示踪综述

气测及荧光录井技术进入商业性服务已有 50 多年的历史。初期录井服务包括深度测量、地质描述以及使用热导检测仪进行气测录井服务。随着录井技术的发展、仪器的更新换代、计算机技术的应用，气测和荧光录井技术得到了迅速的发展，越来越多的高新技术及装备应用于气测和荧光录井，通过钻井现场多种信息的计算机采集、处理、解释、分析、决策以及井场间多井联网、远距离数据传输等现代化手段，突破性地实现了在钻井过程中即时、定量发现油气层，现场地层评价，及时发现和解决钻井工程问题，从而可以缩短油气发现与评价周期、及时有效地进行油气层保护，达到更有效地为勘探服务的目的。

优势运移通道的录井示踪是一项综合性极强的研究工作，需要根据研究工区的实际地质问题及项目的技术要求，充分利用油田现有的钻井工程、地质、测井、静态、动态、分析化验资料等基础资料，以气测和荧光录井资料为核心对腹部地区油藏及其输导体系进行识别和分类研究（图4-2-18）。

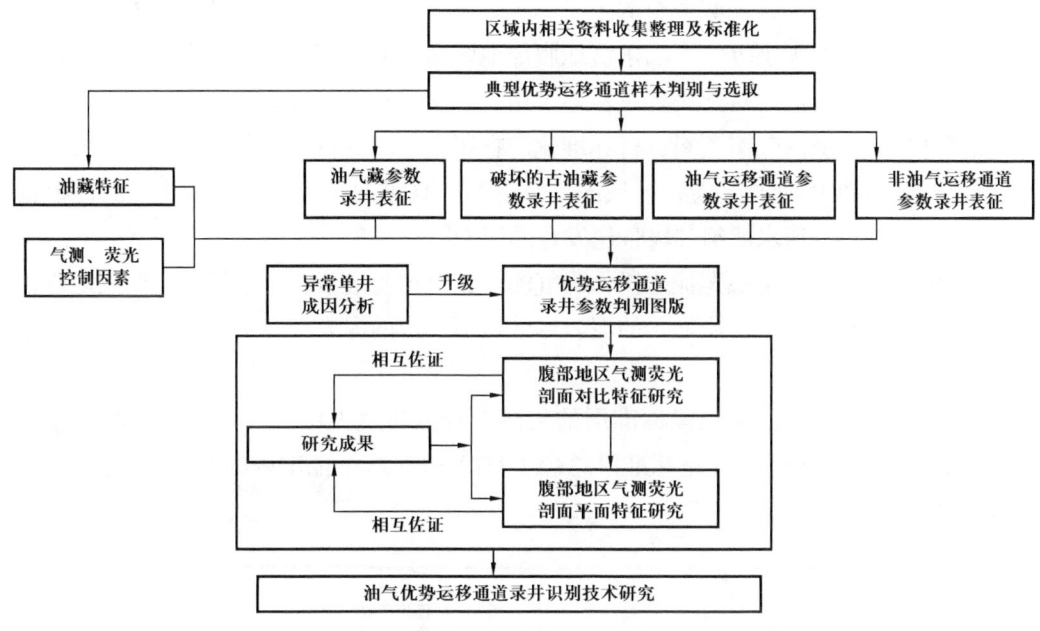

图4-2-18　油气优势运移通道录井识别技术研究路线图

2. 录井数据及资料判断油气运移方向

1）录井数据及资料标准化

根据油气特征类型，可将录井资料分为气测录井资料和荧光录井资料。由于录井的时间、仪器等不同，造成录井资料的标准不统一，因此在利用录井资料判断运移通道时，需先进行录井资料的标准化。

气测录井资料的影响因素多种多样，在录井过程中，气测资料受到地层因素、钻井技术条件和录井技术自身条件的影响。在进行气测资料油气层解释评价时，首先要分析影响录井资料的因素。它的影响因素主要有储层特性、油气性质、钻井技术条件、气测脱气器等方面。荧光录井资料的影响因素很多，主要应该注意溶剂（型号、纯度、有效期）、测量浓度、温度、pH值、岩样的干燥方法及程度、共存物质的干扰等。

由于目前钻井大规模应用的荧光资料均为人工判别的数据，人为数据没有统一的标准，人为因素影响大，无法对数值进行校正，仅能对深度进行重新刻度，因此，在进行录井资料标准化时，选择气测资料进行标准化处理。

（1）气测资料的深度校正。

由于测井仪器与录井仪器测量深度的误差会造成气测显示与测井显示的不对应现象，

即深度偏移现象。目前，录井在深度识别上的技术还无法达到测井的精度，因此，以测井标准层为基准进行校正，选取的标准层为西山窑组的煤层，以煤层的明显异常气测和明显异常测井进行对应校正，来恢复录井资料的精度（荧光资料与气测资料一起校正）。

（2）气测资料的工程校正。

在相同地质条件下，气测资料的主要影响因素为工程因素，如钻井液黏度、钻井液密度、钻井速度、钻头大小等，准噶尔盆地腹部地区钻头大小多数统一，主要因素是钻井速度和钻井液黏度，目前针对此类校正普遍采用直方图和趋势面拟合法拟合，本次研究采用直方图拟合法对区域内气测资料进行标准化。在用直方图进行标准化时，首先需要一个标准的泥岩层（标准化泥岩层需在区域内广泛分布，且纵向上连续厚度大于2m），根据对比，将标准层选择为清水河组二段普遍发育的泥岩层。

区域内选取清水河组稳定泥岩段作为气测校正对比基准段。基准段的选取应规避各类地层接触面（不整合面、冲刷面）的泥岩、区域不稳定的泥岩、厚度太薄的泥岩及靠近煤层的泥岩。

图4-2-19为清水河组二段标准层的气测总烃分布直方图。标准段的主峰值范围为（16～128）×10^{-6}，因此，凡是标准段总烃（TG）值在这个范围内的曲线均不需要校正，直接解释即可。

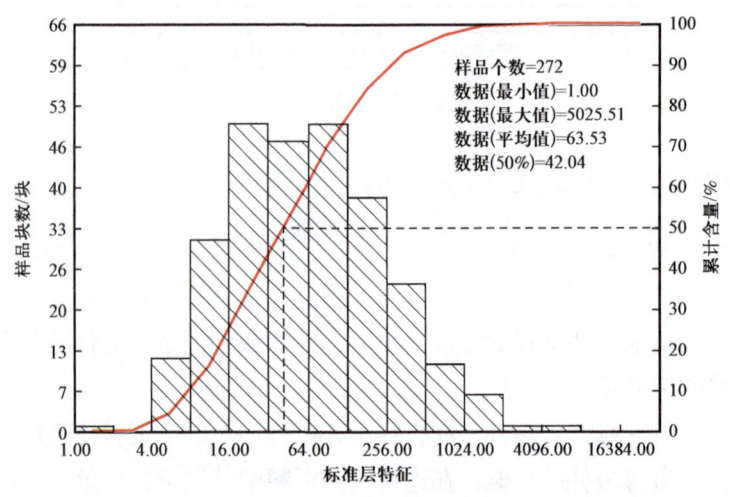

图4-2-19 清水河组二段标准层气测总烃分布直方图

（3）气测资料的取心段校正。

钻井过程中会进行取心，取心过程中储层未被钻碎，储层内部的流体未被全部释放，气测值普遍偏低，为更好地解释储层的运移特征，需要对取心段气测值进行校正。此类校正采用岩心岩屑气测标定法，即取心段含油级别与岩屑段含油级别类比标定，同时结合测井含油性特征综合进行校正。校正时需遵循最大值不超过相邻段最大值原则，以保证数据的真实性。图4-2-20为陆9井取心段校正前后对比图，校正前数据明显偏低，无法有效解释油气藏或油气运移通道。

第四章 远源次生油气藏地质评价流程与关键技术

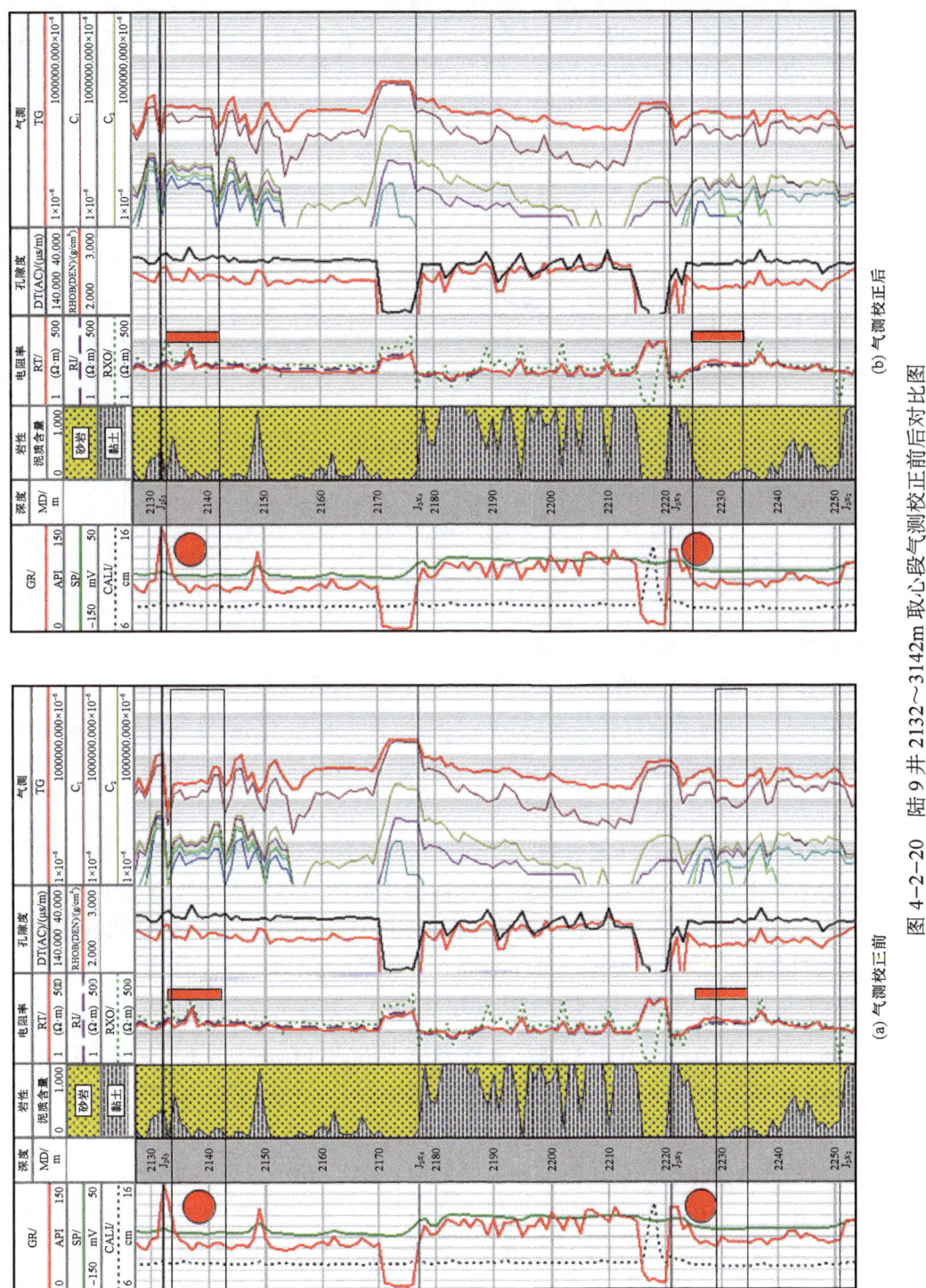

图 4-2-20　陆 9 井 2132～3142m 取心段气测校正前后对比图
(a) 气测校正前；(b) 气测校正后

（4）气测资料的离散数据校正。

此类校正第一步选取正常段数据，进行正常数据的拟合，注意一定要选取相邻正常段的数据进行建模，如陆29井选取2070～2100m段数据进行拟合，建立拟合系数，然后对异常段进行拟合。建立的模型如图4-2-21所示。

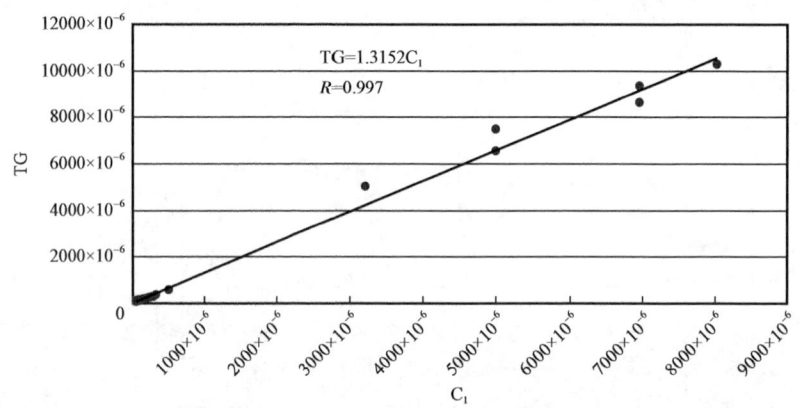

图 4-2-21　陆29井正常段 C_1 拟合 TG 线性模型

第二步是利用建立的模型 $TG=1.3152C_1$ 对离散段进行校正，恢复其真实值，如图4-2-22所示。

（5）气测运移通道表征参数标准化。

气测运移通道典型样本的录井表征参数的提取是气测解释的基础和前提，所选典型样本的精确性是所有后期解释的前提，本次表征参数主要总结陆梁油田侏罗系西山窑组、头屯河组和白垩系油气藏、破坏古油藏、油气运移通道和非油气运移通道的气测表征参数。

由于目前国内外均没有先例可参考，因此，所有样本的定义和选取均需在油藏认识的共识的基础上选取，选取的油藏油气运移模式清晰，油气运移通道易于确定。选取准噶尔盆地腹部地区石南5井—石南10井—陆9井一带的油气运移模型和油气样本。

油气藏标准样本选定以试油成果为油气层的储层为基准，凡是试油结果为油层、油水同层、油气层、气水同层等工业油气流的井层即为油气藏的典型样本。样本区域内陆9井气测全烃基值为 $57×10^{-6}$，属正常范围不需要校正，西山窑组试油2层，分别是：西山窑组二段 J_2x_2（2226～2230m），试油采用3.5mm油嘴试产，日产油20.8t，日产气300m³，属典型的油藏层段，试油段气测总烃平均 $1444.4×10^{-6}$，气测组分出全，i-C_4 以上组分平均值 $16.8×10^{-6}$；西山窑组四段 J_2x_4（2133～2141m），压裂抽汲生产，日产油30.96t，日产水59.12m³，属典型的油藏层段，该试油段气测总烃平均 $2400.1×10^{-6}$，气测组分出全，i-C_4 以上组分平均值 $79.1×10^{-6}$（图4-2-23）。

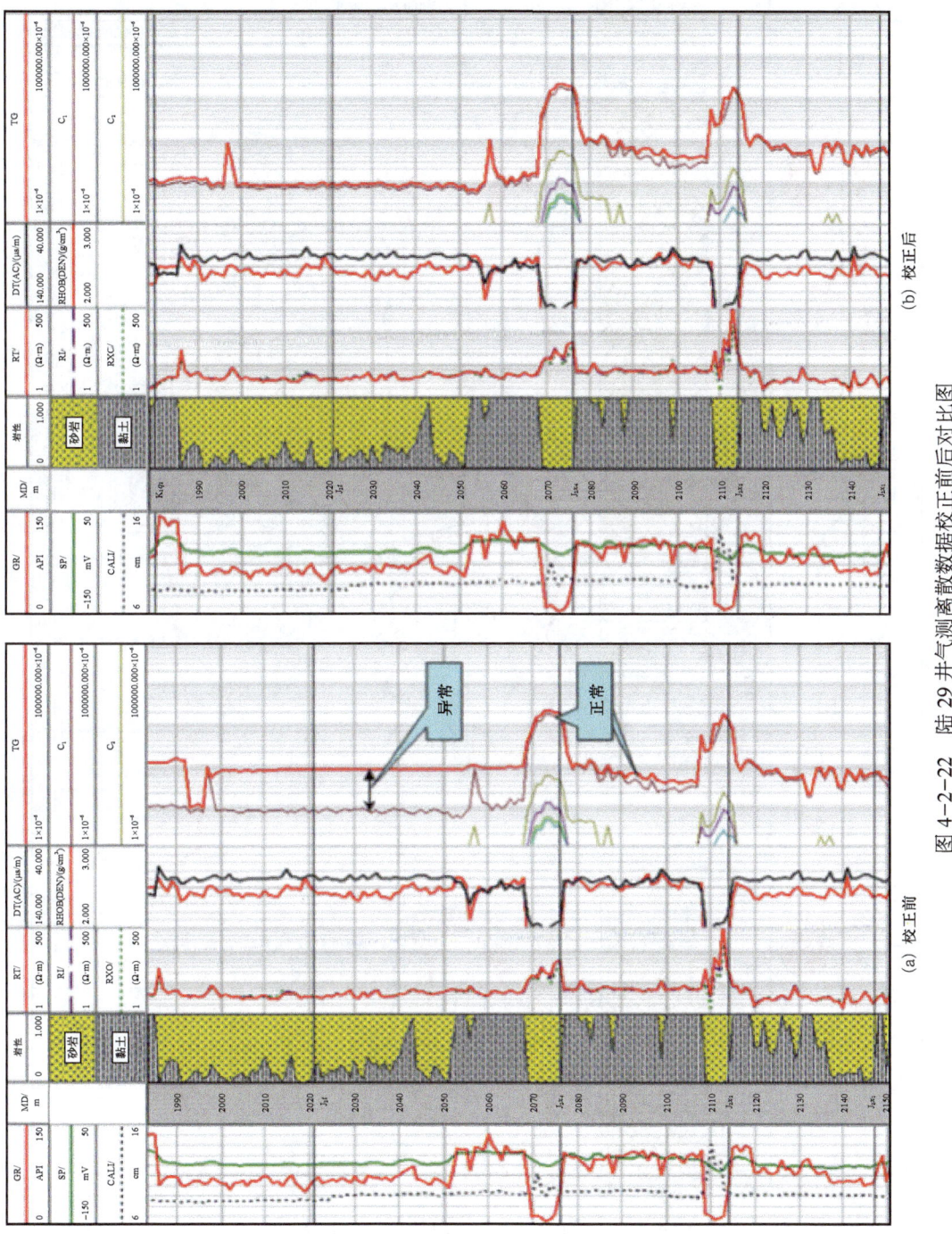

图 4-2-22 陆 29 井气测离散数据校正前后对比图

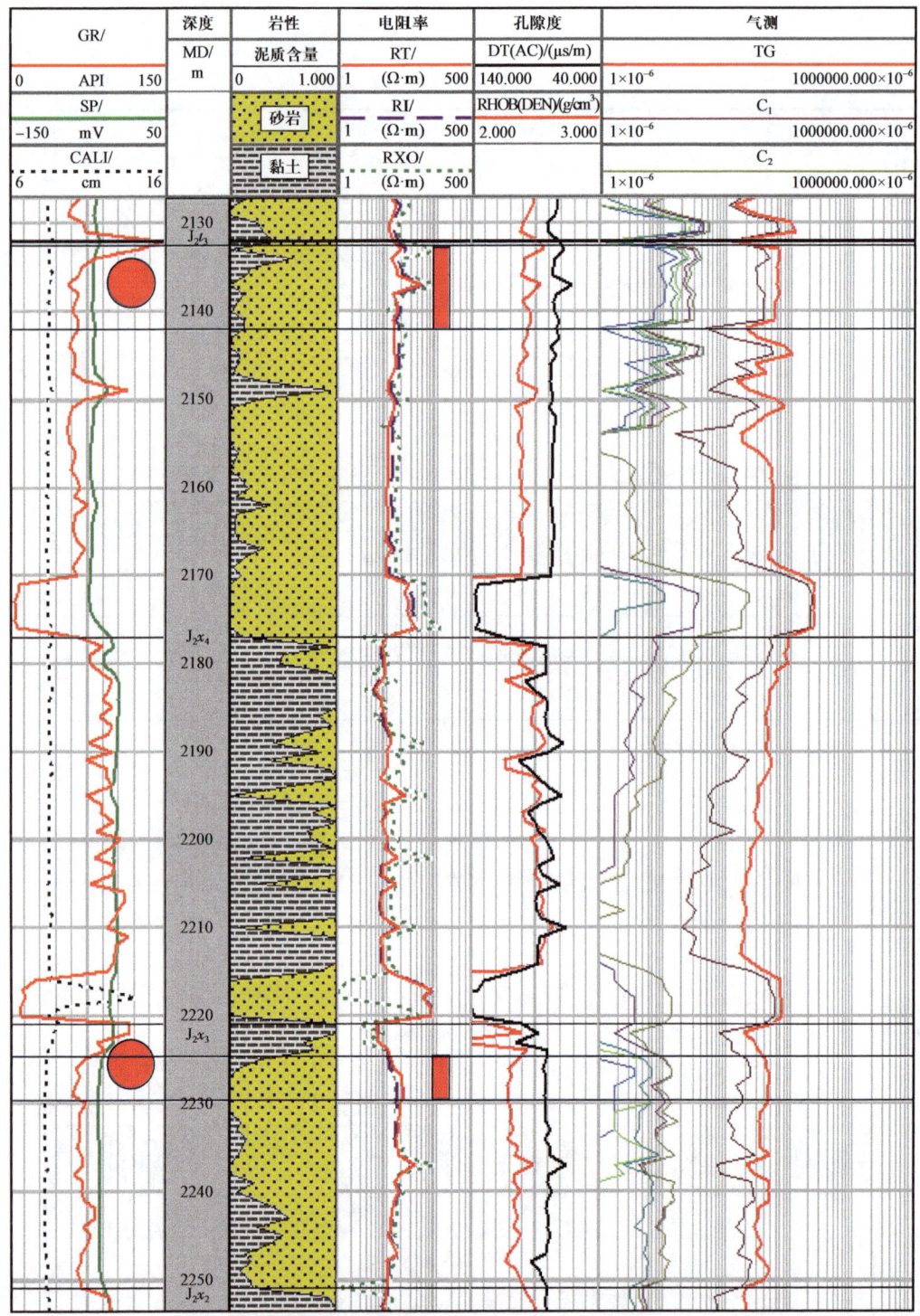

图 4-2-23 陆 9 井西山窑组测井、气测综合图

非通道是指储层具备运移能力，但油气未在该层运移的储层。标准样本选定为无油气显示的储层，包括气测值与泥岩等非储层一致，岩性为典型储层岩性，物性较好的层，这

类储层一般不试油或试油为水层且不含油气。样本区域内的主要油气藏样本如下：陆 17 井气测全烃基值校正后为 $97×10^{-6}$，西山窑组未试油，西山窑组四段 2180～2210m 气测总烃平均 $98.4×10^{-6}$，气测组分不全，i-C_4 以上组分缺失，气测接近基质，无其他油气显示迹象，属典型非油气运移通道属性（图 4-2-24）。

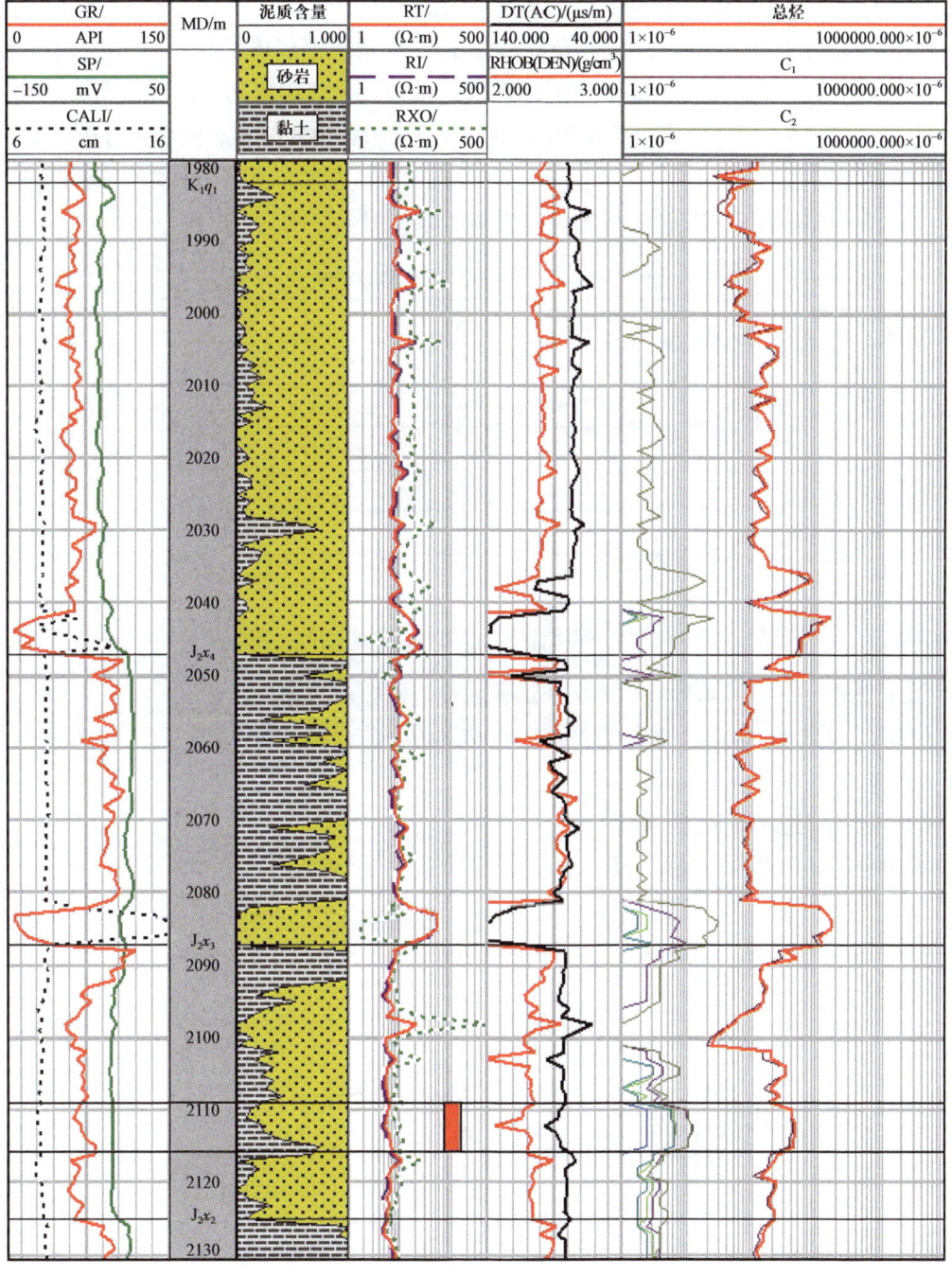

图 4-2-24　陆 17 井西山窑组测井、气测综合图

非油气运移通道在气测上的表现为总烃接近气测基值、无荧光、无其他油气显示的储层。

2）气测识别模型研究

储层油气优势运移通道解释方法是通过钻井液中检测到的烃类气体（C_1—C_5）与已知储层性质的储层进行比较而建立的。由于地面所能检测到的烃类气体源于地层流体中的轻烃，因此两者之间在数量和特征上的趋势是一致的。

根据流体中烃类的成分、含量及曲线形态，可判断储层的流体性质。当储层为油（气）层时，烃类气体在油气层中的溶解度高，钻速快，气测值高，气测异常幅度明显，气测组分一般齐全，因此，依据气测值大小、成分含量比值曲线形态的变化可进行储层油气运移特性识别。

通过分析储层性质与气测的烃组分总含量关系（图 4-2-25）发现：

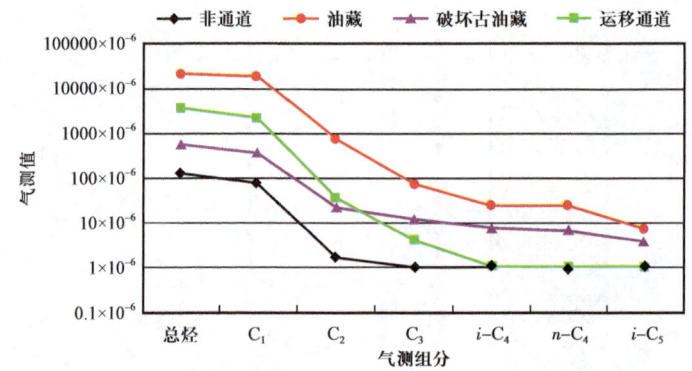

图 4-2-25 储层性质与烃组分总含量变化趋势图

（1）总烃、C_1、C_2 总含量：油藏＞运移通道＞破坏古油藏＞非通道。

（2）C_3 总含量：油藏＞破坏古油藏＞运移通道＞非通道。

（3）C_4、C_5 总含量：油藏＞破坏古油藏。

（4）运移通道和非通道：基值。

通过分析储层性质与烃组分相对含量关系（图 4-2-26）发现：

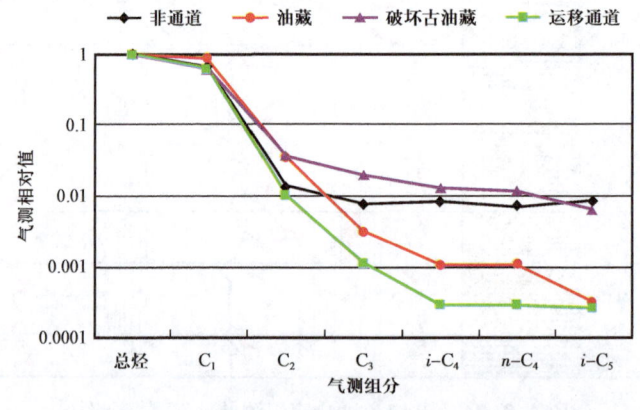

图 4-2-26 储层性质与烃组分相对含量变化趋势图

（1）C_1 相对含量：油藏＞运移通道，破坏古油藏，非通道。
（2）C_2/C_1 变化率：破坏古油藏最小。
（3）C_3/C_2、C_4/C_3 变化率：油藏和运移通道最快，破坏古油藏和非通道最慢。
（4）$i\text{-}C_4/n\text{-}C_4$：基本稳定。
（5）C_5/C_4 变化率：油藏和运移通道最快，破坏古油藏和非通道最慢。

通过腹部地区储层运移特性数据，同时吸收、借鉴国内气测解释经验，总结分析该区储层运移特性与烃含量及相对含量关系得到相关认识（表 4-2-3 和表 4-2-4）。

表 4-2-3　腹部地区西山窑组、头屯河组和清水河组储层运移特性气测特征

直接参数	油气藏	破坏古油藏	运移通道	非运移通道
总烃	$>1000\times10^{-6}$	$(300\sim1000)\times10^{-6}$	$>200\times10^{-6}$	$<200\times10^{-6}$
C_1	$>800\times10^{-6}$	$(100\sim900)\times10^{-6}$	$>100\times10^{-6}$	$<200\times10^{-6}$
C_2	$>300\times10^{-6}$	$(5\sim80)\times10^{-6}$	$<200\times10^{-6}$	$<5\times10^{-6}$
C_3	$>10\times10^{-6}$	$(3\sim60)\times10^{-6}$	$<30\times10^{-6}$	基值
$i\text{-}C_4$	$>4\times10^{-6}$	$(3\sim20)\times10^{-6}$	基值	基值
$n\text{-}C_4$	$>3\times10^{-6}$	$(3\sim20)\times10^{-6}$	基值	基值
$i\text{-}C_5$	$>2\times10^{-6}$	$>2\times10^{-6}$	基值	基值

表 4-2-4　腹部地区白垩系呼图壁河组储层运移特性气测特征

直接参数	油气藏	破坏古油藏	运移通道	非运移通道
总烃	$>10000\times10^{-6}$	$(3000\sim10000)\times10^{-6}$	$>2000\times10^{-6}$	$<2000\times10^{-6}$
C_1	$>8000\times10^{-6}$	$(1000\sim9000)\times10^{-6}$	$>1000\times10^{-6}$	$<2000\times10^{-6}$
C_2	$>3000\times10^{-6}$	$(50\sim800)\times10^{-6}$	$<2000\times10^{-6}$	$<50\times10^{-6}$
C_3	$>100\times10^{-6}$	$(30\sim600)\times10^{-6}$	$<300\times10^{-6}$	基值
$i\text{-}C_4$	$>40\times10^{-6}$	$(30\sim200)\times10^{-6}$	基值	基值
$n\text{-}C_4$	$>30\times10^{-6}$	$(30\sim200)\times10^{-6}$	基值	基值
$i\text{-}C_5$	$>20\times10^{-6}$	$>20\times10^{-6}$	基值	基值

以上特征显示，总烃对油气藏较为敏感，$i\text{-}C_4$、$n\text{-}C_4$ 及 $i\text{-}C_5$ 具有很高的一致性；C_3 对非运移通道较为敏感，C_1 和 C_2 与总烃具有较强的一致性。

借鉴国内其他研究学者的解释经验及其本组储层流体性质与烃含量及相对含量关系图得到相关认识，筛选出以下直接参数和重构参数。

直接参数包括总烃、C_1、C_3、n-C_4、i-C_4、i-C_5。

重构参数包括气测轻烃变化率、气测重烃变化率、重烃显示指数（ZXZ）、气测轻烃指数（QTZ）和气测组分齐全度。气测轻烃变化率：$100C_1/C_2$。气测重烃变化率：i-C_4/C_3，反映气测丁烷减少速率。重烃显示指数（ZXZ）：i-C_4+n-C_4+i-C_5-3，反映气测重烃的显示情况。气测轻烃指数（QTZ）：$lgC_1+lnC_2+C_3$，反映气测轻烃的显示情况。气测组分齐全度（QQD）：$20(lgi$-C_4+i-$C_5-1)+1$，反映气测重烃的显示情况。

在气测录井过程中，全烃曲线是反映储层流体特征最全的曲线，全烃曲线幅度的高低、形态变化等均富含储层信息（油藏信息、地层压力信息等）。全烃曲线形态法也是在储层流体评价中应用最广的方法之一。因此，如何将全烃形态法的三要素（异常幅度、形态变化和气测充满度）量化成参数进而建立识别图版，多因素的加入必将使油气运移通道的识别精度得到极大提高。由此，创建气测储层优势通道评价参数：

气测异常指数（YCZ）：$lgTG/TJ-\alpha$。

气测指标区域常量（α）：以准噶尔盆地腹部地区清水河组中上部稳定泥岩段为基准。在准噶尔盆地设定两个区域常量——高异常幅度（α_1）和低异常幅度（α_2）。$\alpha_1=1$（10倍气测基值的异常幅度），主要应用于白垩系；$\alpha_2=0.477$（3倍气测基值的异常幅度），主要应用于侏罗系。

3）气测录井解释图版

以准噶尔盆地腹部地区侏罗系西山窑组为例，建立气测录井判识运移通道图版。通过分别利用敏感参数两两交会构建13个图版，根据图版落点分布和图版回判符合率判断，相对较好的有5个图版。

石南—陆梁地区西山窑组气测优势运移通道识别图版具有如下特征：

直接参数图版：TG 与 i-C_4 交会图版和 C_1 与 i-C_4 交会图版可以作为参考图版进行应用。

重构参数图版：QTZ 与 ZXZ 交会图版和 QQD 与 QTZ 交会可以作为参考图版进行应用。

综合图版：以形态法和重构参数图版为基础的 YCZ 与 ZXZ 交会图版符合率普遍高于90%，符合率明显高于直接参数图版、重构参数图版，建议将该图版应用和推广到准噶尔盆地腹部。

气测直接参数交会图版中：TG 与 i-C_4 交会，综合符合率为87.2%；C_1 与 i-C_5 交会，综合符合率为72.3%（无法区分通道）；TG 与 i-C_5 交会，综合符合率为73.6%（无法区分通道）；C_1 与 i-C_4 交会，综合符合率为86.5%；TG 与 C_3 交会，综合符合率为86.5%（图4-2-27至图4-2-32）。

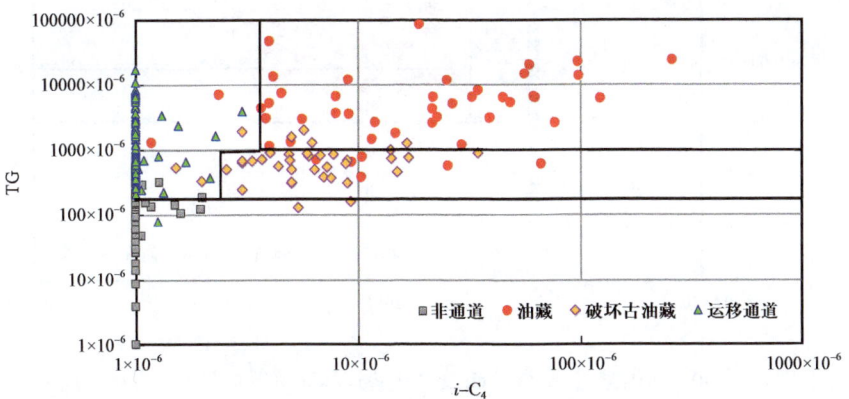

图 4-2-27 西山窑组 TG 与 $i\text{-}C_4$ 交会优势运移通道识别图版（直接参数）

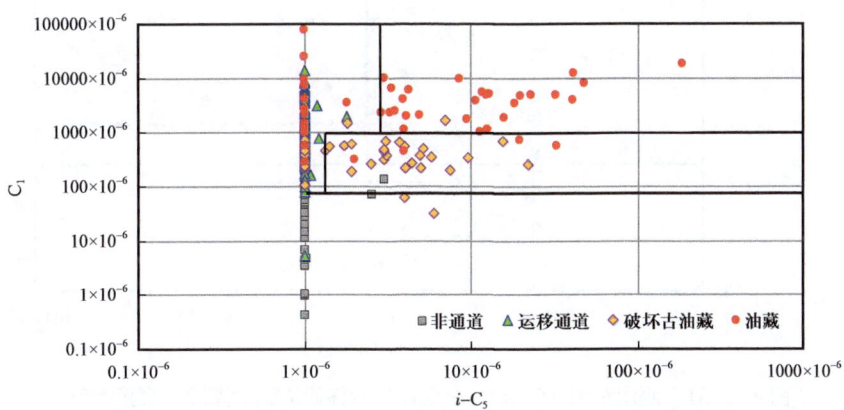

图 4-2-28 西山窑组 C_1 与 $i\text{-}C_5$ 交会优势运移通道识别图版（直接参数）

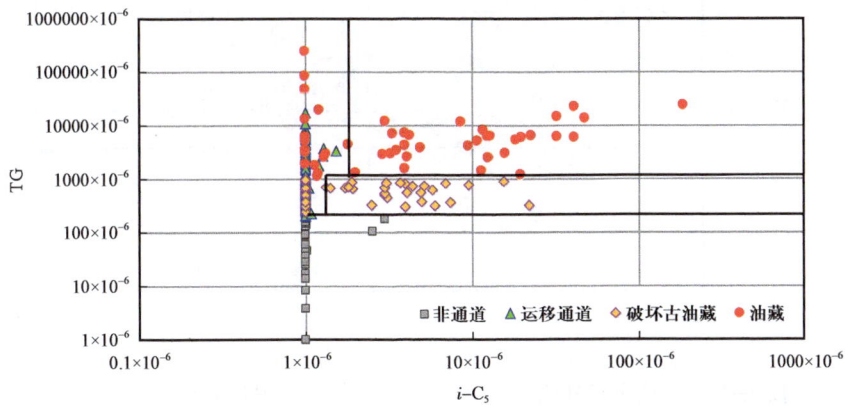

图 4-2-29 西山窑组 TG 与 $i\text{-}C_5$ 交会优势运移通道识别图版（直接参数）

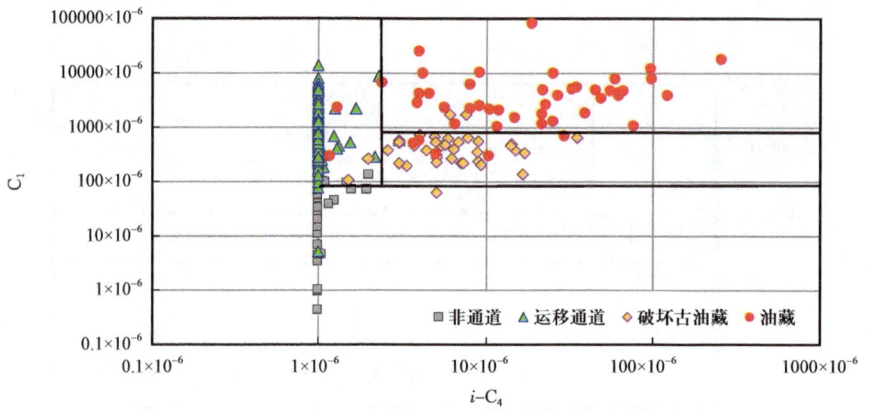

图 4-2-30　西山窑组 C_1 与 $i\text{-}C_4$ 交会优势运移通道识别图版（直接参数）

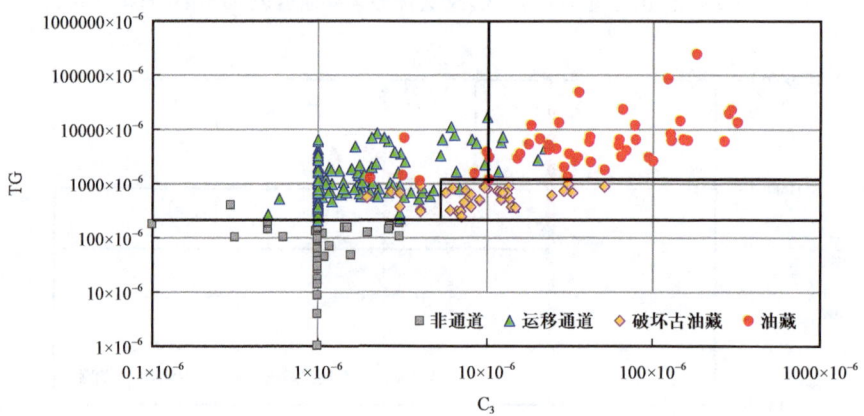

图 4-2-31　西山窑组 TG 与 C_3 交会优势运移通道识别图版（直接参数）

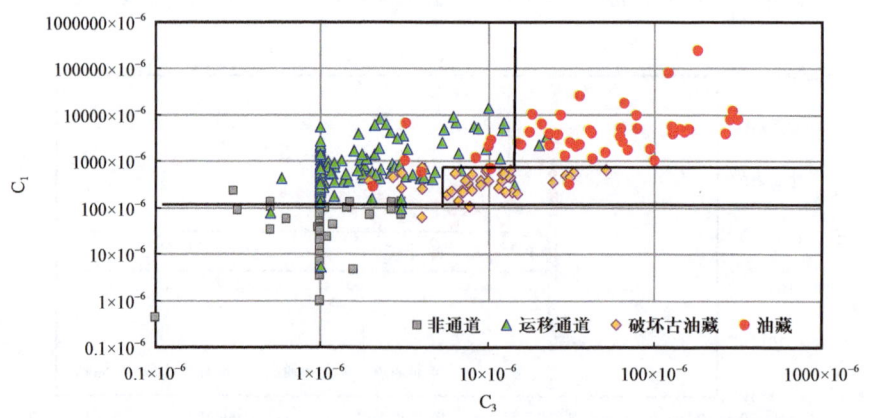

图 4-2-32　西山窑组 C_1 与 C_3 交会优势运移通道识别图版（直接参数）

气测重构参数交会图版中：轻烃变化率与重烃变化率交会，区分度低于 50%；轻烃变化率与 ZXZ 交会，区分度低于 50%；QTZ 与 ZXZ 交会，综合符合率为 85.6%；QQD 与

QTZ 交会，综合符合率为 83.1%；轻烃变化率与 QQD 交会，区分度低于 60%（轻烃变化率区分度低）；QTZ 与重烃变化率交会，区分度低于 60%（重烃变化率区分度低）。气测重构参数交会图版显示：QQD、QTZ 与 ZXZ 三个参数区分度高；其余交会图版均具有较强的局限性（图 4-2-33 至图 4-2-38）。

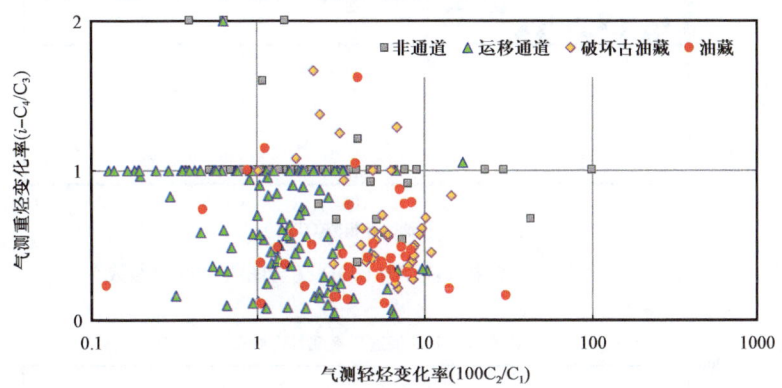

图 4-2-33　西山窑组气测轻烃变化率与气测重烃变化率交会图版（重构参数）

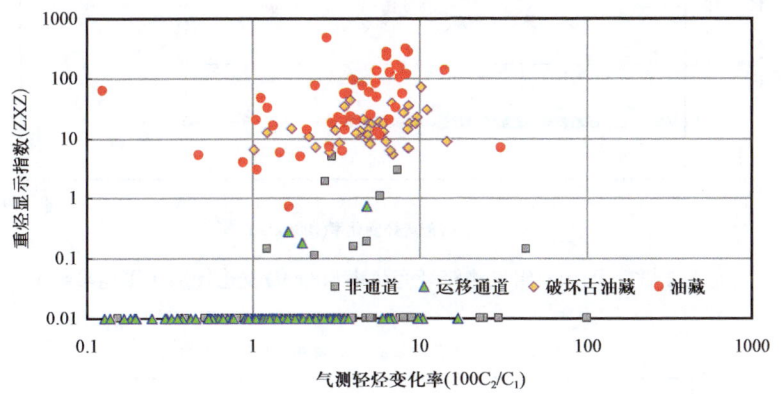

图 4-2-34　西山窑组气测轻烃变化率与 ZXZ 交会图版（重构参数）

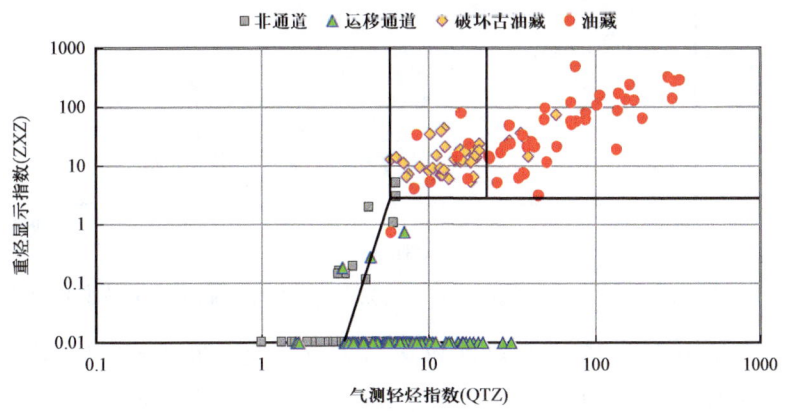

图 4-2-35　西山窑组 QTZ 与 ZXZ 交会图版（重构参数）

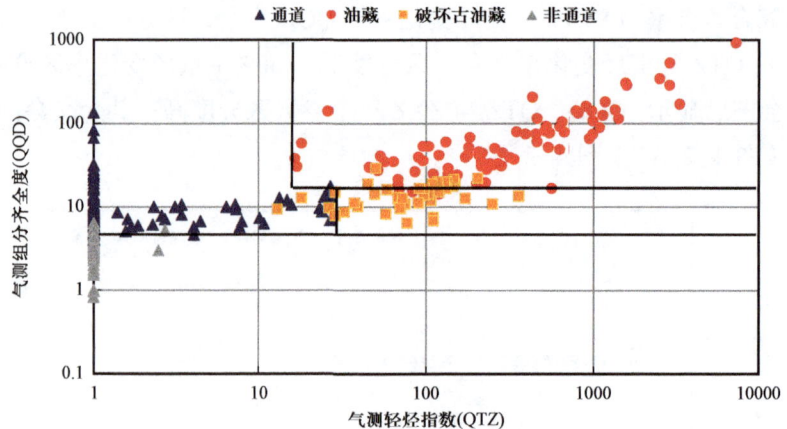

图 4-2-36　西山窑组 QTZ 与 QQD 交会图版（重构参数）

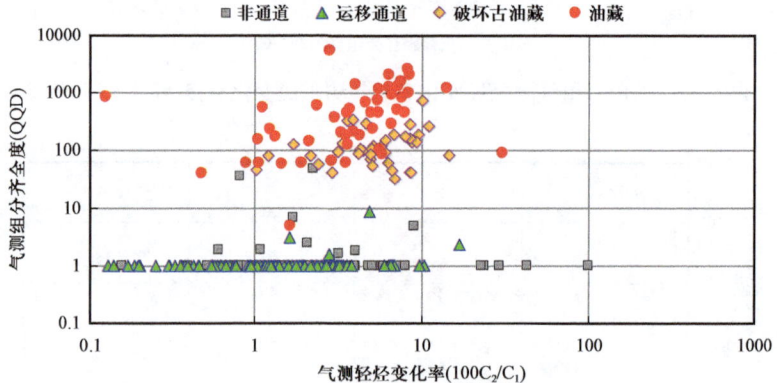

图 4-2-37　西山窑组气测轻烃变化率与 QQD 交会图版（重构参数）

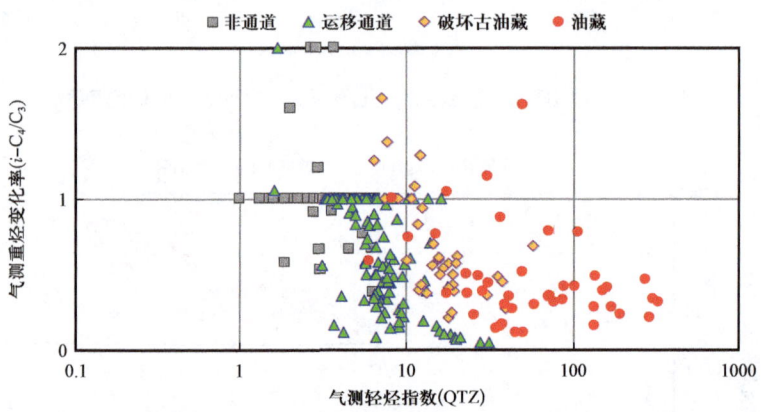

图 4-2-38　西山窑组 QTZ 与气测重烃变化率图版（重构参数）

  以形态法和重构参数图版为基础的 YCZ 与 ZXZ 交会图版符合率普遍高于 90%，符合率明显高于直接参数图版、重构参数图版（图 4-2-39 至图 4-2-41）。

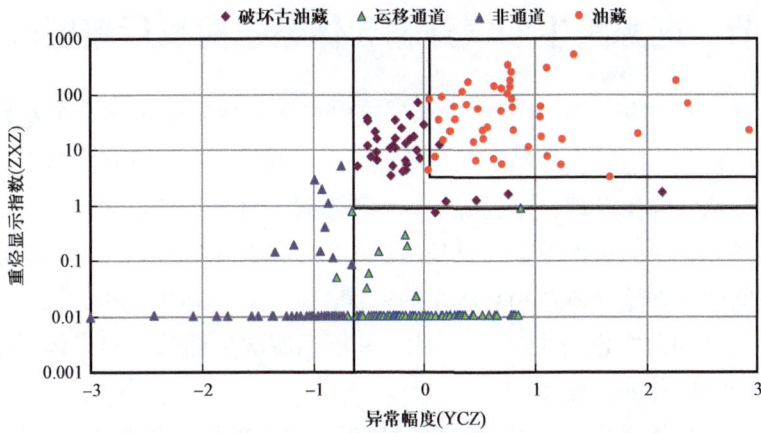

图 4-2-39　西山窑组四段优势运移通道识别图版

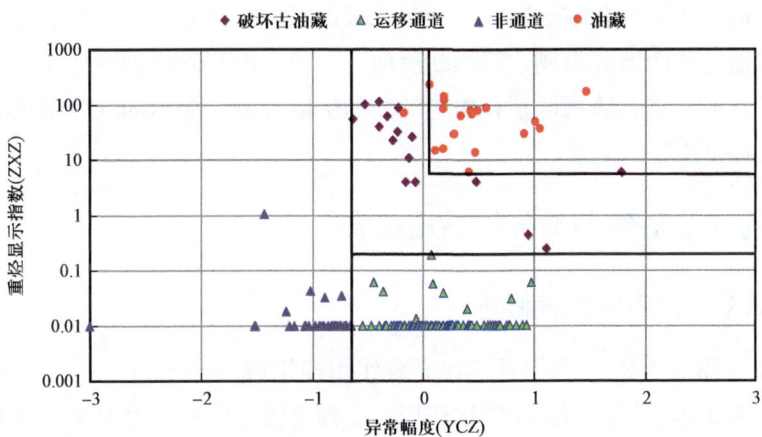

图 4-2-40　西山窑组二段优势运移通道识别图版

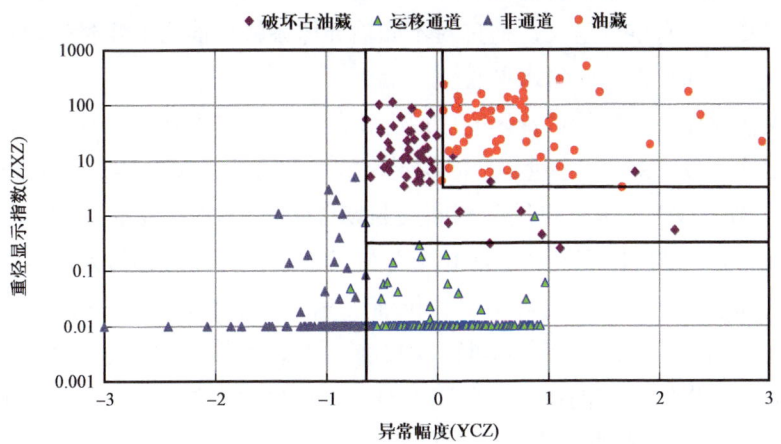

图 4-2-41　西山窑组优势运移通道识别图版

第三节　远源次生油气藏输导体系建模及运聚模拟技术

油气输导体系的建模和运聚模拟，不仅可以形象地展示输导体系的结构形态、定量表征输导体系的输导能力，模拟油气的运移路径、运聚方式等，还能对油气的有利聚集区进行预测，指导油气勘探发现，是远源次生油气藏输导体系研究必不可少的关键内容。但是，油气在输导体系中的运聚模拟一直是石油地质定量化研究的难题，传统地质建模技术不能在三维空间中建立输导体系相互联系的现状，油气定量运聚模拟方面，由于技术难度非常大，相关领域的研究也较少[57]。因此，开展远源次生油气藏输导体系建模和运聚模拟技术的前沿探索具有重要意义。

本节将阐述输导体系定量表征及油气运聚模拟技术的研究现状，并介绍几种新方法，包括断裂输导能力和特殊岩体输导能力的定量表征方法、三维输导体系混合网格建模方法，以及基于输导体系混合维数网格系统的三维油气追踪技术——特殊的侵入逾渗模拟技术。以准噶尔盆地陆西地区为例，刻画断层面、不整合面和砂体的输导作用，透视油气运移路径，模拟石油聚集、油藏调整和次生油藏的生成过程，揭示油气分布规律，以期为下一步勘探部署提供决策依据。

一、远源次生油气藏输导体系定量表征

1. 输导体系定量表征技术概述

输导体系将输导要素、成藏要素和成藏作用连接成一个整体，控制着油气成藏。然而，并非所有输导体系都起到正向输导作用，要判定输导体系是否对油气有输导作用，需要对输导体系的输导能力进行评价。断层、裂缝及特殊岩体（包括砂岩尖灭体、砂岩透镜体、砂岩扇体、不整合面下各种溶蚀岩体等）输导体系输导能力的定量表征，在研究油气运移、油气成藏中具有重要意义。通过对不同输导体系输导能力的定量表征，可以有效提高含油气系统分析和模拟的应用水平。

当前有关输导体系的定量评价研究已取得显著进展。在国外，1993 年，Lindsay 等[58]用断层页岩粘抹系数（SSF）定量评价断层封堵能力的方法；1997 年，Yielding 等[59]提出了用断层泥比例系数（SGR）定量预测断层封堵能力的方法。2006 年，我国学者陈占坤等[60]从沉积微相、成岩作用及孔隙演化史分析，确定古高孔渗砂体发育带，得出优势通道；2007 年，陈瑞银等[61]从成岩序列分析油气充注关键时期砂体古孔隙度，建立砂体输导格架，并对油气运移路径进行模拟；2012 年，罗晓容等[62]借鉴油田开发中储层描述的思想和方法，提出输导层的概念，以实现对油气运移通道的量化表征；吴东胜等[63]采用砂地比作为渗透性砂体输导性能评价参数，以断层启闭性作为输导性综合评价关键参数，建立三维砂体和断层分布的输导体系；2013 年，张立宽等[64]对断层连通性和启闭性

进行量化表征；同年，付广等[65]提出断层古侧向封闭性定量评价方法；2015年，林玉祥等[66]提出了输导体系的研究方法和步骤，认为古孔隙度恢复、古压力恢复、古构造恢复及成藏期分析是油气输导体系分析研究的关键技术，提出了输导体系分类方案和命名原则，建立了各类输导要素优劣的定量评价标准与赋值原则；同年，罗正江等[67]探讨了输导层、断层、不整合面及三者组合形成的复合输导体系的"三位一体"综合评价方法；2016年，宋明水等[68]以断层的启闭指数和砂体的输导指数表征综合输导性能，以烃源岩—圈闭的距离表征运移难度，结合其他因素，建立圈闭含油气性量化评价模型；高长海等[69]基于达西定律并结合关键影响因素建立不整合输导能力定量评价模型；2021年，刘化清等[70]利用砂体连通概率及砂地比参数定量评价砂体的输导能力；2023年，宫亚军等[71]利用常规流体运移模型结合油气运移相关特征建立砂体输导速率模型，对砂体的输导能力进行定量评价。

目前国内外关于断层及砂体、不整合面上下岩体的定量表征还存在一些不足。例如，现有的断层定量表征，其研究目标主要是对断层的表征，基本没有断层伴生裂缝的定量表征；在断层输导能力的定量表征上，主要通过测算封堵能力作为输导或连通的方向指标，通过计算断层页岩粘抹系数（SSF）和断层泥比例系数（SGR）来评价断层两侧储层的连通能力，裂缝主要采用定性或半定量方法表征连通性，评价不够精细。在输导能力展示方式上，现有方法基本都是采用评价值的大小来展示输导能力，不直观。对于特殊岩体输导能力的表征，目前的方法主要局限于研究一种特定的砂岩体，如连片的沉积砂体，在平面上研究砂岩体的连通或输导能力，采用连通或不连通两个值或者渗透率的大小来表征，其表征方法的维度和精细度都有待提升。

2. 远源次生油气藏输导体系定量表征新技术

远源次生油气藏输导体系类型多样，输导体系在油气成藏中的作用相比常规油气藏更为关键，基于现有输导体系定量表征方法的现状及不足，探索新的定量表征方法以及在远源次生油气藏输导体系上的应用，具有重要意义。下文将从断裂输导能力和特殊岩体输导能力两个方面提出新的定量表征方法，为输导体系建模和数值模拟打下基础。

1）确定断裂输导能力参数新方法

本书介绍了一种确定断裂输导能力参数的新方法，该方法通过设计边网格刻画地质剖面断裂体系输导能力模型，包括断层边网格和裂缝边网格。通过测算断层的封闭能力（即断层泥比例系数）来换算输导能力；通过统计建立裂缝连通率的分布，采取随机抽样方式确定裂缝输导能力，在地质剖面上绘制出定量、可视化的断裂边网格输导能力表征图，为开展油气运移、油气成藏、含油气系统及盆地分析模拟技术提供重要的手段。该方法主要包括6个步骤。

第一步：采用地质剖面自然网格剖分方法，构建二维地质剖面若干个网格的自然网格组合，在该组合中包括地层网格和边网格（图4-3-1），并用相关参数来识别地层网格和边网格。在所有网格中，用字符记录特征值，即输导能力。

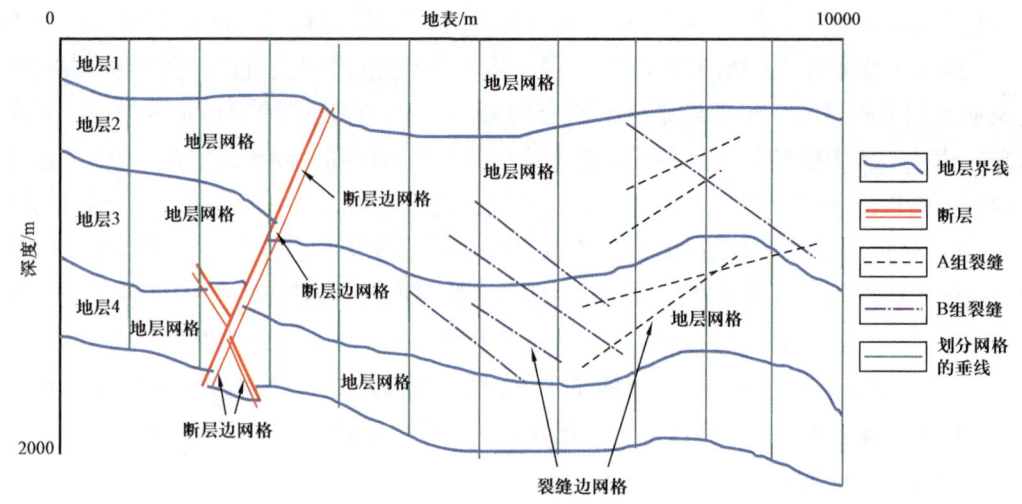

图 4-3-1 地质剖面自然网格示意图

图中可见网格都是地层网格（包括地层界线与断层线、裂缝线、垂线相交形成的多边形网络）；
边网格（包括断层边网格和裂缝边网格）只用线表示，图形上只有线段，看不见网格

第二步：计算断层输导能力。通过测算断层的封闭能力（即断层泥比例系数）来换算输导能力，通过对断层输导能力（即断层连通的概率）、断层泥比例系数（即在断距范围内泥页岩累计厚度占地层厚度的比例）等参数的统计分析，将每条断层各段输导能力的计算结果记录在数组中。

第三步：进行裂缝输导能力计算。通过岩心观察、野外地质露头考察和测井解释结果分析，统计出裂缝的组数以及封闭裂缝和连通裂缝各占总裂缝的百分比，采取随机抽样方式确定裂缝输导能力，将每组裂缝中各裂缝输导能力的计算结果记录在数组中。

第四步：分段精细表征断层输导能力。对每条断层产生的多个边网格分别进行定量表征，每个边网格赋给各自的输导能力值。

第五步：分组逐条表征裂缝输导能力。对每组裂缝产生的所有边网格分别进行定量表征，同一条裂缝的边网格赋给同一个输导能力值。

第六步：将断裂输导能力值按大小分为若干个级别，每个级别给定一个颜色，在地质剖面上将所有边网格的输导能力绘制出来，形成定量、可视化的断裂输导能力表征图。

2）刻画特殊岩体输导能力新方法

本书介绍一种刻画特殊岩体输导能力新方法，该方法是将地质剖面进行数字化处理，形成一组地层界线和若干组特殊岩体包络线；采用地质剖面自然网格剖分方法，构建二维地质剖面自然网格组合，通过统计特殊岩体的垂向渗透率和顺向渗透率，并建立三角分布。通过随机抽样方法对特殊岩体网格进行渗透率赋值，充分考虑地层倾角的影响，建立定量化的输导能力评价模型，用评价模型计算输导能力。将输导能力分为若干个级别，每个级别给定一个颜色，在地质剖面上将所有特殊岩体网格的输导能力绘制出来，形成定量、可视化的输导能力表征图。该方法具体包括以下7个步骤。

第一步：将地质剖面进行数字化处理，形成一组地层界线和若干组特殊岩体（砂岩尖灭体、砂岩透镜体、砂岩扇体、不整合面下各种溶蚀岩体等）包络线（图4-3-2）。

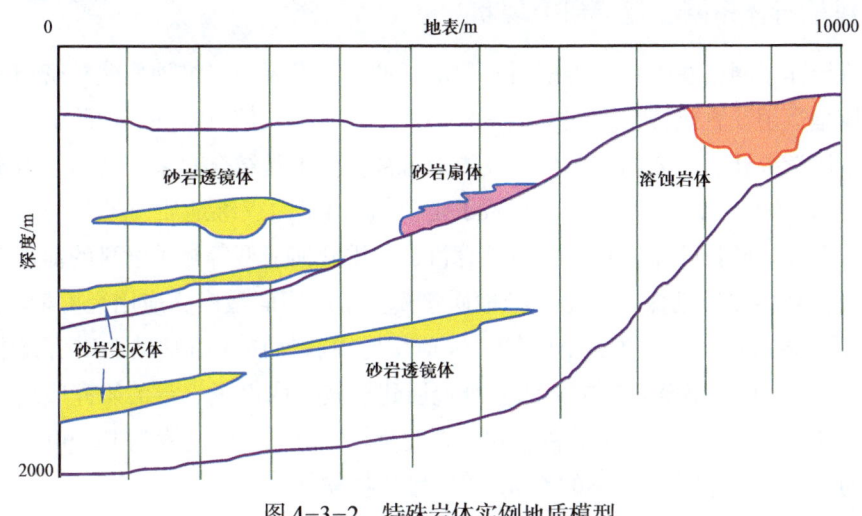

图4-3-2　特殊岩体实例地质模型

第二步：采用地质剖面自然网格剖分方法，构建二维地质剖面若干个地层网格的自然网格组合。自然网格组合包括普通地层网格和特殊岩体网格两大类，并加以区分。在所有网格中，记录垂直层面方向的渗透率和顺层方向的渗透率及相应输导能力。

地层网格是由地层界线、特殊岩体包络线和人为划分的垂直线三者相互之间的求交形成的所有实体网格；特殊岩体网格是指由特殊岩体构成的地层网格，通过识别不同类型的岩体来构建该网格，包括砂岩尖灭砂体、砂岩透镜体、砂岩扇体和不整合面下各种溶蚀岩体等。普通地层网格是指除了特殊岩体网格以外的所有地层网格。

第三步：依据测井解释数据、岩心实验数据、野外岩石测试数据，按砂岩尖灭体、砂岩透镜体、砂岩扇体、不整合面下各种溶蚀岩体，统计各自垂向和顺层渗透率的最小值、最大值和平均值。

第四步：依据每类岩体渗透率的最小值、最大值和平均值分别建立四类岩体的三角分布。对每类岩体的三角分布做若干次随机抽样，获得四组随机数（渗透率），并分别保存。

第五步：按网格的排序遍历各类岩体网格，并赋予相应的数据。求解各个网格的垂直层面方向的渗透率和顺层方向的渗透率。

第六步：计算输导能力相对值。输导能力与渗透率成正比，与油气所处位置的浮力成正比，因浮力与地层倾角有关。因此，以垂直层面方向的渗透率、顺层方向的渗透率和地层倾角作为主要参数，建立特殊岩体输导能力评价模型，用于表征输导能力的相对大小。

第七步：将输导能力分为若干个级别，每个级别给定一个颜色，在地质剖面上将所有特殊岩体网格的输导能力绘制出来，形成定量、可视化的输导能力表征图。

二、三维输导体系混合网格建模方法

1. 三维输导体系网格建模研究现状

三维输导体系网格建模是三维地质建模的延伸，其发展与三维地质建模密切相关。三维地质建模是运用计算机技术，在虚拟三维环境下，将空间信息管理、地质解译、空间分析与预测、地学统计、实体内容分析以及图形可视化等工具结合起来，并用于地质分析的综合技术[72]。1993年，加拿大学者Houlding[73]提出了"三维地质建模"概念，三维地质建模技术在日益增长的需求牵引以及计算机、三维几何造型等相关学科的促进下，得到了快速发展，其中油气勘探行业是三维地质建模技术应用面最广、应用程度最深的行业。2000年以后，Petrel、RMS、GoCAD等三维地质建模软件在油田基础地质研究中得到广泛的应用[74-75]。2005年至今，中国的三维地质建模技术取得了一定的研究成果，推出了一些应用软件，如北京网格天地软件公司依托北京航空航天大学开发的DeepInsight、中国地质大学的GeoView和北京大学的GSIS等三维建模软件[76-77]。

在三维地层网格建模方面，现有研究主要集中在输导体系的描述、刻画及有效性评价等方面，而在输导体系建模方面的研究较少。与输导体系建模相关的研究包括以三维地震属性作为约束进行的砂体随机建模[78]和以三维地震断层面解释数据点为基础进行的断层面形态建模[79]。这两类建模各自采用自己的网格系统，彼此之间没有关联。严格地讲，目前国内外还没有针对输导体系网格建模而研发的技术。输导体系网格建模，可以从根本上提高油气运聚模拟的效率和计算精度。在三维地质体中，输导体，特别是断层面和不整合面，所占的体积比例很小，其与周围地层的参数差异较大，只有将其单独划分出来，才能准确赋予相关参数值。若采用传统的三维地层网格建模方法（断层、不整合面被包含在地层网格中），无法单独对断层面、不整合面赋予参数，也不能保持断层面、不整合面原有的自然形态，可能使输导方向和输导能力发生变化。

2. 三维输导体系混合网格建模方法

针对传统的三维地层网格建模方法无法单独对断层面、不整合面赋参数及保持断层面、不整合面原有的自然形态，可能使输导方向和输导能力发生变化等问题，提出一种三维输导体系混合网格建模方法。该方法包含三个主要步骤。

第一步：改进了网格建模的思路，提出面网格处理方法。被断层切割的地层网格由地层体A、地层体B和断面C构成，对于被断层切割的地层网格[图4-3-3（a）、图4-3-3（b）]通常有两种处理方法：（1）在地质体建模时忽略断层的存在，即网格形态和体积不变，但在孔隙度、渗透率等属性建模时将断层的因素考虑进去[图4-3-3（c）]；（2）在地质体建模时考虑断层的存在，将断层两侧的地质体分为两部分建模，同时在孔隙度、渗透率等属性建模时也将断层两侧分开处理[图4-3-3（d）]。

三维输导体系混合网格建模方法在常规处理方法的基础上，提出了第3种处理方法。

在地质体建模时考虑断层的存在，将断层两侧的地质体分为两部分进行建模，形成地层网格。另外，将断层面作为第 3 网格，称为面网格 [图 4-3-3（e）]。此时，网格体系已不是原来的单一地层网格（三维体网格），还存在面网格（二维面网格），因此称为混合维数网格系统（以下简称混合网格系统）。

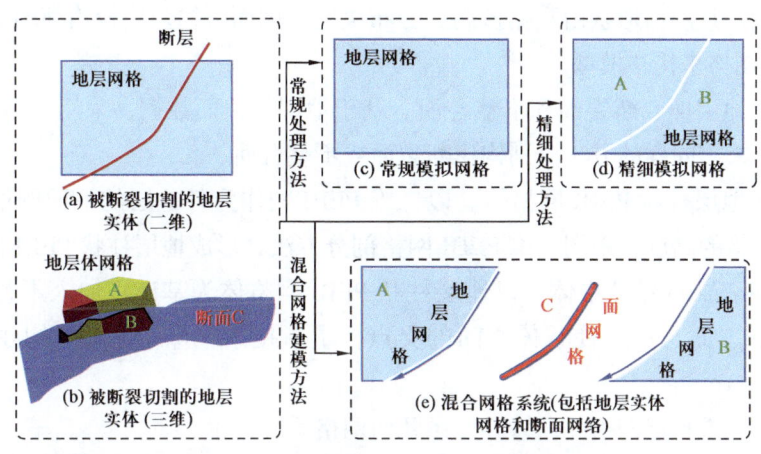

图 4-3-3 混合维数网格系统建模思路

对于不整合面处理方法，如果不整合输导体厚度足够厚，需要在纵向上细分网格，此时，将不整合输导体看作一般地质体，然后采用常规方法进行网格建模，此时的不整合网格类型为体网格（地层网格），而不是面网格。如果不整合输导体厚度较薄，相对于地质体总厚度不需要在纵向上细分网格，此时，采用以上断层混合网格处理方法，这里不再赘述。

第二步：三维地质体自然网格剖分。目前，国内外在三维地质建模中主要采用三角网格剖分、角点网格剖分、垂直平分（Perpendicular Bisection，PEBI）网格剖分等重要方法。为了更好地刻画断层面、不整合面等输导体系的孔隙度、渗透率、孔喉半径等地质参数，提出了一种自然网格剖分方法，具体如下（图 4-3-4）：

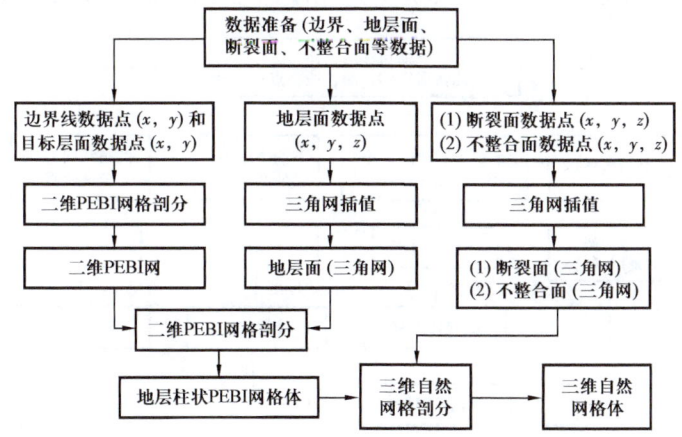

图 4-3-4 三维地质体自然网格剖分过程（x、y、z 分别为三维空间上 x、y 和 z 方向的坐标）

(1)数据准备。构建三维网格体的格架参数,包括研究区边界点数据、地层构造面数据、断裂面和不整合面分布数据。

(2)形成平面二维 PEBI 网。PEBI 网格又称垂直平分网格,即网格中心点与所有相邻网格中心点的连线均垂直平分通过相应的网格边线。单个网格可以是三角形、四边形、五边形和六边形,其网格形状由数据控制点分布决定,因而可构建出较均衡的分布,因此本书采用 PEBI 网格来构建模型。

(3)构建地层面、断裂面和不整合面。基于地层构造面数据,采用三角网插值方法,形成地层面;采用同样的方法分别构建断裂面或不整合面。

(4)形成地层柱状 PEBI 网格体。以二维 PEBI 网作为各地层的平面网格,以地层厚度作为柱状网格的高度,采用三维 PEBI 网格剖分方法,形成地层柱状 PEBI 网格体。

(5)构建三维自然网格体。以地层柱状 PEBI 网格体为基础,加入不整合面和断裂面,求面与面、面与地层柱状体之间的交点,重新搜索、排序,最终构建三维自然网格体。

第三步:三维自然网格体向输导体系几何网格系统转化。

在三维自然网格体中包含几何网格体、面、线和点等要素。面网格由断层面网和不整合面构成,初始断层面和不整合面都没有厚度,只有赋予一定厚度(根据实际厚度给定)后,面网格才具有体积,此时面网格类似于薄板。线网格是由任意两个面网格单元相交形成的线段。当面网格单元给定厚度后,线网格类似于细针(或管线)。线网格是沟通两个面网格单元的枢纽,是油气从一个面网格单元通向另一个面网格单元的必经之路。点网格是由任意两个线网格单元相交形成的交点。当线网格单元有宽度时,点网格单元类似于小球(或管线"四通"的转换接口)。点网格是沟通两个线网格单元的枢纽,是油气从一个线网格单元通向另一个线网格单元的必经之路。

通过对各要素的转换,完成输导体系建模(图4-3-5),具体如下:(1)几何网格体(即地层实体网格)直接转化为体网格(也称为地层网格)。(2)由来源于断裂面和不整合面的面构成面网格(图4-3-6)。(3)由两个面的公共交线构成线网格(4-3-6)。

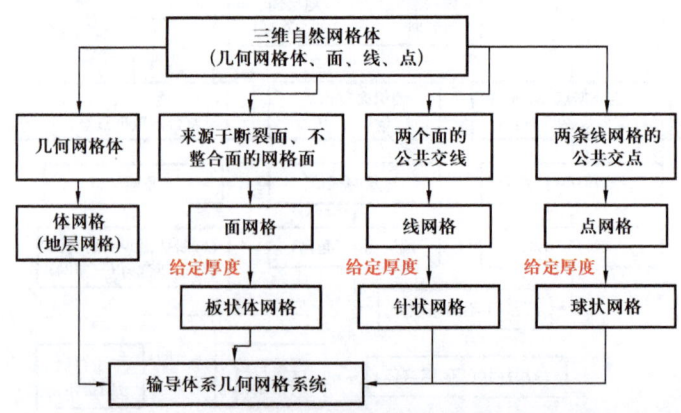

图 4-3-5 自然网格向输导体系几何网格转化过程

（4）由两条线网格的公共交点构成点网格（4-3-6）。（5）面网格给定厚度后，形成板状体网格；线网格给定厚度后，形成针状网格；点网格给定厚度后，形成球状网格。（6）将以上4类网格组合在一起，按规则进行编排，形成三维输导体系网格体。

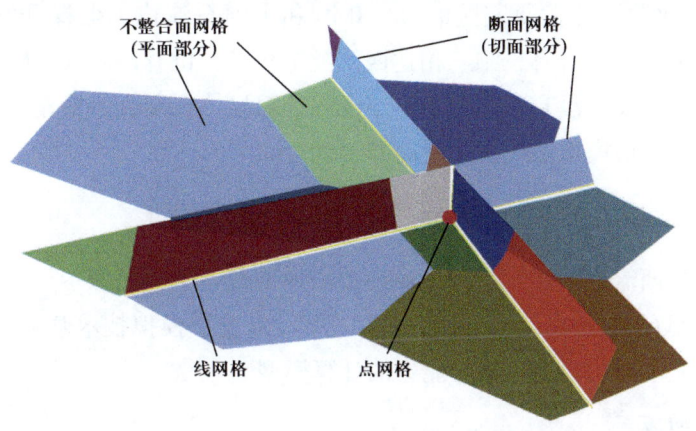

图 4-3-6　面网格、线网格和点网格图例（不同颜色表示不同网格）

三、油气运聚模拟技术

1. 油气运聚模拟技术研究现状

油气运聚模拟主要有3种方法，即二维流线法、侵入逾渗法和三维多相达西流法[80-85]。其中，三维流线法适用于二维构造面上的油气运聚模拟，仅能模拟构造型油气藏的运聚；侵入逾渗法主要用于模拟油气运聚路径，既可在二维空间，也可在三维空间使用。以上两种方法都要求地质模型是静态的，模拟网格不变。三维多相达西流法是各种运聚定量模拟技术中考虑因素最全面、技术较成熟的方法[86]，其有3种核心算法，即有限元法、有限体积法和有限差分法。基于有限体积法的油气运聚三维模拟技术在国内外已开展了许多研究。2001年，冯勇等[87]研究了 PEBI 网格和有限体积法相结合的方法，但应用效果不明显；2003年，石广仁等[80]对该方法进行了改进；2009年，Hantschclh等[81]对该技术进行了较深入的研究；2010年，石广仁等[82]发展了基于 PEBI 网格的有限体积法，并在库车坳陷进行了应用，取得了初步应用实效。郭秋麟等[85]从地质模型的建立、渗流方程的构建、传导率的全张量计算、牛顿法迭代稳定性与计算效率的提高等方面，研发了基于有限体积法的油气运聚三维模拟技术，初步解决了地层非均质性、断层等引起的渗流特定性及混合岩性等地质难题。该技术在南堡凹陷的应用取得了良好效果。

侵入逾渗模拟技术的发展相对较晚。1983年，Wilkinson等[88]提出了一种新的逾渗理论；2000年，Meakin等[89]从实验和数值模拟角度研究侵入逾渗和二次运移机理，Carruthers等[90]运用改进的侵入逾渗技术模拟了流体运移；2007年，周波等[91]运用侵入逾渗模型探讨了油气运移路径变化规律；2009年，Hantschelh等[89]对侵入逾渗技术做了详细的介绍；同年，石广仁[86]介绍了侵入逾渗法的技术背景、技术方法、应用效果，并提出了改进意见；2013年，郭秋麟等[92]提出3D-IP模型，并用于模拟油气运聚。

现有的国外三维油气运聚模拟商业软件主要有PetroMod、Temis Suite、Trinity等，中国主要有中国石油勘探开发研究院的BASIMS和中国石油化工勘探开发研究院的TSM等。该类软件的模拟技术既有三维三相达西流模拟技术，也有侵入逾渗模拟技术，均采用单一的三维地层网格体，没有断裂面和不整合面等输导体系混合网格作为支撑。因此，难以在三维空间上有效地模拟油气在断裂面和不整合面中的运聚。

2. 基于输导体系混合维数网格的三维油气运聚模拟

与三维三相达西流模型相比，侵入逾渗数值模型较简单，模拟参数较少，使得技术适用性大幅提高，目前应用较广。本书在原有三维侵入逾渗模拟技术基础上[88-92]，采用浮力流模式，并补充了断层面网格输导能力的计算模型。

1）油气流动方式

采用浮力流模式，即指油气在密度差作用下在地层孔隙水中上浮，一般呈断续状流动，因此很难用达西公式定量表示[93]。浮力流分为自由上浮和限制性上浮两种。

自由上浮（无阻流动）是指油珠、气泡在上浮过程中不受毛细管阻力的限制而自由上浮。发生无阻流动主要有以下几种情况：当孔隙介质的通道直径大于油珠、气泡时才可能发生；当油气从小孔喉向大孔喉方向流动时，毛细管阻力起到助推力的作用，此时油气不受毛细管阻力的限制而自由流动；之前油气已流动过，路径已被润湿（亲油），或者孔隙中含油气饱和度已达到最低运移饱和度。

由于岩石组成和通道孔径的不断变化，油珠、气泡在运移过程中不可能总是畅通无阻，因此当其上浮受阻时，就要等待后续油气流体的补充以增大其浮力，才能克服因油气流体变形而产生的毛细管阻力，才能继续上浮，这就是限制性上浮。这是一种不连续的运移过程，在此过程中，油气能够克服毛细管阻力继续运移所需的最小油（气）柱高度称为临界高度。

2）油气运移的驱动力和阻力

在浮力流模式中，油气运移的驱动力为浮力，计算公式为：

$$F = V(\rho_w - \rho_{hc})g$$

式中，F为浮力，N；V为连续油（或天然气）的体积，m³；ρ_w为地层水的密度，kg/m³；ρ_{hc}为地下油（或天然气）的密度，kg/m³；g为重力加速度，取值9.8m/s²。

在浮力流模式中，油气运移的阻力为毛细管力，计算公式为：

$$p_c = 2\sigma\cos\theta(\frac{1}{r_2} - \frac{1}{r_1})$$

式中，p_c为毛细管压力，Pa；σ为界面张力，N/m；θ为润湿角度，（°）；r_1和r_2分别

为当前位置（网格单元）和待流入网格单元的岩石孔喉半径，m。

对于断层面网格，其输导能力还可通过断层泥比例系数 SGR 来判断[59]。换算输导能力的公式如下：

$$P_{mig} = \begin{cases} 0 & SGR \geqslant SGR_{close} \\ 1 & SGR \leqslant SGR_{open} \\ 1 - \dfrac{SGR - SGR_{open}}{SGR_{close} - SGR_{open}} & SGR_{open} < SGR < SGR_{close} \end{cases}$$

式中，SGR 为断层泥比例系数，即断距范围内泥页岩累计厚度占地层厚度的比例，值为 0~1，值越大封闭性越好，连通性越差[60]；SGR_{close} 和 SGR_{open} 分别代表断层封闭和连通对应的 SGR 值，不同地区 SGR_{close} 和 SGR_{open} 大小不同，以渤海湾盆地沙河街组为例，SGR_{close} 为 0.85，SGR_{open} 为 0.18；P_{mig} 为断层输导系数，即断层连通的概率，P_{mig} 值为 0~1，0 代表封闭，1 代表连通。

3）油气运移路径追踪原则

不管是地层网格、面网格、线网格还是点网格，在路径追踪过程中均以网格单元中心点海拔高程为参照点。两个相邻网格单元之间，海拔高程相对高的网格单元简称为高网格，海拔高程相对低的网格单元简称为低网格。

（1）总原则。在自由上浮条件下，两个相邻网格单元之间，油气从低网格单元流动到高网格单元，流动过程不受网格类型限制。在限制性上浮条件下，在油气向前流动遇到障碍而停止后，当后续油气流体的补充将其浮力增大到能够克服阻力时，油气从最小阻力的网格单元突破，并向前流动。流动过程不受网格类型限制，流动方向不取决于网格高低，只取决于阻力大小。

（2）阻力相等时的优先原则。根据侵入逾渗模型的基本法则[81, 86]，油气运移仅沿着最小阻力方向前进，只有遇到阻力大于浮力时才会停止前进，当后续油气使油气柱高度满足浮力克服阻力时，才会继续前行或改变方向前行。当前方多个方向的阻力相等且均小于浮力（出现的概率小），此时需要确定优先原则。优先原则可以由软件随机确定，也可以依据不同情况凭经验给定。本书中选择优先进入面网格的原则。

4）运移路径中可流动油气量的计算

在油气向前流动遇到障碍而停止后，需要计算运移路径中可流动油气量，即油气流体的补充量，并计算补充后新的油气柱高度及其浮力大小，从而判断油气流体是否突破阻力继续向前运移。显然，在浮力流模式中，可流动油气量的计算是追踪油气运移路径的关键技术。

为了计算可流动油气量，提出了溯源算法，如图 4-3-7 所示。以图 4-3-8 为例，解释溯源过程。图 4-3-8 中溯源起点是指正在追踪的当前网格单元。

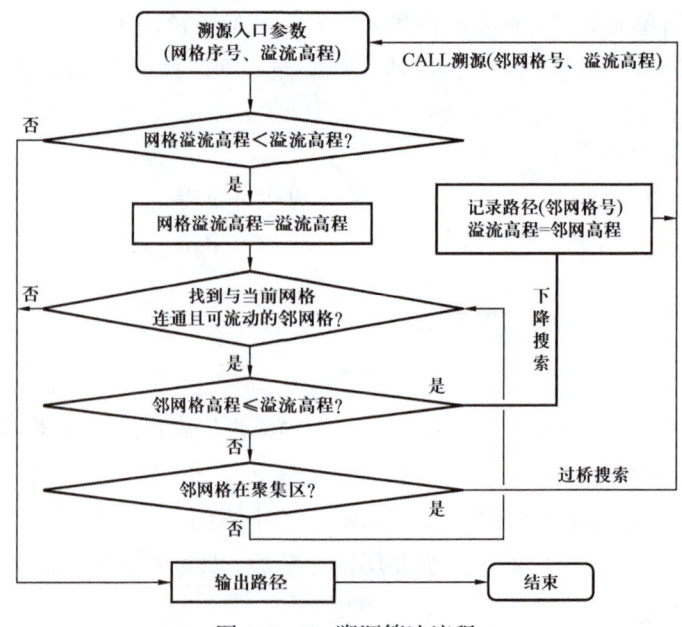

图 4-3-7 溯源算法流程

从溯源起点出发，按向下和向左两条路径追踪。其中，向下路径经过桥形聚集网格区，在溯源过程中需要进行特殊处理；向左路径出现分岔与合并情况，在溯源过程中需要解决多源与分流的问题。

溯源结束后，按溢流高程由大到小对所有可流动网格（含有可流动油气的网格）进行排序，并输出所记录的网格号。然后，按网格号查找所有可流动网格的孔隙度和含油气饱和度，并计算出所有可流动油气的体积。

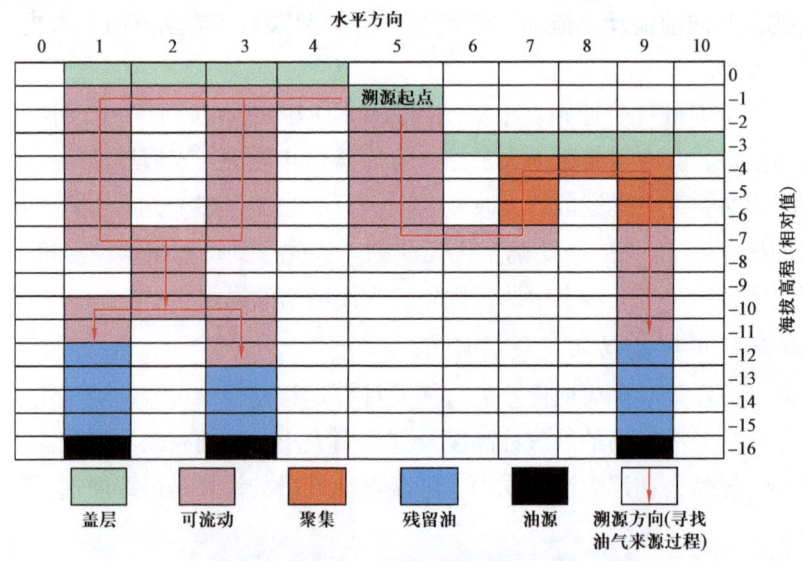

图 4-3-8 溯源过程及路径示意图
残留油为有残留油气的网格

5）油气聚集量与残留量的计算

（1）油气聚集区确定。以上溯源过程中，经过了油气聚集区（即聚集网格单元群，如图4-3-8所示）。通过搜索，将含油气饱和度达到常规油气藏含油气饱和度（不低于油气运移最低饱和度）且油气被圈闭围限的网格群，确定为油气聚集区。

（2）油气聚集量的计算。在追踪完成后，此时整个三维地质体所有网格中的含油气饱和度均处于相对稳定状态（暂时不变）。根据此时的孔隙度和含油气饱和度，逐一计算聚集网格单元群中的油气体积，并累计得到全部油气聚集体积。计算公式如下：

$$\begin{cases} C_k = \sum_{i=1}^{n} V_i \phi_i s_i \\ Q_A = \sum_{k=1}^{m} C_k \end{cases}$$

式中，C_k 为第 k 个聚集区（聚集网格单元群）的油气聚集量，m^3；Q_A 为所有聚集区的油气聚集总量，m^3；m 为聚集区个数，个；n 为第 k 个聚集区中网格单元数，个；s_i 为第 k 个聚集区中第 i 个网格单元的含油气饱和度，%；V_i 为第 k 个聚集区中第 i 个网格单元的体积，m^3；ϕ_i 为第 k 个聚集区中第 i 个网格单元的孔隙度，%。

（3）运移路径中油气残留量的计算。在追踪完成后，将整个三维地质体所有网格中含油气饱和度不大于最低油气运移饱和度的网格单元，称为残余油气网格单元群。与计算聚集量的方法相同，根据此时的孔隙度和含油气饱和度，逐一计算残余油气网格单元群中的油气体积，并累计得到全部油气残留体积。

3. 模拟技术应用实例

1）研究区地质背景

以准噶尔盆地陆西地区为例，应用基于输导体系混合维数网格的三维油气运聚模拟技术。研究区位于准噶尔盆地陆梁隆起西侧［图4-3-9（a）］，包括夏盐凸起、达巴松凸起东北部和三个泉凸起西部，东南部紧邻盆1井西凹陷和二南凹陷，西北部与玛湖凹陷、英西凹陷相接，面积为3502km²［图4-3-9（b）］。目的层为侏罗系和白垩系，烃源岩为二叠系下乌尔禾组。

陆西地区的输导体系包括断层、砂砾岩输导体及不整合面输导体。

（1）断层输导体。研究区主要发育5期断裂体系，共94条断层（海西期18条，早燕山期23条，中燕山期23条，晚燕山期13条，喜马拉雅期17条）。其中，切割下白垩统和侏罗系的断层主要是燕山期的断层（图4-3-10）。这些断层在不同地质时期起着不同的作用，有时作为通道，有时作为遮挡层。

（2）砂砾岩输导体。侏罗系与白垩系发育水下分流河道、分流间湾、席状砂、滩坝和滨浅湖沉积环境。其中，水下分流河道和滩坝的砂岩、砾岩是最重要的输导层（图4-3-9）。

（3）不整合面输导体。侏罗系与白垩系之间的不整合面是控制油气运移的关键不整合。在东北侧，坡度较大，剥蚀时间较长，不整合面具有较好的输导能力。

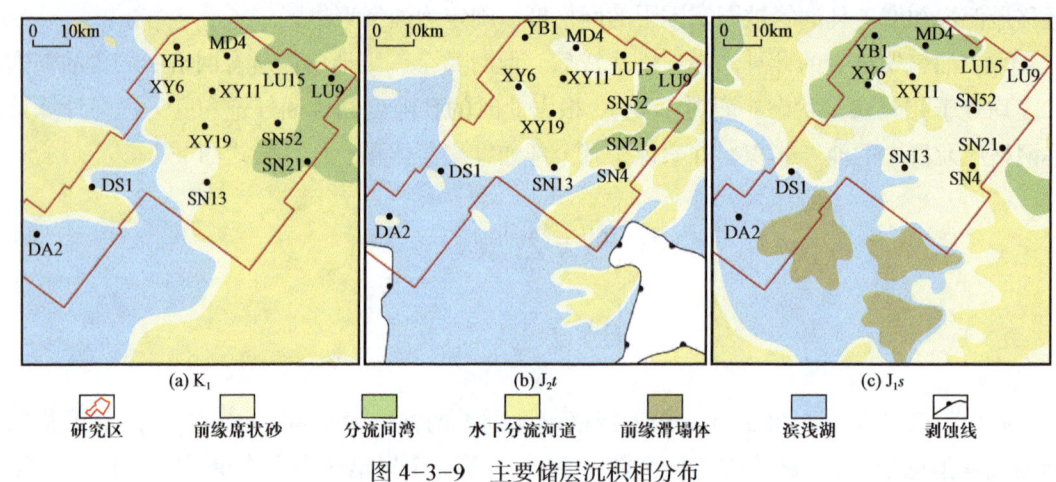

图4-3-9　主要储层沉积相分布

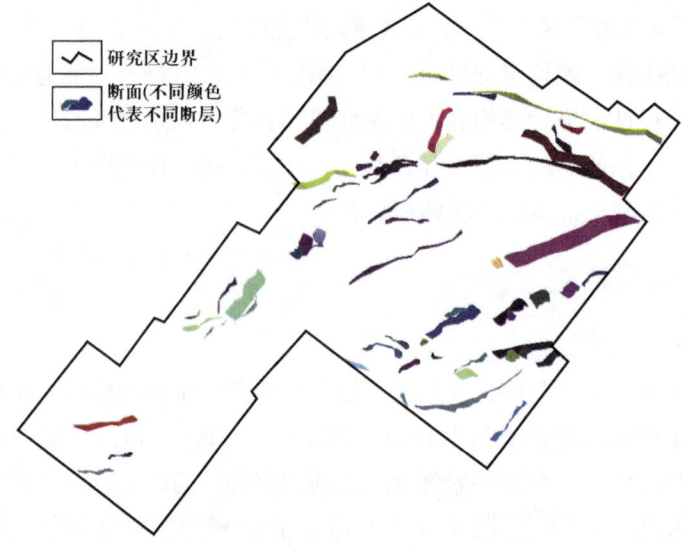

图4-3-10　燕山期断层面平面投影

2）模拟过程及结果

（1）模拟网格与关键参数。

研究区模拟关键参数：平面模拟网格2884个，面积为3502km²，地层数为11层，内插4个小层，共15个模拟层、59条断层（图4-3-11）。构成的总网格数为54406个，其中体网格45972个，面网格7884个，线网格549个，点网格1个。

关键参数包括孔隙度、孔喉半径、生烃强度等。除了对地层体网格进行属性（参数）赋值外，还需要单独对每个断层面网格和不整合面网格进行属性赋值（图4-3-12）。只有细致地对每个断层面和不整合面网格进行个性化赋值,才能实现输导体系建模的最佳效果,从而提高三维油气运移模拟结果的可靠性及精度。

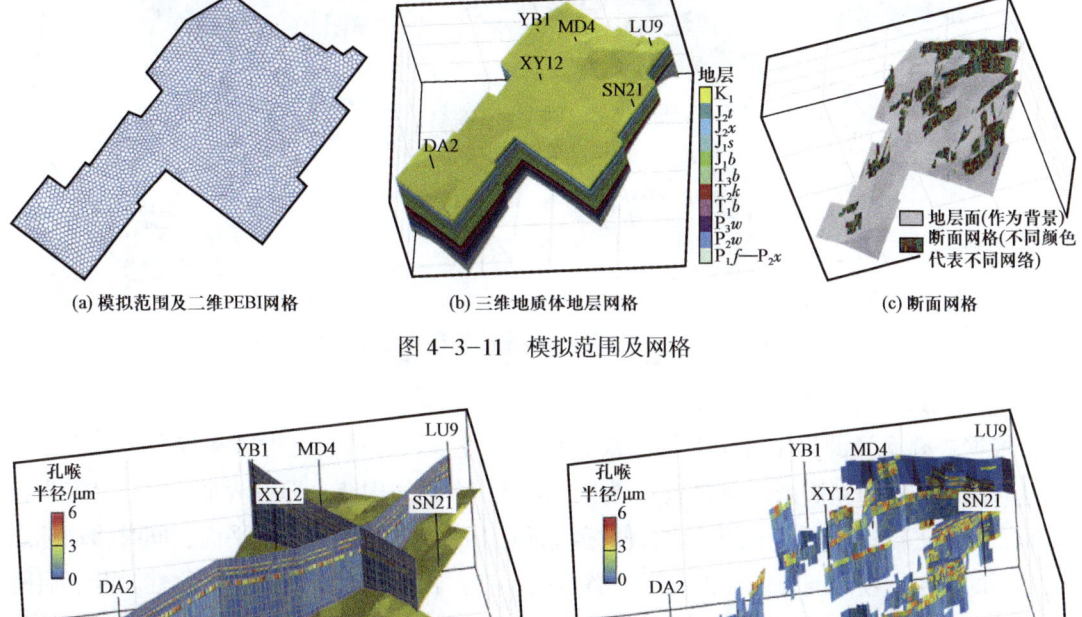

图 4-3-11 模拟范围及网格

图 4-3-12 模拟网格参数

(2) 模拟结果。

准噶尔盆地陆西地区的应用实例显示,基于输导体系混合维数网格的三维油气运聚模拟技术能够有效刻画断层面、不整合面和砂体的输导作用,透视油气运移路径,模拟石油聚集、油藏调整及次生油藏的形成过程,揭示油气分布规律,指出古油藏附近和运移路径所覆盖的区域是油气分布有利区。

① 断层及断层面网格的输导作用。

图 4-3-13 展示了 59 条断层及石油通过断层面网格的信息。在图 4-3-13 (a) 中,断层面上红色网格为具有残余油饱和度的网格,即指石油运移过程中曾经通过的断层面网格;图 4-3-13 (b) 中的红色网格与图 4-3-13 (a) 中的红色网格相同,都是指石油运移过程中曾经通过的断层面网格;图 4-3-13 (b) 中浅蓝色线为石油运移路径,从中可以发现,断层面的输导作用明显,既起垂向输导作用(垂向运移),也起侧向输导作用(包括顺断层侧向运移和横穿过断层运移)。

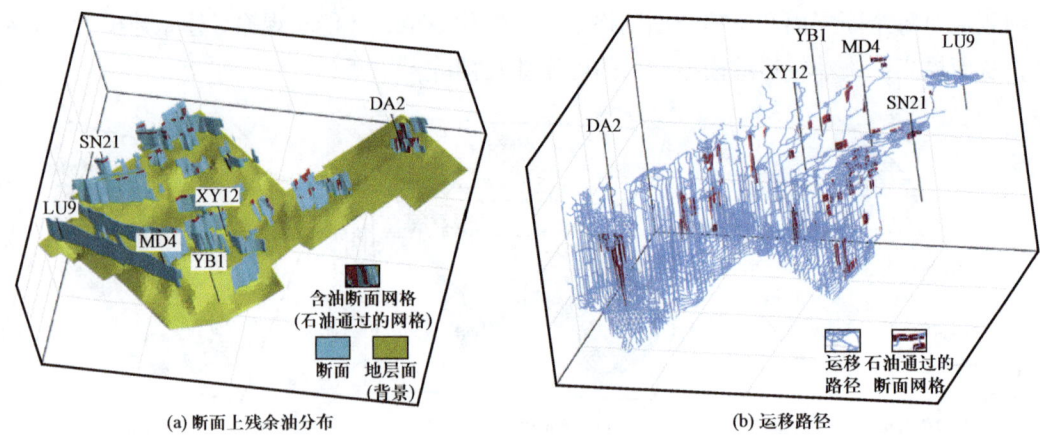

图 4-3-13 断层面上残余油分布及运移路径

② 古构造恢复及古油藏模拟结果。

根据二叠系烃源岩生烃史及构造演化史的研究,认为早白垩世末和现今时刻为成藏关键时刻。采用回剥法恢复早白垩世清水河组沉积末期的构造,即将清水河组顶界定为标志面,回剥去掉标志面之上的地层,使标志面处于海拔高度为 0 的水平面,同时移动标志面之下的地层,使之与标志面的相对位置保持不变。古油藏形成时的储层物性和断层启闭性,一般难以确定。实例中,储层物性是按现今值统一乘以一个系数实现的;断层启闭性,初始设为开启。在模拟过程中,如果发现模拟结果明显偏离现今油藏分布,此时再将相关断层调整为封闭。

早白垩世末(关键时刻)的模拟结果揭示,此时侏罗系较为平缓,来自南侧盆 1 井西凹陷和西南侧玛湖凹陷的油源,侧向运移距离较近,大部分石油主要聚集在西南部和东南部的侏罗系中,形成古油藏(图 4-3-14)。

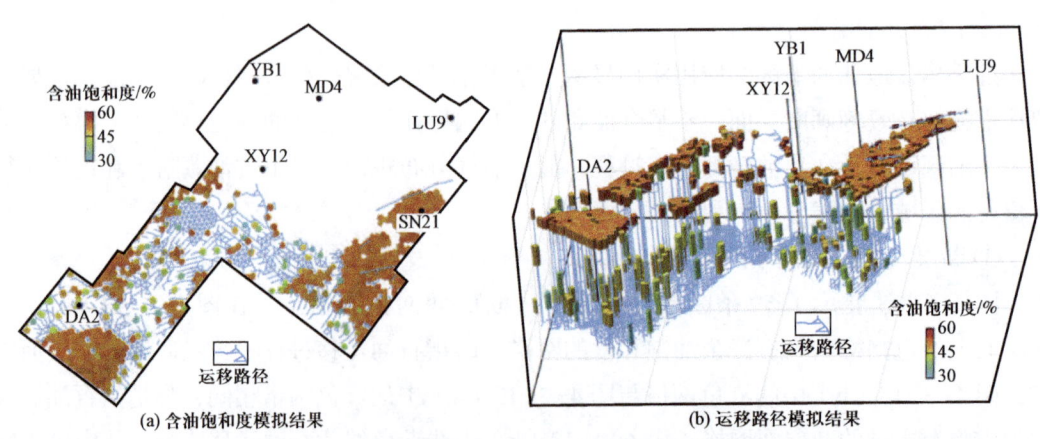

图 4-3-14 早白垩世末含油饱和度及运移路径模拟结果

③ 古油藏调整及后续石油聚集的模拟结果。

侏罗系经过进一步埋藏及后续的构造运动后,地层坡度变陡、倾向朝东南偏移,圈闭形态及幅度发生变化，引发古油藏调整。现今时刻的模拟结果揭示，古油藏调整后演变为现今的 SN21 油藏和 SN4 油藏，这两个油藏探明地质储量合计超过 $6000 \times 10^4 t$。

④ 现今时刻运移路径及石油聚集模拟结果。

除了古油藏调整及后续聚集模拟外，现今时刻的模拟揭示存在 3 组向上（向北侧）的主要运移路径 [图 4-3-15（b）、图 4-3-16]。

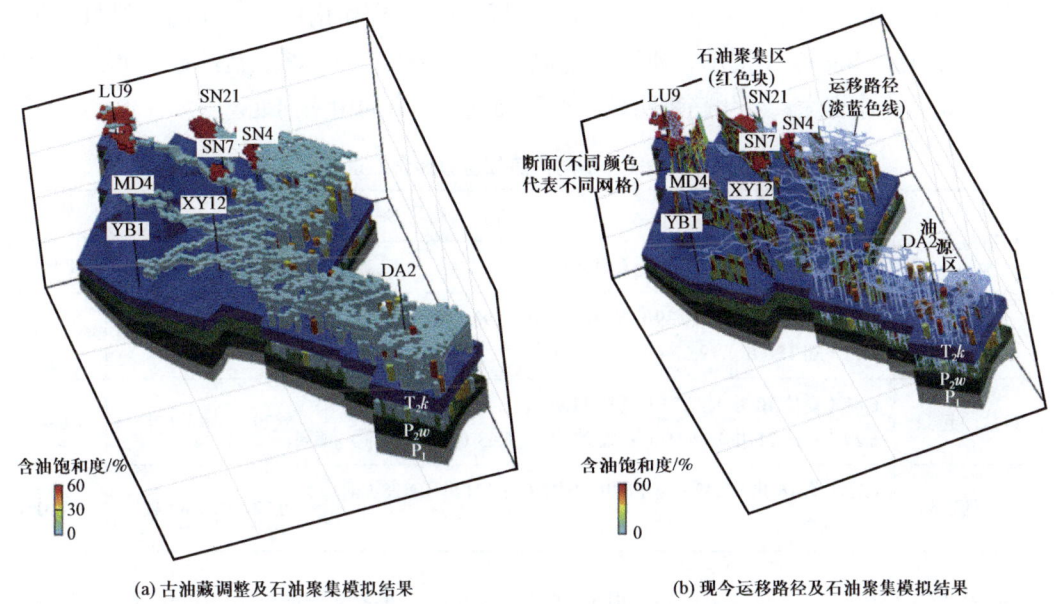

图 4-3-15　古油藏调整及现今石油运聚模拟结果

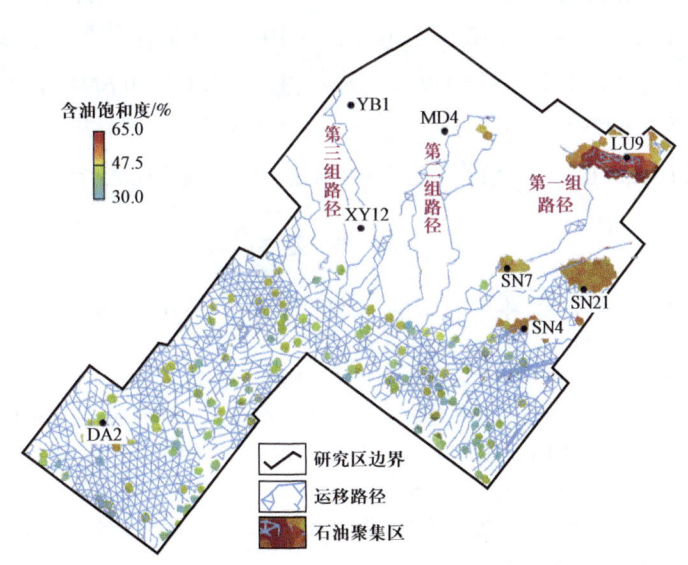

图 4-3-16　运移路径及现今时刻石油聚集模拟结果

第一组路径（由东到西数）经过 SN7 井，最终到达 LU9 井附近。在这组路径上，已探明 SN7 井岩性油藏（探明地质储量 $2081 \times 10^4 t$）和 LU9 井构造—地层油藏（探明地质

- 153 -

储量 10496×10^4t）。第二组路径经过 XY15 井、XY11 井，最终到达 MD4 井附近。在这组路径上，已探明 XY11 井油藏（探明地质储量 589×10^4t），发现 MD4 工业油流井，在 XY15 井附近也有勘探发现。第三组路径经过 XY12 井，到达 YB1 井附近，最终在西北侧运移出研究区。在这组路径上还未发现油藏。

⑤原油含蜡量示踪、油藏分布与模拟结果的一致性分析。

图 4-3-15（b）、图 4-3-16 展示了油气运移方向，即由南向北。原油含蜡量分析证实了这一结论。表 4-3-1 揭示，研究区南侧盆 1 井西凹陷—中部夏盐凸起—北部三个泉凸起，含蜡量由小变大，变化趋势明显，说明油气运移方向由南向北。

表 4-3-1 不同构造位置原油含蜡量

构造位置	原油含蜡量 /%			
	含量（测试井）	最小值	最大值	平均值
三个泉凸起	11.44（陆 12 井）、10.39（陆 122 井）、7.90（陆 125 井）、8.77（陆 151 井）、9.67（陆 156 井）	7.90	11.44	9.63
夏盐凸起	6.81（夏盐 10 井）、7.74（夏盐 11 井）、7.46（夏盐 13 井）、6.29（夏盐 21 井）、6.69（夏盐 23 井）、6.63（夏盐 24 井）	6.29	7.74	6.94
盆 1 井西凹陷	0.75（莫 16 井）、2.47（莫 17 井）、0.72（莫 171 井）、1.28（前哨 1 井）	0.72	2.47	1.31

截至 2017 年底，研究区内已探明 LU9 井区油藏，地质储量为 10496×10^4t，分布在下白垩统、中侏罗统头屯河组和西山窑组。探明 SN7 井、SN21 井和 SN4 井，地质储量分别为 2081.00×10^4t、2622.80×10^4t 和 3697.65×10^4t，分布在侏罗系。图 4-3-15（a）显示了石油聚集区主要有 4 个，即 LU9 井、SN7 井、SN21 井和 SN4 井，说明主要聚集区模拟结果与勘探发现的油藏基本一致。另外，在 MD4 井、XY11 井一带也有发现油藏，但模拟结果显示只有油气通过，没有大规模的聚集，这可能和参数分析研究不够有关。

参 考 文 献

[1]王东勇，李美俊，杨禄，等.准噶尔盆地玛湖凹陷二叠系烃源岩三芳甾烷分布特征及油源对比［J］.天然气地球科学，2022，33（11）：1862-1873.

[2]刘凌波.台北凹陷侏罗系煤系源岩成烃机理及烃源灶分布［D］.大庆：东北石油大学，2023.

[3]王祥，马劲风，张新涛，等.一种考虑密度因素的广义 $\Delta logR$ 法预测总有机碳含量——以渤中凹陷西南部陆相深层烃源岩为例［J］.地球物理学进展，2020，35（4）：1471-1480.

[4]王生奥.松辽盆地南部伏双大地区断层封堵性研究［D］.长春：吉林大学，2022.

[5]甄宗玉，陈华靖，张鹏志，等.基于特定反射系数压制与最大似然属性的断层识别方法［J］.断块油气田，2021，28（3）：335-339.

[6]刘广林，孙同文，闫百泉，等.基于测井资料的古地貌-不整合识别及控藏特征研究——以鄂尔多斯盆地三边地区中生界为例［J］.地球物理学进展，2023，38（6）：2502-2513.

[7]王新新，董瑞霞，田浩男，等.地震多属性分析技术在鹿场三维区的应用［J］.石油地球物理勘探，

2018, 53（增刊1）：208-213.

[8] 彭明涛, 王磊, 曾明勇, 等. 综合物探方法在川东高陡断褶带隐伏断层勘探中的应用研究[J]. 物探与化探, 2021, 45（4）：882-889.

[9] 鲁国, 田方磊, 何登发, 等. 四川盆地中部高石梯—磨溪地区FⅠ9走滑断裂带构造特征与演化[J]. 地球科学, 2023, 48（6）：2238-2253.

[10] 刘显太, 李军, 王军, 等. 低序级断层识别与精细描述技术研究[J]. 特种油气藏, 2013（1）：44-47.

[11] Xiong Y, Li C, Li F. Application of three-step fracture system identification technology to complex fault block of Bohai bay basin[C]//2015 SEG Annual Meeting, 2015.

[12] 李志强. 相干属性强化处理技术及其在低序级断层精细描述中的应用[D]. 青岛：中国石油大学（华东）, 2018.

[13] 马玉歌, 苏朝光, 陈雨茂. 低序级断层"三化"处理技术研究及应用[J]. 地质论评, 2020（s1）：65-66.

[14] 冯琦, 刘池洋, 刘显阳, 等. 小断层识别技术在鄂托克前旗地区的应用[J]. 地球物理学进展, 2021, 36（4）：1512-1520.

[15] 孙秀会, 黄飞, 盖广点, 等. 断层精细描述在老油田剩余油挖潜中的应用[J]. 复杂油气藏, 2021, 14（1）：45-50.

[16] 卫端, 高志前, 杨孝群, 等. 塔里木盆地塔河地区中下奥陶统鹰山组碳酸盐岩层系内幕不整合识别特征[J]. 古地理学报, 2017, 19（3）：457-468.

[17] 时瑞坤, 巴素玉, 师涛. 济阳坳陷车镇凹陷低序级不整合地震预测技术研究[J]. 中国石油和化工标准与质量, 2018（2）：154-155.

[18] 王峰. 塔北隆起东部地质结构与构造演化[D]. 北京：中国地质大学（北京）, 2024.

[19] 杨克兵, 杜巍, 宋军美, 等. 不整合面及其结构特征的测井识别评价[J]. 内蒙古石油化工, 2016（8）：137-139.

[20] 李慧琼, 蒲仁海, 屈红军, 等. 鄂尔多斯盆地三叠系与侏罗系不整合面测井识别方法讨论[J]. 西北大学学报（自然科学版）, 2017, 47（4）：577-584.

[21] 官大勇, 王昕, 刘军钊, 等. 庙西北凸起不整合面结构及其与油气成藏关系[J]. 海洋石油, 2013, 33（1）：29-32.

[22] 周宇成, 姚光明, 魏荷花, 等. 鄂尔多斯盆地延安气田南部岩溶古地貌分级识别及有利区预测[J]. 特种油气藏, 2020, 27（6）：102-107.

[23] 王梓萱, 庞军刚. 南梁油田白211井区延10段沉积相及砂体展布[J]. 石油地质与工程, 2023, 37（5）：46-49.

[24] 李储华, 郑元财, 刘志敏, 等. 高邮凹陷阜三段砂体展布特征及控砂模式[J]. 复杂油气藏, 2022, 15（1）：17-22.

[25] 朱淑玥, 刘磊, 王峰, 等. 鄂尔多斯盆地西缘及邻区石炭系羊虎沟组砂体成因机制与沉积过程[J]. 沉积学报, 2023, 41（4）：1153-1169.

[26] 麻伟娇, 卫延召, 陶士振. 准噶尔盆地陆梁油田白垩系油气运聚特征的新认识[J]. 中国矿业大学学报, 2018, 47（3）：579-587.

[27] 吴玉明. 松辽盆地北部莺山地区天然气成藏期研究[C]//第十六届全国有机地球化学学术会议, 2017.

[28] Gussow W C. Differential entrapment of oil and gas—A fundamental principle[J]. AAPG Bulletin, 1954, 38：816-853.

[29] Silverman S R. Migration and segregation of oil and gas. In: Yong A, Galley G E. Fluids in Subsurface

Environments [J]. AAPG Memoir, 1965, 4: 53-65.

[30] Thompson K F M. Fractionated aromatic petroleum and the generation of gas-condensates [J]. Organic Geochemistry, 1987, 11 (6): 573-590.

[31] 黄海平, 张水昌, 苏爱国. 油气运移聚集过程中的地球化学作用 [J]. 石油实验地质, 2001, 23 (3): 278-284.

[32] Baker D R. Organic geochemistry of Cherokee Group in southeastern Kansas and northeastern Oklahoma [J]. AAPG Bulletin, 1962, 71: 951-957.

[33] Radke M, Willsch H, Leythaeuser D. Aromatic components of coal: Relation of distribution pattern to rank [J]. Geochimica et Cosmochimica Acta, 1982, 46: 1831-1848.

[34] Palmer S E. Effect of biodegradation and water washing on crude oil composition. In: Merrill R K. Source and Migration Processes and Evaluation Techniques [M]. Tulsa: American Association of Petroleum Geologists, 1991.

[35] Lafargue E, Barker C. Effect of water washing on crude oil composition [J]. AAPG Bulletin, 1988, 72: 263-276.

[36] Thompson K F M. Contrasting characteristics attributed to migration observed in petroleum reservoired in clastic and carbonate sequences in the Gulf of Mexico region [J]. Geological Society London Special Publications, 1991, 59 (1): 191-205.

[37] Meulbroek P, Cathles L, Whelan J. Phase fractionation at South Eugene Island Block 330 [J]. Organic Geochemistry, 1998, 29 (1-3): 223-239.

[38] 王铁冠, 何发岐, 李美俊, 等. 烷基二苯并噻吩类: 示踪油藏充注途径的分子标志物 [J]. 科学通报, 2005, 50 (2): 176-182.

[39] 李美俊, 王铁冠. 油藏地球化学在勘探中的研究进展及应用: 以北部湾盆地福山凹陷为例 [J]. 地学前缘, 2015, 22 (1): 215-222.

[40] 李洪波. 塔北隆起北缘原油地球化学特征与分布 [J]. 石油天然气学报, 2013, 35 (4): 22-26.

[41] 刘春, 陈世加, 赵继龙, 等. 库车南斜坡中—新生界油气运移地球化学示踪 [J]. 地质学报, 2020, 94 (11): 3488-3502.

[42] 纪红, 陈湘飞. 油气运移地球化学示踪研究进展 [J]. 广东石油化工学院学报, 2020, 30 (6): 19-23.

[43] 叶素娟, 朱宏权, 李嵘, 等. 天然气运移有机-无机地球化学示踪指标——以四川盆地川西坳陷侏罗系气藏为例 [J]. 石油勘探与开发, 2017, 44 (4): 549-560.

[44] 张玉红, 周世新, 左亚彬. 碳同位素在天然气运移路径示踪中的应用研究进展 [J]. 矿物岩石地球化学通报, 2018, 37 (6): 200-206.

[45] 胡琼. 冀中坳陷文安斜坡沙河街组油气运移路径研究及其对油气分布控制作用 [D]. 大庆: 东北石油大学, 2022.

[46] 王汇彤, 张大江, 张水昌, 等. 油气二次运移地球化学常用参数变化规律的新认识——石油二次运移模拟实验的启示和思考 [J]. 石油勘探与开发, 2007, 34 (3): 342-347.

[47] England W A, Mackenzie A S, Mann D M, et al. The movement and entrapment of petroleum fluids in the subsurface [J]. Journal of the Geological Society (London), 1987, 144: 327-347.

[48] England W A, Mackenzie A S. Some aspects of the organic geochemistry of petroleum fluids [J]. Geologische Rundschau, 1989, 78 (1): 274-288.

[49] 马安来. 金刚烷类化合物在有机地球化学中的应用进展 [J] 天然气地球科学, 2016, 27 (5): 851-860.

[50] 李二庭, 陈俊, 迪丽达尔·肉孜, 等. 准噶尔盆地腹部地区原油金刚烷化合物特征及应用 [J]. 石

油实验地质,2019,41(4):569-575.

[51] 李二庭,陈俊,米巨磊,等.金刚烷化合物在克拉美丽地区高熟油气成熟度判识中的应用[J].地球化学,2020,49(5):539-548.

[52] 张魁英,杨佰娟,郑立,等.基于原油中金刚烷指纹半定量分析进行原油鉴别[J].分析化学,2011,39(4):496-500.

[53] 任康绪,黄光辉,肖中尧,等.大宛齐原油金刚烷类化合物及其在油气运移中的应用[J].中国石油勘探,2012,17(2):27-31.

[54] 赵贤正,金凤鸣,米敬奎,等.牛东油气田原油中金刚烷和轻烃特征及其对油气成因的指示意义[J].天然气地球科学,2014,25(9):1395-1402.

[55] 包建平,梁星宇,朱翠山,等.苏北盆地盐城凹陷朱家墩气藏凝析油中的金刚烷类及其意义[J].天然气地球科学,2015,26(3):505-512.

[56] 房忱琛,吴伟,刘丹,等.煤系中金刚烷类化合物演化特征及应用[J].天然气地球科学,2015,26(1):110-117.

[57] 郭秋麟,刘继丰,陈宁生,等.三维油气输导体系网格建模与运聚模拟技术[J].石油勘探与开发,2018,45(6):947-959.

[58] Lindsay N G, Murphy F C, Walsh J J, et al. Outcrop studies of Shale Smears on Fault Surfaces. In: Flint S, Bryant I D. The geological modelling of hydrocarbon reservoirs and outcrop analogues [M]. Wiley, 1993.

[59] Yielding G, Freeman B, Needham D T. Quantitative fault seal prediction [J]. AAPG Bulletin, 1997, 81(6):897-917.

[60] 陈占坤,吴亚生,罗晓容,等.鄂尔多斯盆地陇东地区长8段古输导格架恢复[J].地质学报,2006,80(5):718-724.

[61] 陈瑞银,罗晓容,吴亚生.利用成岩序列建立油气输导格架[J].石油学报,2007,28(6):43-46,51.

[62] 罗晓容,雷裕红,张立宽,等.油气运移输导层研究及量化表征方法[J].石油学报,2012,33(3):428-436.

[63] 吴东胜,郭惠平,李先平,等.霸县凹陷文安斜坡油气输导格架的三维表征[J].长江大学学报(自然科学版:理工),2012,9(12):23-27.

[64] 张立宽,罗晓容,宋国奇,等.油气运移过程中断层启闭性的量化表征参数评价[J].石油学报,2013,34(1):92-100.

[65] 付广,夏云清.断层对接型和断层岩型侧向封闭的差异性[J].天然气工业,2013,33(10):11-17.

[66] 林玉祥,孙宁富,郭凤霞,等.油气输导机制及输导体系定量评价研究[J].石油实验地质,2015,37(2):237-245.

[67] 罗正江,王睿,张快乐,等.输导体系"三位一体"综合评价的探讨[J].地下水,2015,37(5):230-232.

[68] 宋明水,赵乐强,宫亚军,等.准噶尔盆地西北缘超剥带圈闭含油性量化评价[J].石油学报,2016,37(1):64-72.

[69] 高长海,查明,陈力,等.渤海湾盆地冀中坳陷大柳泉构造不整合输导油气能力的定量表征[J].天然气地球科学,2019,27(4):619-627.

[70] 刘化清,刘宗堡,吴孔友,等.岩性地层油气藏区带及圈闭评价技术研究新进展[J].岩性油气藏,2021,33(1):25-36.

[71] 宫亚军,王金铎,曾治平,等.砂体输导层油气运移速率新模型及其应用[J].油气地质与采收率,

2023, 29（5）: 67-75.

[72] 李青元, 张洛宜, 曹代勇, 等. 三维地质建模的用途、现状、问题、趋势与建议[J]. 地质与勘探, 2016, 52（4）: 759-767.

[73] Houlding S W. 3D Geo-science modeling: Computer techniques for geological characterization[M]. Berlin: Springer-Verlag, 1994.

[74] 杨永亮, 庚琪. 三维地质建模软件对比研究[J]. 石油工业计算机应用, 2008, 16（1）: 16-19.

[75] 张洋洋, 周万蓬, 吴志春, 等. 三维地质建模技术发展现状及建模实例[J]. 东华理工大学学报（社会科学版）, 2013, 32（3）: 403-409.

[76] 杨钦. 限定Delaunay三角网格剖分技术[M]. 北京: 电子工业出版社, 2005.

[77] 明镜. 三维地质建模技术研究[J]. 地理与地理信息科学, 2011, 27（4）: 14-18.

[78] 范洪军, 胡光义, 王晖, 等. 三维地震在储层岩相随机建模中的应用[J]. 山东化工, 2013, 42（4）: 86-90.

[79] Meng X, Duan Z, Yang Q, et al. Local PEBI grid generation method for reverse faults[J]. Computers and Geosciences, 2018, 110: 78-80.

[80] 石广仁, 张庆春, 马进山, 等. 三维三相烃类二次运移模型[J]. 石油学报, 2003, 24（2）: 38-42.

[81] Hantschel T, Kauerauf A I. Fundamentals of basin modeling and petroleum systems modeling[M]. Berlin: Springer-Verlag, 2009.

[82] 石广仁, 马进山, 常军华. 三维三相达西流法及其在库车坳陷的应用[J]. 石油与天然气地质, 2010, 31（4）: 403-409.

[83] Mello U T, Rodrigues J R P, Rossa A L. A control-volume finite element method for three-dimensional muhiphase basin modeling[J]. Marine & Petroleum Geology, 2009, 26（4）: 504-518.

[84] 孙旭东, 吴冲龙, 隋志强, 等. 基于陆相断陷盆地的油气运聚模拟[J]. 西安石油大学学报（自然科学版）, 2015, 30（3）: 1-6.

[85] 郭秋麟, 陈宁生, 谢红兵, 等. 基于有限体积法的三维油气运聚模拟技术[J]. 石油勘探与开发, 2015, 42（6）: 817-825.

[86] 石广仁. 油气运聚定量模拟技术现状、问题及设想[J]. 石油与天然气地质, 2009, 30（1）: 1-10.

[87] 冯勇, 石广仁, 米石云, 等. 有限体积法及其在盆地模拟中的应用[J]. 西南石油学院学报, 2001, 23（5）: 12-15.

[88] Wilkinson D, Willemsen J F. Invasion percolation: A new form of percolation theory[J]. Journal of Physics A, 1983, 16（14）: 3365-3376.

[89] Meakin P, Wagner G, Vedvik A, et al. Invasion percolation and secondary migration: Experiments and simulations[J]. Marine & Petroleum Geology, 2000, 17（7）: 777-795.

[90] Carruthers D J, Wijngaarden M D L V. Modelling viscous-dominated fluid transport using modified invasion percolation techniques[J]. Journal of Geochemical Exploration, 2000（69/70）: 669-672.

[91] 周波, 金之钧, 罗晓容, 等. 尺度放大时逾渗模型中的油气运移路径变化规律探讨[J]. 石油与天然气地质, 2007, 28（2）: 175-180.

[92] 郭秋麟, 杨文静, 肖中尧, 等. 不整合面下缝洞岩体油气运聚模型[J]. 石油实验地质, 2013, 35（5）: 495-499.

[93] 李明诚. 石油与天然气运移[M]. 4版. 北京: 石油工业出版社, 2013.

第五章　远源次生油气藏地质综合评价技术应用实践

近年来，在我国西部叠合盆地中勘探发现了众多远源次生油气藏，包括准噶尔盆地莫索湾、莫北、石西、石南、陆梁、滴西6个油气田，柴达木盆地英东油田、昆北断阶带油田和东坪气田等，塔里木盆地库车南斜坡英买力油气田和羊塔克油气田等，展现出了很好的勘探前景。本章基于前文提出的"六定一综"远源次生油气藏地质评价技术序列，以准噶尔盆地腹部中浅层油气藏和柴达木盆地阿尔金山前油气藏为例，阐述地质评价方法的综合应用及有利区带的优选评价。

第一节　准噶尔盆地腹部中浅层油气藏地质综合评价

一、准噶尔盆地腹部中浅层地质概况

准噶尔盆地位于新疆维吾尔自治区北部，是我国西部四大含油气盆地之一。盆地腹部泛指盆地中央地区，地表多为沙漠覆盖，面积近 $4\times10^4 km^2$。近年来，盆地腹部油气勘探取得了重大进展，先后发现了石西油田、石南油气田和莫北油气田，并实现快速建产，展示出盆地腹部广阔的勘探开发前景。

准噶尔盆地腹部横跨陆梁隆起及中央坳陷两个一级构造单元，包含三个泉、夏盐、达巴松、石西、石东、莫北、莫索湾、滴南等多个凸起［图5-1-1（a）］。古生代以来自下而上依次发育石炭系（C）、二叠系（P）、三叠系（T）、侏罗系（J）、白垩系（K）、古近系（E）、新近系（N）和第四系（Q）。其中，八道湾组（J_1b）、三工河组（J_1s）、西山窑组（J_2x）、头屯河组（J_2t）、清水河组（K_1q）及呼图壁河组（K_1h）均发育有规模展布的优质储层，其孔隙度为13%～36%，渗透率为30.0～2000.0mD。20世纪50年代以来，在腹部地区先后发现石西、莫北、陆梁、莫索湾、石南等构造及岩性—构造油气藏，已探明的油气藏主要分布于构造凸起带及其周缘，其油气主体来自盆1井西凹陷、玛湖凹陷的下乌尔禾组（P_2w）、风城组（P_1f）烃源岩，具有下生上储的组合特征［图5-1-1（b）］，油气成藏经历了燕山期、喜马拉雅期等多期构造事件，具有十分复杂的调整再运聚过程。

准噶尔盆地在前寒武系结晶基底和前石炭系褶皱基底构成的双重基底基础上，又经历了海西期（C—P）、印支期（T）、燕山期（J_2—K_2）、喜马拉雅期（E—N）等多期构造活动，均对盆地地质结构及构造格局造成了较大影响。晚石炭世—晚二叠世，受周缘"顺

时针"先后推覆造山的影响,盆地内部形成北东向和北西西向的凸起和凹陷构成"棋盘状"格局,这控制了腹部地区晚古生代沉降中心、沉积中心及生烃灶的发育。印支运动对腹部地区构造的改造较小,整体为弱伸展的坳陷环境。受西北缘达尔布特走滑断层活动影响,在玛湖凹陷及盆1井西凹陷形成了多组北西西向的派生走滑断裂带。燕山运动是腹部中浅层构造演化过程中的一个重要事件,受右旋压扭作用的影响发生区域性隆升,造成了腹部地区西山窑组(J_2x)与头屯河组(J_2t)之间、侏罗系与白垩系之间形成两套区域性不整合。北部地区继承性地发育了一系列北东向、北西西向鼻状凸起带,并伴生一系列断裂带,南部地区则新发育了北东向的车莫隆起带;在喜马拉雅期,天山发生自南向北的冲断推覆作用,使盆地整体向南掀斜,燕山期构造格局发生反转。北部的凸起带构造高点向北迁移,南部的车莫隆起形态逐渐消亡,转化为南低北高的大型单斜。

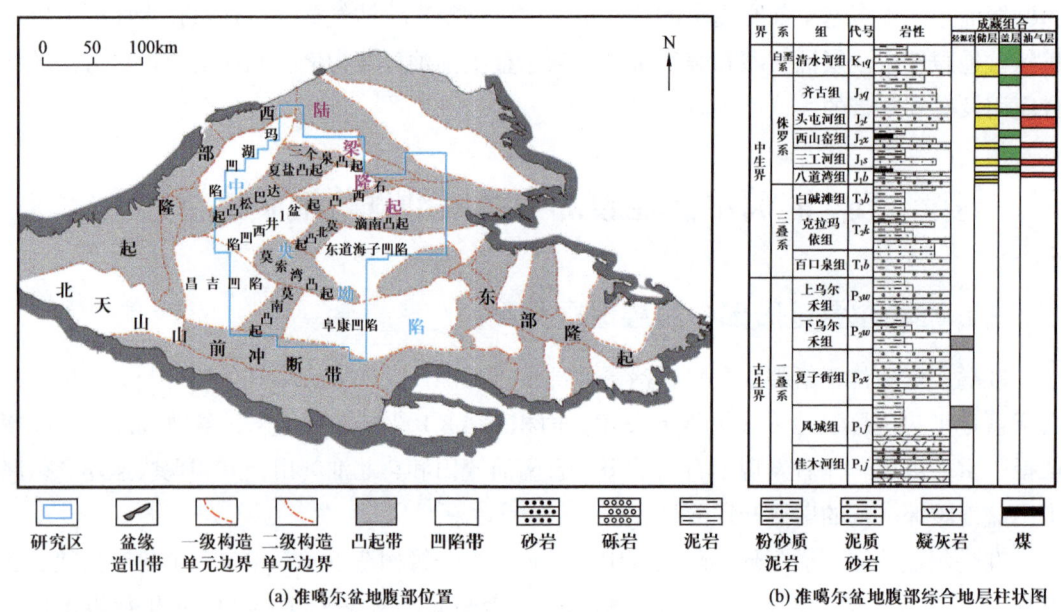

图 5-1-1 准噶尔盆地腹部位置及综合地层柱状图[1]

二、腹部中浅层油气藏地质评价

1. 主力源灶及油气系统确定

勘探研究表明,准噶尔盆地中浅层油气主体受二叠系下乌尔禾组、风城组两套烃源岩供烃,盆地南缘还受侏罗系、白垩系源岩供烃。

1)主力烃源岩层系

(1)中二叠统下乌尔禾组烃源岩。

中二叠统下乌尔禾组烃源岩以莫北凸起—莫索湾凸起—莫南凸起为界,西部的玛湖地区缺少中二叠统优质烃源岩,沙湾凹陷、盆1井西凹陷存在下二叠统和中二叠统两套有效烃源岩,厚度在300m以上。中二叠统下乌尔禾组以灰色泥岩、灰色粉砂岩、灰色砂砾岩、紫色泥岩、棕红色泥岩及碳质页岩为主,并伴随煤层沉积[2]。

盆1井西凹陷为油气生烃中心,烃源岩发育规模大,最大厚度为200~250 m,其中烃源岩厚度大于100m的区域面积达16000km^2,生烃强度大于500×10^{4}t/km^{2}的烃源岩分布面积达6800km^2,具备形成大中型油气田的资源潜力[3]。下乌尔禾组烃源岩总有机碳含量(TOC)为0.29%~9.16%;平均为0.85%;生烃潜量(S_1+S_2)为0.29~3.16mg/g,平均为0.74mg/g,烃源岩生烃潜量差别较大,取样资料表明,差烃源岩和中等—好烃源岩各占样品总数的50%。由于该套烃源岩有机质类型为Ⅲ型,且岩石热解氢指数HI值相对较低,尽管部分样品具有较高的TOC值,但缺乏足够的氢与之结合生成烃类,导致部分烃源岩生烃能力较差。

沙湾凹陷下乌尔禾组烃源岩厚度多分布在50~150m之间,井下钻井揭示极少,已有烃源岩分析显示,有机碳含量较高,分布在0.13%~5.02%之间,以大于1.0%为主,但氯仿沥青"A"含量较低,分布在0.004%~3.22%之间,以小于0.1%为主,氢指数分布在10~450mg/g之间,热解峰值温度T_{max}值分布在322~510℃之间,生烃母质以Ⅱ和Ⅲ型为主,属于混合型烃源岩[4]。

(2)下二叠统风城组烃源岩。

准噶尔盆地下二叠统风城组烃源岩主要分布于玛湖、盆1井西、沙湾和四棵树等凹陷,盆地东部缺少该套烃源岩[5]。

玛湖凹陷钻井已经揭示了该套烃源岩,具有纹层沉积结构,富含有机质和分散状黄铁矿,烃源岩累计厚度超过200m,是凹陷内最主要的烃源岩[6]。该套烃源岩形成于碱湖环境,岩性为独特的云质混积岩,生烃母质为藻类,细菌发育,有机质丰度高(TOC>2.0%),类型为Ⅰ—Ⅱ$_1$型。风城组碱湖烃源岩显微组分区别于其他湖相烃源岩显微组分,以生油为主,且生油能力高[7]。

盆1井西凹陷地区风城组烃源岩TOC值为0.58%~2.72%(平均为1.20%),S_1+S_2为1.31~12.22mg/g(平均5.43mg/g),以中等—好的烃源岩为主,比下乌尔禾组烃源岩生烃能力更强[3](图5-1-2)。

沙湾凹陷风城组烃源岩以泥岩、白云质泥岩和泥质云岩为主,沉积厚度分布在50~225m之间,是一套最好的生油岩,具有很强的生烃潜力,主要表现为有机碳含量高,分布在0.37%~3.08%之间,以大于1.0%为主,氯仿沥青"A"含量高,分布在0.05%~0.52%之间,以大于0.1%为主,氢指数分布在150~600mg/g之间,T_{max}值分布在400~460℃之间,生烃母质以Ⅰ和Ⅱ型为主,属于腐泥型烃源岩[4]。

2)烃源灶分布及控制范围

勘探实践表明,腹部地区主要的生烃中心位于盆1井西凹陷(图5-1-3),部分油气来自玛湖凹陷、沙湾凹陷、东道海子凹陷、阜康凹陷等。众多的油气源对比研究结果显示,盆1井西凹陷烃源岩对腹部的莫索湾凸起、莫北凸起、石西凸起、部分夏盐凸起和陆

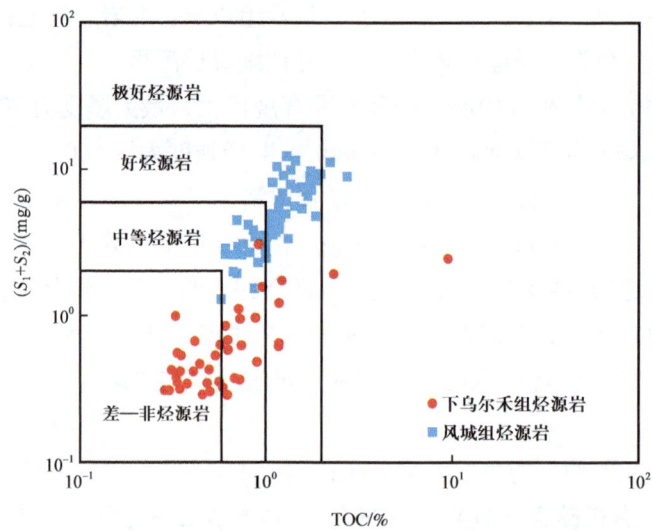

图 5-1-2 准噶尔盆地西部坳陷二叠系烃源岩生烃潜量与TOC交会图[3]

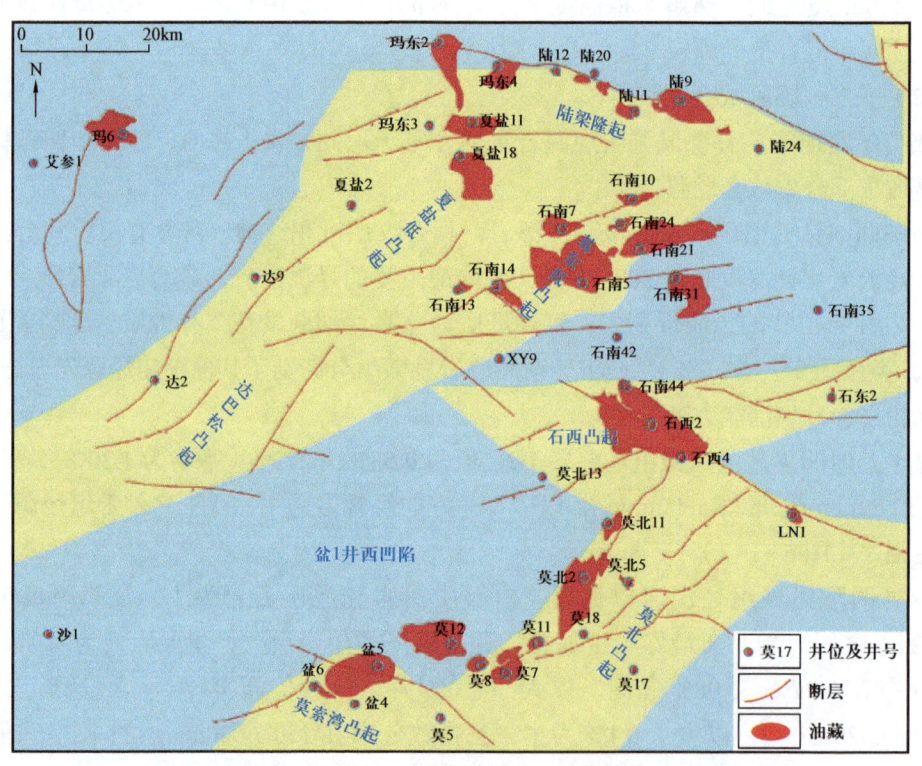

图 5-1-3 盆1井西凹陷位置及腹部主要的勘探成果分布图[8]

梁隆起供烃,既有近源成藏,也有源外远源成藏。玛湖凹陷烃源岩对腹部地区夏盐低凸带部分地区供烃。例如,何琰等[7]研究表明,陆西地区的玛北、玛东和夏盐地区的油气主要来源于玛湖凹陷的风城组;陆中地区的石西油田、石南油田、陆梁油田的油气主要来源于盆1井西凹陷的下乌尔禾组及风城组。潘建国等[8]研究认为,早白垩世,盆1井西凹陷的油气沿通源断裂自凹陷向周缘构造高部位大量排出，形成莫北、莫索湾及石西等源外近源油气藏；古近纪末至今，由于北部构造持续抬升，新的成藏格局形成，部分早白垩世形成的油藏遭到破坏，油气北向调整，若在油气调整路径上存在新的圈闭，就可能产生新的次生油藏，如石南 31 油藏。唐勇等[9]研究认为，玛湖凹陷直接与夏盐凸起接壤，具备近源供烃优势，而盆 1 井西凹陷烃源岩生成的油气跨越达巴松凸起北段远距离输导向夏盐凸起供烃。

3）油气系统划分

准噶尔盆地腹部烃源岩主要为二叠系下乌尔禾组和风城组，其次为下侏罗统八道湾组、三工河组和中侏罗统西山窑组，其中西部坳陷以二叠系烃源岩供烃为主，下生上储成藏组合为主，环阜康凹陷混源，下生上储与自生自储成藏组合；南部以侏罗系烃源岩供烃为主。准噶尔盆地腹部浅层次生油气藏多发育于侏罗系—白垩系，盖层主要为侏罗系—白垩系盖层，岩性以泥岩为主，白垩系泥岩为区域性盖层。浅层次生油气藏的输导体系主要由断裂系统、砂岩输导层、区域不整合等单个或多个输导要素相互组合构成（图 5-1-4）。

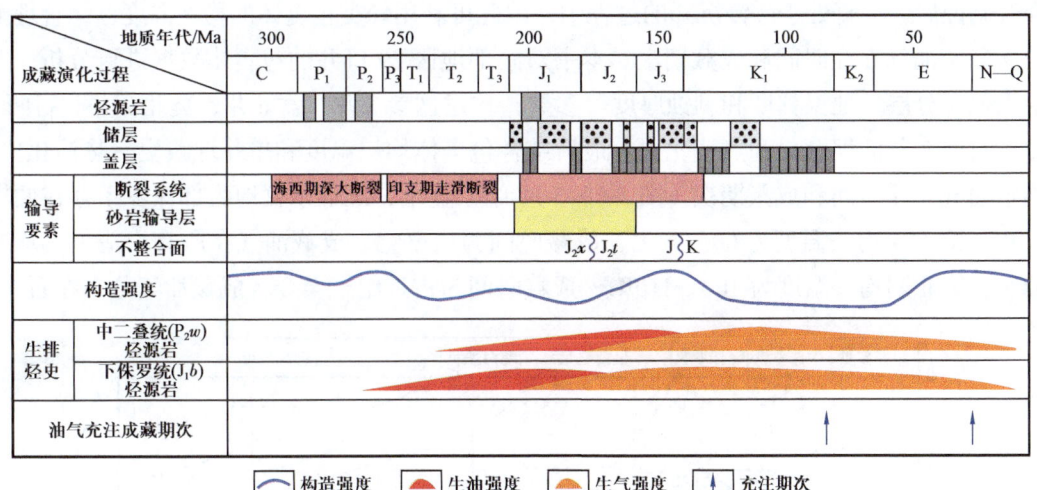

图 5-1-4 准噶尔盆地腹部地区中浅层油气成藏系统

通过对准噶尔盆地侏罗系、白垩系已发现油气地球化学特征与石炭系、二叠系、侏罗系三套主力烃源岩对比，确定了三套主力烃源岩含油气系统边界，明确了 C、P、J 生烃中心控制 J—K 成藏，总体上，侏罗系、白垩系油气分布具有西油东气、北油南气的特点。西部坳陷以 P 源为主，下生上储为主；环阜康凹陷混源，下生上储与自生自储；南部以 J 源为主。

2. 关键成藏期确定

1）生烃史

依据国内学者生烃史模拟研究结果，风城组和下乌尔禾组均有早—中侏罗世和白垩纪两个生排烃高峰期，到古近纪，两套烃源岩达到过成熟阶段，生油能力减小。由于侏罗系开始沉积时，储层埋深较浅，加上晚侏罗世地层大范围抬升，地层剥蚀厚度达到上千米，因此早—中侏罗世生成的大部分原油遭受降解而被破坏，对成藏贡献小。白垩纪早中期，成熟的风城组原油可以充注到侏罗系储层中，而此时白垩系储层埋藏尚浅，只有白垩纪中晚期下乌尔禾组生成的油气才能在埋深相对较大的清水河组得到较好的保存。侏罗系八道湾组的烃源岩在白垩纪末期进入生油阶段[10]，由于侏罗系成熟的烃源岩基本上分布在莫索湾凸起以南，对北部地区贡献很小，因此对腹部地区成藏最关键的油源是风城组和下乌尔禾组在白垩纪成熟的原油。

综上烃源岩生排烃演化史表明，下乌尔禾组、风城组主要生烃期从晚三叠世至今；排烃期略晚于生烃期，主要排烃期为侏罗纪至今。盆地南部侏罗系、白垩系烃源岩与二叠系烃源岩相比埋深较浅，成熟度较低，但在晚白垩世也已进入成熟阶段，开始大量生排烃。

2）油气充注史

准噶尔盆地腹部地区自侏罗纪以来没有明显的热事件，且自中—晚侏罗世非常短暂的隆升剥蚀后，一直处于缓慢沉降的过程中，因此可利用烃类包裹体的均一温度，结合埋藏史来确定油气充注时间和成藏期次。本书对腹部地区29口井的包裹体数据进行分析，并根据地质分层、地温梯度和剥蚀厚度等参数，重建盆参2井、盆6井、莫北2井、石西1井和石南8井的埋藏史和热演化史，最后结合包裹体均一温度和单井埋藏史—热演化史，确定油气充注时间和成藏期次（图5-1-5）。结果显示，准噶尔盆地腹部侏罗系存在两期成藏：第Ⅰ期均一温度为60～90℃，成藏时间为白垩纪，成藏油气在所有构造单元均有分布；第Ⅱ期均一温度为100～110℃，成藏时间为古近纪末至今，成藏油气分布在石东、

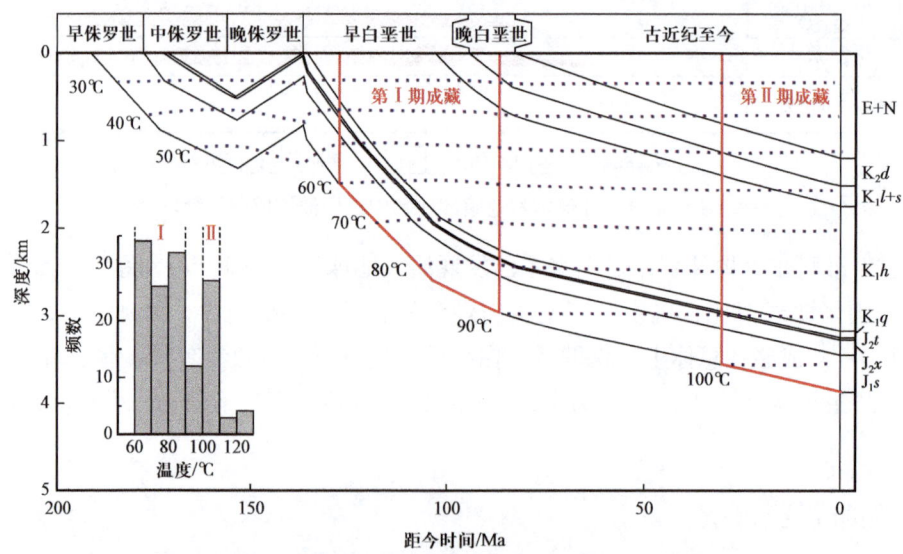

图5-1-5 莫北2井包裹体均一温度直方图与成藏期次

J_1s—下侏罗统三工河组；J_2x—中侏罗统西山窑组；J_2t—中侏罗统头屯河组；K_1q—下白垩统清水河组；
K_1h—下白垩统呼图壁河组；K_1l+s—下白垩统连木沁组+胜金口组；K_2d—上白垩统东沟组；E+N—古近系+新近系

石南和莫北地区。白垩系也存在两期成藏，第Ⅰ期均一温度为50~70℃，成藏时间为白垩纪，成藏油气分布在盆地腹部大部分地区；第Ⅱ期均一温度为70~100℃，成藏时间为古近纪末至今，成藏油气分布在莫北、石南和石东地区。

综上油气充注史方面的研究表明，中浅层油气广泛存在两期流体充注：第一期发生于晚白垩世，对应燕山期构造活动；第二期发生于古近纪，对应喜马拉雅期构造活动。

3）关键成藏期

根据生排烃史、油气成藏期、构造演化史等参数的配置关系确定准噶尔盆地腹部地区侏罗系—白垩系存在白垩纪和新近纪至今两期成藏。其中，白垩纪正处于下乌尔禾组和风城组烃源岩大量生油的时期，第一期成藏对应着高熟油气的充注，属于原生油气藏。新近纪至今，受喜马拉雅期构造运动影响，准噶尔盆地发生掀斜，整个腹部地区变成了南低北高的大单斜，此时二叠系两套烃源岩都已进入生气阶段，不再发生大规模生排烃，而喜马拉雅期构造的变动可以导致原生油气藏遭破坏、调整，因此判断第Ⅱ期成藏应为原生油气藏破坏、调整后再次成藏，是次生油气藏（图5-1-6）。

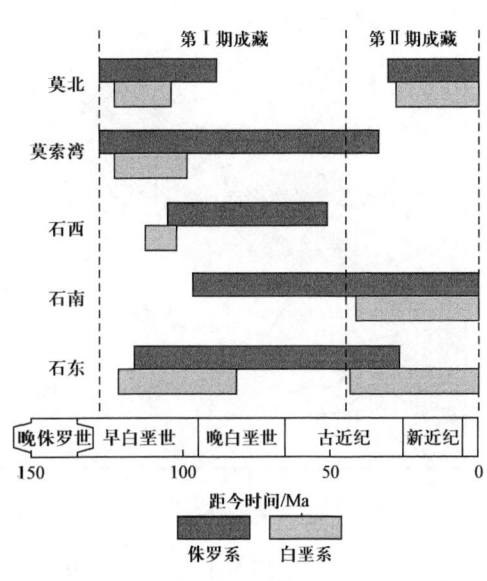

图5-1-6 准噶尔盆地腹部地区侏罗系—白垩系成藏期次划分

3. 优势输导体系刻画

准噶尔盆地腹部中浅层油气具有源储分离、远源次生的成藏特征，其输导体系主要由断裂系统、砂岩输导层、区域不整合等单个或多个输导要素相互组合构成[1]。

1）断裂系统

受多期构造活动影响，准噶尔盆地腹部发育一系列断裂体系。由于构造演化机制及各期应力场特征不同，断裂系统的产状、分布及发育机制都存在明显差异。陈槐等[1]通过大量的二维、三维地震资料对不同地区的深浅断裂进行了系统刻画，结合前人研究成果，从分布特征、成因机制等方面梳理出两类控制油气垂向输导的断裂体系（图5-1-7）。

一类是与北东、北西西向凸起伴生的深浅压扭型断裂体系。此类断裂体系在腹部中浅层三个泉、基东、石西、莫北、莫索湾、达巴松等构造凸起核部及翼部广泛分布，由深部（C—T）断裂及浅层（T—K）两组断裂构成，自下而上断层规模逐渐变小。深部断裂形成于海西期，多为高角度逆断层，断距多为几百至上千米，平面上单条规模大，延伸距离长。浅层断裂形成于燕山期，多为高角度正断层，断距多在几十米以内，平面上单条规模较小，一般由多组断裂呈雁列状展布。深、浅两组断裂在垂向上呈Y形搭接，在平面上重合，为油气垂向运移提供有效接力输导。

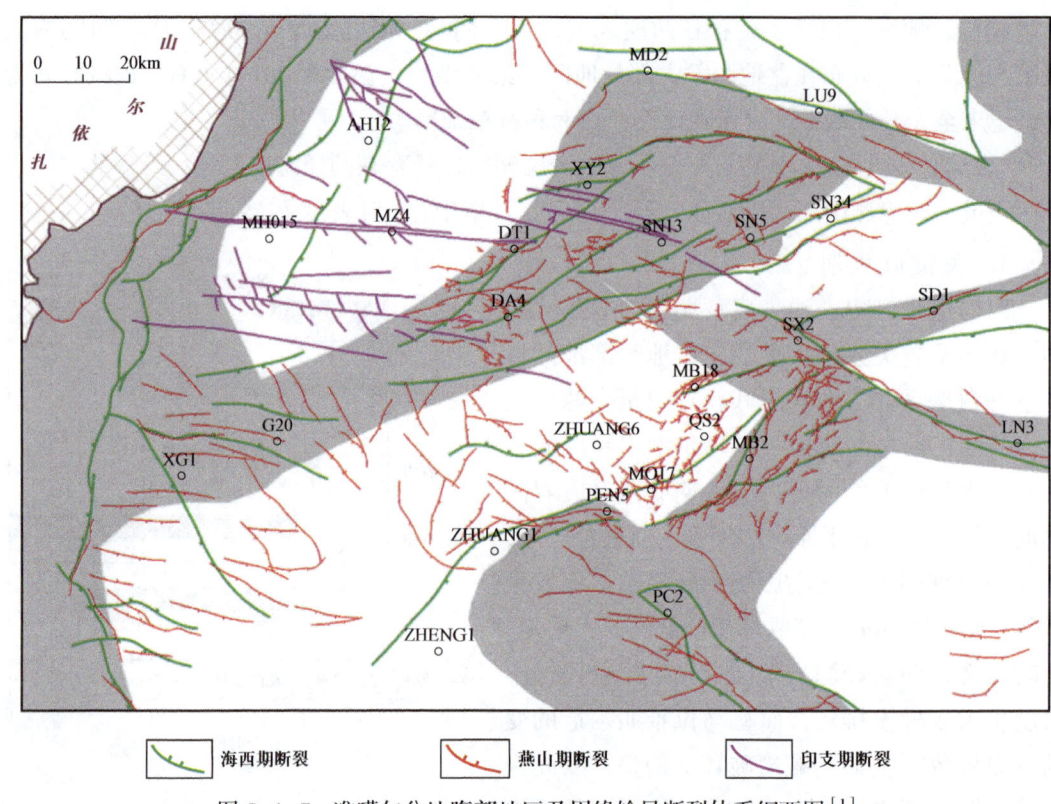

图 5-1-7 准噶尔盆地腹部地区及周缘输导断裂体系纲要图[1]

另一类是受北西西向区域应力场控制的单一走滑断裂体系。前人研究认为，此类断裂为印支期盆缘断裂走滑作用下形成的派生构造。其分布受构造凸起影响较小，在玛湖凹陷、盆 1 井西凹陷等多个凹陷带内均有分布。地震剖面上，此类走滑断裂产状近乎直立，断距较小，自二叠系向上断至白垩系，具有明显的正花状、负花状组合特征。通过三维地震相干属性切片，可见走滑断裂体系平面走向平直，延伸可达 80km，在主断裂带两侧对称性地发育多条羽状次级断裂。走滑断裂体系不受先存构造格局控制，纵向切穿多套层系，在空间上与第一类深浅压扭型断裂体系相互交错，构成了腹部地区网状高效输导通道（图 5-1-8）。

2）砂体输导层

砂体是油气渗流输导的重要单元。勘探实践表明，厚度大、连通性好、分布广泛的砂体具有较好的连通性，是油气远距离侧向输导的重要条件。准噶尔盆地在早—中侏罗世整体处于具有统一坳陷格局的震荡抬升—沉降环境。湖平面的快速降低使得准噶尔盆地腹部地区下侏罗统发育 J_1b_1、J_1s_2 和 J_2x_4 三期厚层毯砂（图 5-1-9）。例如，J_1s_2 砂体为一大套灰色、浅灰色含砾细砂岩、含砾中砂岩，厚度为 30～70m，孔隙度平均为 10.22%～19.06%，渗透率平均为 10～500mD。沉积微相以辫状河三角洲前缘亚相水下分流河道、河口沙坝及水下分流间湾微相为主，砂体在准噶尔盆地腹部北部、中部地区大面积展布,拓展了油气侧向输导空间。准噶尔盆地腹部地区 J_1s_2 砂地比为 60%~80%,具备油气长距离渗流运移的物性基础。

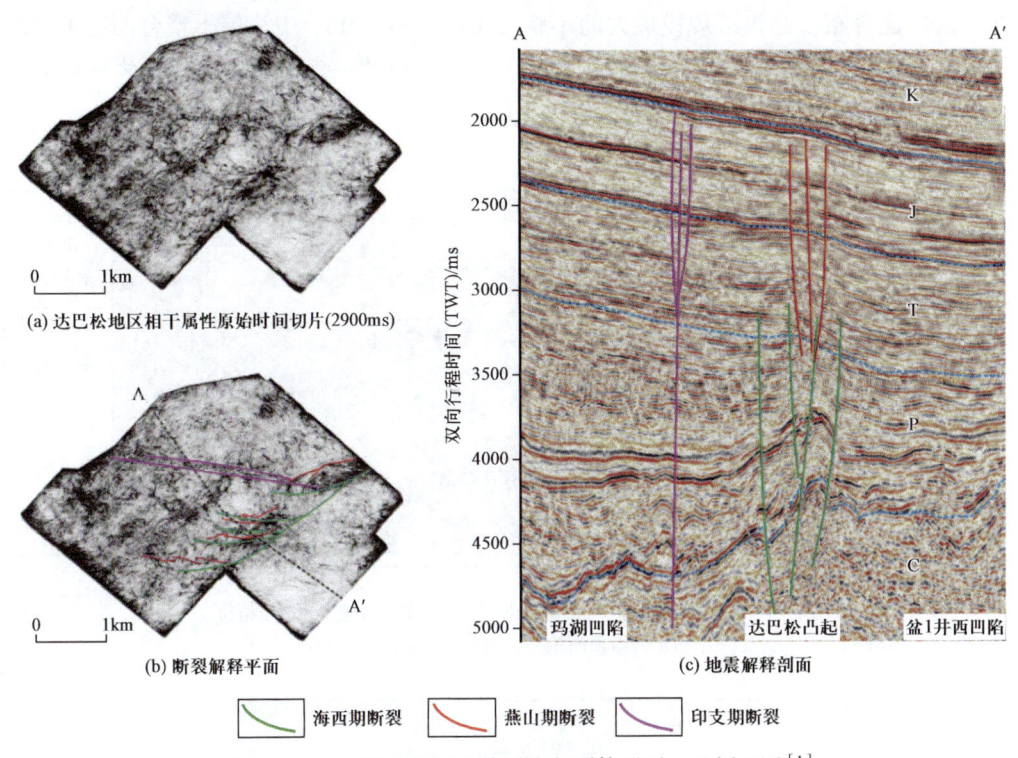

图 5-1-8 达巴松凸起及其周缘断裂体系平面及剖面图[1]

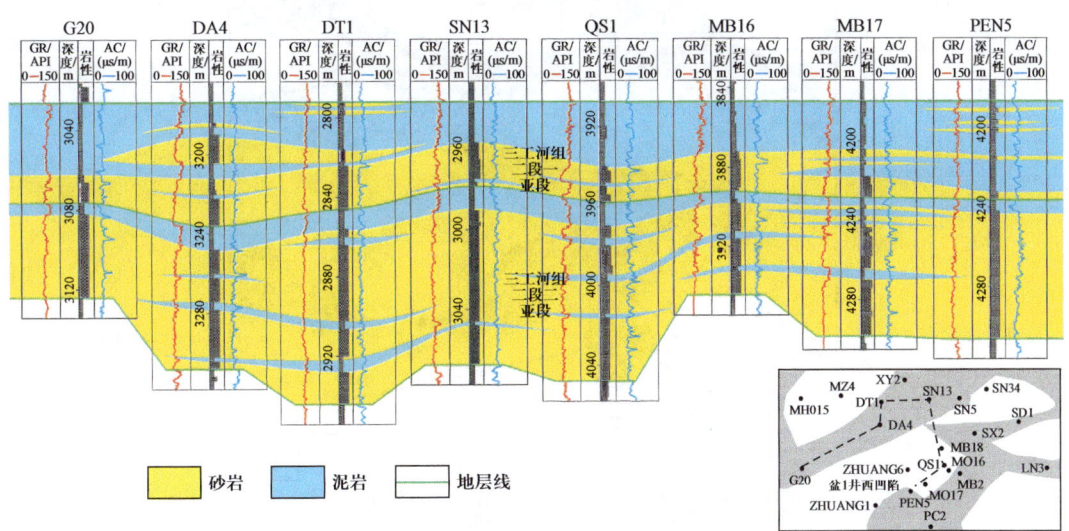

图 5-1-9 盆 1 井西凹陷环带三工河组毯砂纵向分布[1]

3)区域不整合

准噶尔盆地腹部在燕山期发育有 J_2x 与 J_2t 之间、侏罗系与白垩系之间两期区域不整合,多期抬升—沉降的震荡使得不整合面上下的地层接触关系为下削上超。其中,J_2x 与 J_2t 之间的不整合主要分布于车莫古隆起—陆梁隆起周缘,而侏罗系与白垩系之间的不整合在全区广泛分布,是该区规模最大的不整合(图 5-1-10)。中浅层不整合面上下的岩性对接关系可以分为砂岩—泥岩—砂岩、砂岩—砂岩—砂岩、砂岩—泥岩—泥岩、泥岩—泥岩—砂岩,总体以砂岩—泥岩—砂岩式的结构特征为主(图 5-1-11)。

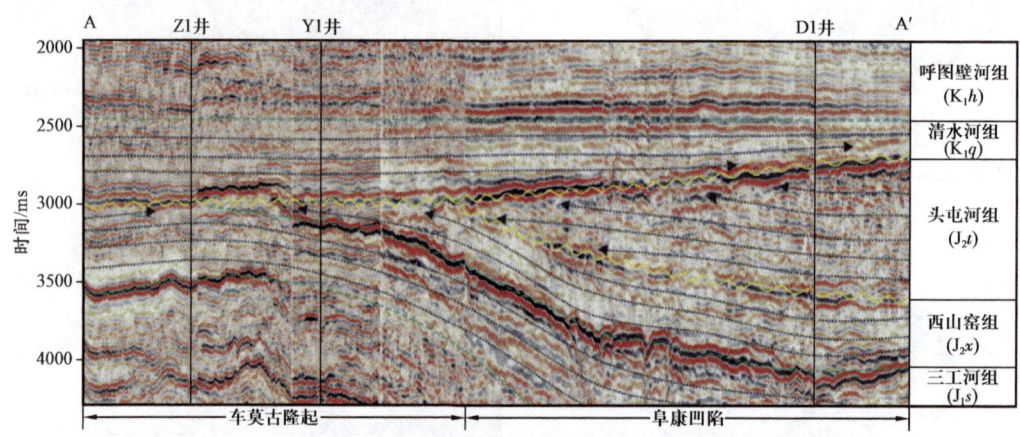

图 5-1-10 准噶尔盆地腹部侏罗系—白垩系不整合剖面特征[1]

沿清水河组顶面拉平,剖面位置见图 5-1-11

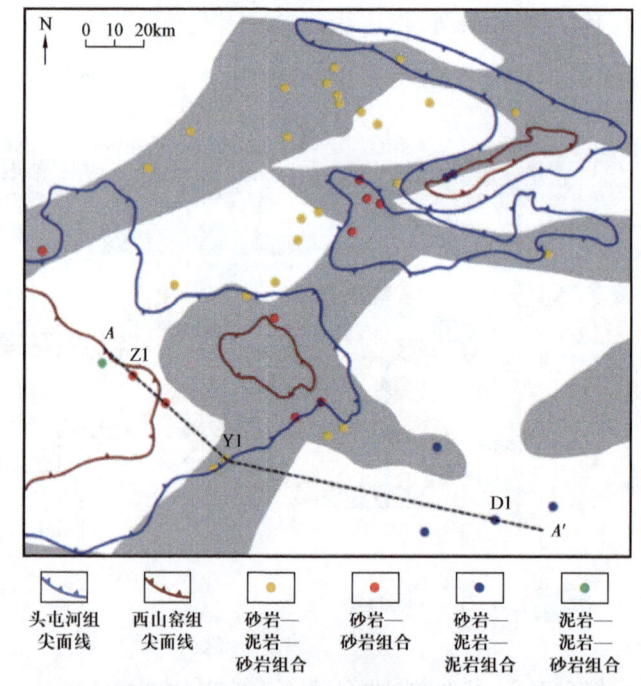

图 5-1-11 准噶尔盆地腹部不整合面上下岩性对接类型平面分布[1]

此外,准噶尔盆地腹部中浅层区域不整合结构自上而下分别由底砾岩、风化黏土岩和半风化壳组成。其中,不整合顶部是以灰色、紫红色和褐色的砾岩、含砾砂岩、砂岩、粉砂岩为主的底砾岩层，颗粒粗，厚度为10～30m，在全区均有分布，反映了构造抬升再次沉积后广泛分布的冲积平原环境；不整合底部发育的砂岩层段，受风化淋滤的影响，其物性整体较好。两套岩层中间夹持一套厚度较薄的风化、半风化黏土岩。通常，不整合面上下的底砾岩、半风化壳受粒度、岩性、成岩作用等因素影响，物性好，渗流能力强，是流体侧向运移的有利通道；中间分隔的风化黏土岩相对致密，起到了分隔上下油气输导层的作用，形成了不整合面上下广泛分布的双层通道。勘探实践表明，准噶尔盆地腹部地区在中浅层不整合面上下大量富集，也反映了不整合面上下两套输导层对油气运聚成藏的重要影响。

4）输导要素组合类型

同东部断陷盆地常见的近距离油气运聚不同，准噶尔盆地腹部中浅层油气运移距离远，油气运移通常是由多个输导要素相互搭接，或以一种输导要素为主配以其他输导要素形成空间上复杂多变的复合输导体系。从复杂的输导要素中梳理出最主要的组合类型，有利于油气富集规律整体认识及预测成规模的油气富集区。勘探实践表明，准噶尔盆地腹部中浅层现有的油气也多是通过以下三类输导组合类型运聚成藏（图5-1-12）。

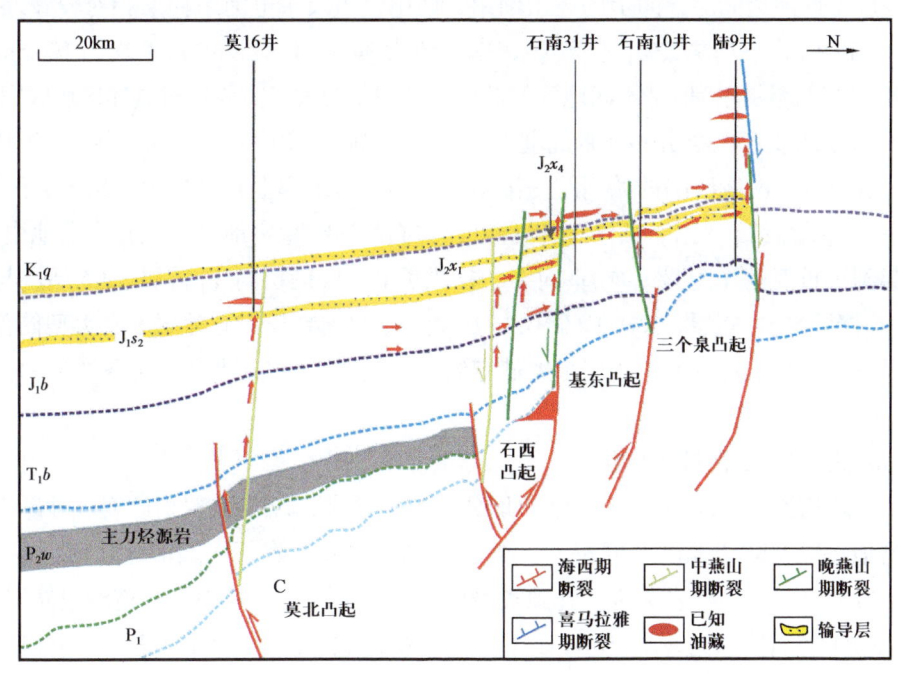

图5-1-12 准噶尔盆地腹部地区立体输导体系示意图

C—石炭系；P_1—下二叠统；P_2w—中二叠统下乌尔禾组；T_1b—下三叠统百口泉组；J_1b—下侏罗统八道湾组；J_1s_2—下侏罗统三工河组二段；J_2x_1—中侏罗统西山窑组一段；J_2x_4—中侏罗统西山窑组四段；K_1q—下白垩统清水河组

（1）断裂垂向单一输导型。油气通过沟通烃源岩的断裂体系穿过一套或多套纵向成藏组合直接垂向运移至上覆储层中的断块、岩性圈闭中成藏。此类组合中以沟通源储的深大断裂或继承性的深浅断裂体系为主，辅以局部的高孔隙度、高渗透砂层，油气垂向输导跨度大，侧向运移距离不远。断裂垂向单一输导型输导体系主要分布在腹部凹陷地区及周缘，如玛湖凹陷、盆1井西凹陷。

（2）断裂—毯砂阶状输导型。油气输导受通源断裂体系、多期毯砂、构造鼻凸带"三元"控制。烃源岩排出的油气在通过油源断裂沟通至浅层毯砂层后，受次级层间断裂和构造鼻凸影响，沿鼻凸两翼的岩性尖灭线呈阶状运移。断裂—毯砂阶状输导型输导体系主要分布在北部继承性构造凸起周缘，如莫北、莫索湾、石西等凸起。

（3）断裂—不整合复合输导型。油气通过断裂由烃源岩垂向到达不整合面上下时，受控于不整合下部风化层及上部的底砾岩层大规模侧向运移。平面上，不整合高渗透层顶面的构造起伏决定了油气侧向输导的优势路径。断裂—不整合复合输导型输导体系主要分布在燕山期古隆起周缘，如石西—石东凸起及南部车莫古隆起侧翼。

4. 主力储盖组合确定

准噶尔盆地腹部中浅层含油气层主要位于白垩系呼图壁河组、清水河组、侏罗系头屯河组、西山窑组、三工河组及八道湾组，埋深一般小于3500m为主。侏罗系八道湾组储层为低孔隙度、低渗透储层，向上的三工河组、西山窑组及头屯河组储层相对较好，孔隙度为13.1%～35.9%，平均17.7%；空气渗透率一般为34.3～1583.2mD，平均为106.5mD，属高孔隙度、高渗透储层，但是不同地区的储层物性相差较大，需要针对具体区块区别分析。

准噶尔盆地发育广泛分布于腹部地区的上三叠统白碱滩组、下侏罗统三工河组、下白垩统吐谷鲁群、南缘凹陷的始新统—渐新统安集海河组和上新统独山子组5套区域性盖层。其中，白碱滩组、三工河组及吐谷鲁群，它们都连续稳定地分布在整个盆地中，对油气封盖起到了重要的作用[11]。在垂向上，构成了P—T_2储层与T_3盖层、J_1b储层与J_1s盖层、J_2—J_3储层与K_1盖层、K_2—E_2储层与E_3盖层、N_1储层与N_2盖层5套大型储盖组合。本次主要研究侏罗系及以上的浅层主力储盖组合，包括J_1b储层与J_1s盖层和J_2—J_3储层与K_1盖层。

1）J_1b储层与J_1s区域盖层组合

侏罗系八道湾组（J_1b）储层在全盆地分布范围较大，以三角洲相砂岩、砂砾岩为主，平面上盆地边缘及陆梁地区厚度较大，在60～80m之间，腹部凹陷地区较薄，在20m以下。储层岩性以河流相砂岩为主，孔隙类型以粒间孔隙为主。其中，八道湾组储层平均孔隙度在12.7%左右，渗透率在5mD以下，为低渗透储层。三工河组储层质量相对较好，孔隙度平均为16.7%，渗透率在18mD左右。不同地区储层物性有较大的差异，莫西庄地区孔隙度平均为12.41%，渗透率在35mD左右，孔隙度和渗透率分布区间较大，沙窝地地区孔隙度平均为16.2%，渗透率在74mD左右[12]。侏罗系三工河组发育盆地第二套区域性盖层，为湖盆扩张期大套泥岩沉积[13]。

2）J_2—J_3储层与K_1盖层

该储盖组合下，中—上侏罗统储层分布范围较下侏罗统有所减小，主要分布在盆地西北缘、陆梁、南缘及克拉美丽山前地区。储层岩性以河流相砂岩及砂砾岩为主，孔隙类型以粒间孔隙为主。其中，西山窑组与头屯河组储层平均孔隙度在14%左右，渗透率低于10mD，均为低渗透储层；齐古组平均孔隙度在19.7%左右，渗透率高达85mD左右，储层质量较好。

白垩系吐谷鲁群储层主要分布在盆地西北缘及南缘地区，以河流相及滨浅湖相砂岩、砂砾岩为主，孔隙类型以粒间孔隙为主。其平均孔隙度在16%左右，渗透率为0.5~145mD，不同地区储层质量变化较大。此外，白垩系吐谷鲁群发育湖相厚层泥岩，物性较差，为一套盖层[13]。

5. 遮挡及圈闭成因确定

1）遮挡条件

准噶尔盆地腹部中浅层油气藏有较多的岩性地层油气藏，因此其遮挡条件包括不整合遮挡、岩性尖灭遮挡、断层遮挡等。

不整合遮挡比较典型的案例是石南21油藏，该油藏位于基东鼻凸东翼，含油气层位为侏罗系头屯河组，盖层为区内普遍发育的一套紫红色垮塌泥岩，经孢粉化石序列对比认为该垮塌泥岩为头屯河组与西山窑组之间区域不整合上发育的风化黏土层。通过盆地腹部中—晚侏罗世风化黏土岩的厚度研究发现，风化黏土层分布的厚度与石南21井区油气分布具明显的相关性，古凸起斜坡区风化黏土层最厚，油藏也最发育（图5-1-13）。综合以上分析，认为石南21油藏为受其顶部不整合面风化黏土层遮挡的地层油气藏。

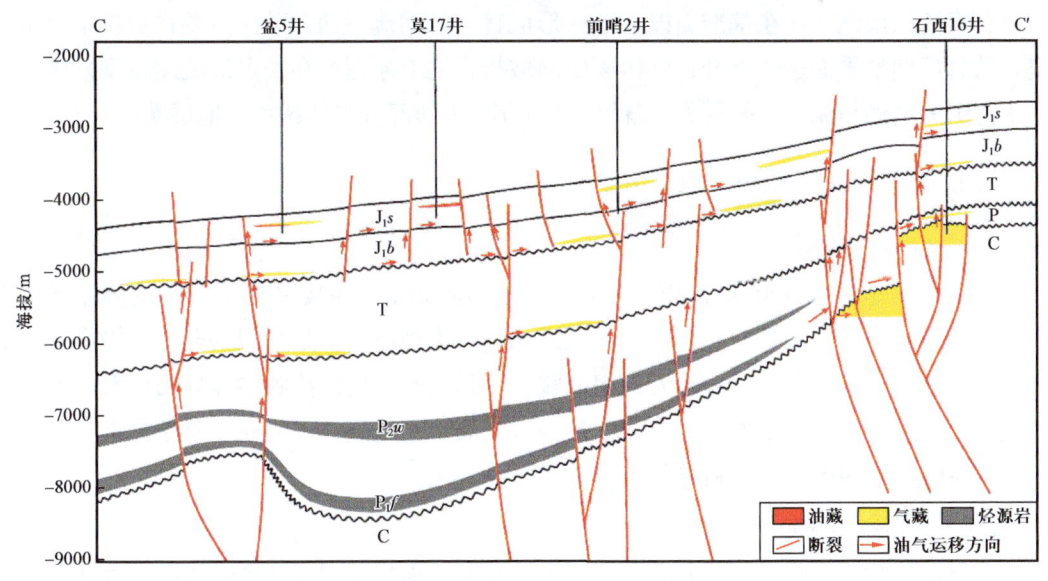

图5-1-13　盆1井西凹陷东斜坡北东—南西向油气成藏模式[14]

继承性古凸起周缘地带是油气聚集的有利地带，在古凸高部位往往发育地层剥蚀尖灭线，斜坡区发育岩性超覆尖灭带，这种类型的尖灭带经常分隔水系，在凸起周缘形成岩性、岩相变化带，对油气形成良好的遮挡。石南 21、石南 31 油藏及西翼的多个断层—岩性油气藏都受到岩性尖灭带或岩相变化带遮挡。

在准噶尔盆地腹部浅层发育较多的断块油藏，例如盆 1 井西凹陷东斜坡，二叠系烃源岩生成的油气沿海西期和早—中燕山期断裂构成的接力输导系统运移至侏罗系，最终在三工河组圈闭内聚集成藏。其纵向上多层系分布，受断裂—砂体共同控制成藏，烃源岩—断裂—砂体控制油气藏分布，多期断裂是三工河组有效圈闭油气聚集的动力和遮挡条件（图 5-1-13）。

2）圈闭成因

油气圈闭的成因与构造运动密切相关，通过对准噶尔盆地构造运动的解析以及典型油藏的解剖，明晰腹部浅层圈闭受到构造、地层、岩性等多种因素的影响。

尽管准噶尔盆地经历了海西期、印支期、燕山期和喜马拉雅期多期构造活动，但影响最为明显的为燕山运动和喜马拉雅运动。燕山期、喜马拉雅期的构造抬升和上隆，使得目前发现的地层油气藏大多数集中在燕山期、喜马拉雅期构造层序内。燕山运动造成准噶尔盆地腹部大面积抬升隆起剥蚀，形成了广泛发育的剥蚀区和大中型不整合，这些剥蚀区是确定地层圈闭发育范围的最重要因素，一般来说，继承性古隆起和低幅度背斜构造是剥蚀区发育的主要构造带，侏罗纪末期强烈上隆，基东鼻凸和三南凹陷过渡的斜坡带的地层都被剥蚀，形成了大片的剥蚀区，受不整合顶部的风化黏土岩或清一段顶部高伽马泥岩遮挡，就可以形成类似于石南 31 底部砂组的残丘型地层圈闭；构造高部位地层翘倾并遭受剥蚀，形成类似于石南 21 油藏的削截型单斜地层圈闭。

清水河组沉积初期，准噶尔盆地刚经历过侏罗纪末期的区域性抬升剥蚀，湖盆主要退缩至莫索湾以南地区，在基准面以上地区形成普遍的河流下切，砂体主要在坡折带之下富集。随着后期湖平面逐渐上升，砂体逐层向坡折带之上超覆，在坡上形成超覆型砂体。受清水河组的高伽马泥岩段的封盖，就可形成石南 31 顶部砂组的超覆型地层圈闭。

6. 控藏要素及成藏模式确定

1）控藏要素分析

准噶尔盆地腹部远源次生岩性地层油气藏形成和富集主要受控于三类优势输导体系及遮挡、成圈条件，主要存在三种岩性地层油气富集规律：一是断裂垂向单一输导立体成藏；二是断裂—不整合复合输导大面积成藏；三是断裂—毯砂阶状输导环凸成藏。准噶尔盆地腹部中浅层远源次生油气藏形成三种油气成藏富集模式，本书通过总结分析，初步梳理出相对应的不同控藏要素和控藏作用（表 5-1-1）。

2）成藏模式确定

通过油气藏解剖及实例井分析，结合源储关系、输导类型及成藏主控因素等建立了准噶尔盆地腹部中浅层三大类远源次生油气藏成藏模式，分别为源上型、源外型和次生型。本书所梳理的远源次生油气藏 6 种典型成藏模式其中的 5 种在准噶尔盆地腹部中浅层都有发育，在本书第三章第一节进行了细致分析，此处不再赘述。

表 5-1-1　准噶尔盆地三种油气富集模式和对应控藏要素及作用

油气富集模式	控藏要素	控藏作用
断裂垂向单一输导立体成藏	沟通深部油源的断裂体系	构成油气垂向优势运移通道，控制油气沿断裂带垂向规模运移
	油气垂向优势运移通道	控制油气沿断裂带垂向规模运移，垂向封堵及侧向遮挡油气
	断裂—砂体的合理配置	可形成岩性上倾尖灭油气藏及断层—岩性油气藏
断裂—不整合复合输导大面积成藏	沟通不整合面的断裂体系	构成垂向、侧向复合输导体系，构成油气优势输导通道，控制油气规模运移
	区域不整合面之上的退覆式三角洲叠置砂体	湖侵泥岩与下部三角洲砂体构成优质储盖组合，横向大面积分布，侧向油气受坡折带等遮挡形成平面大面积分布的地层岩性油气藏
	区域不整合与退覆式三角洲形成的大面积岩性地层圈闭	近源岩性地层油气藏和远源岩性地层油气藏都受控于岩性地层圈闭
断裂—毯砂阶状输导环凸成藏	继承发育的断裂—鼻凸带	所发育的深层断裂控制早期凸起和晚期断裂及鼻凸，并为油气垂向运移提供优势通道及侧向优势运移通道
	中浅层毯砂和浅层阶状输导体系	毯砂为油气侧向运移主要载体，阶梯状输导体系使油气由鼻凸低部位向高部位优势输导层变新变高
	继承性古凸起周缘的地层岩性尖灭带	对侧向运移油气起遮挡作用

三、准噶尔盆地腹部中浅层有利区带评价与优选

针对准噶尔盆地腹部中浅层有利区带评价，选择以准噶尔盆地腹部远源次生高效油气藏为研究重点，深入分析油气成藏过程及成藏主控因素配置关系，分层系评价有利区带，在明确油气成藏过程基础上，紧密围绕规模型和效益型两大勘探领域，梳理了侏罗系三工河组、头屯河组，白垩系清水河组三大目的层关键控藏要素，优选12个规模油气藏有利勘探区带。

1. 准噶尔盆地腹部三工河组有利区带评价

通过叠合烃源区、断裂带、鼻凸带、砂质碎屑流等控藏要素，编制侏罗系三工河组二段综合评价图（图5-1-14）。以三工河组二段综合评价图为基础，综合三工河组二段油气成藏主控要素，优选6个断块、岩性油气藏扩展区。

（1）达北—夏盐低凸中北段：达北古凸起带有利于形成断裂直通型断块—规模油气藏；夏盐低凸中北段利于形成接力调整型断块—高效油气藏。

（2）达南—基东鼻凸倾没端：达南古凸起带利于形成断裂直通型断块、岩性—规模油气藏；基东倾没端利于形成接力调整型断块—高效油气藏。

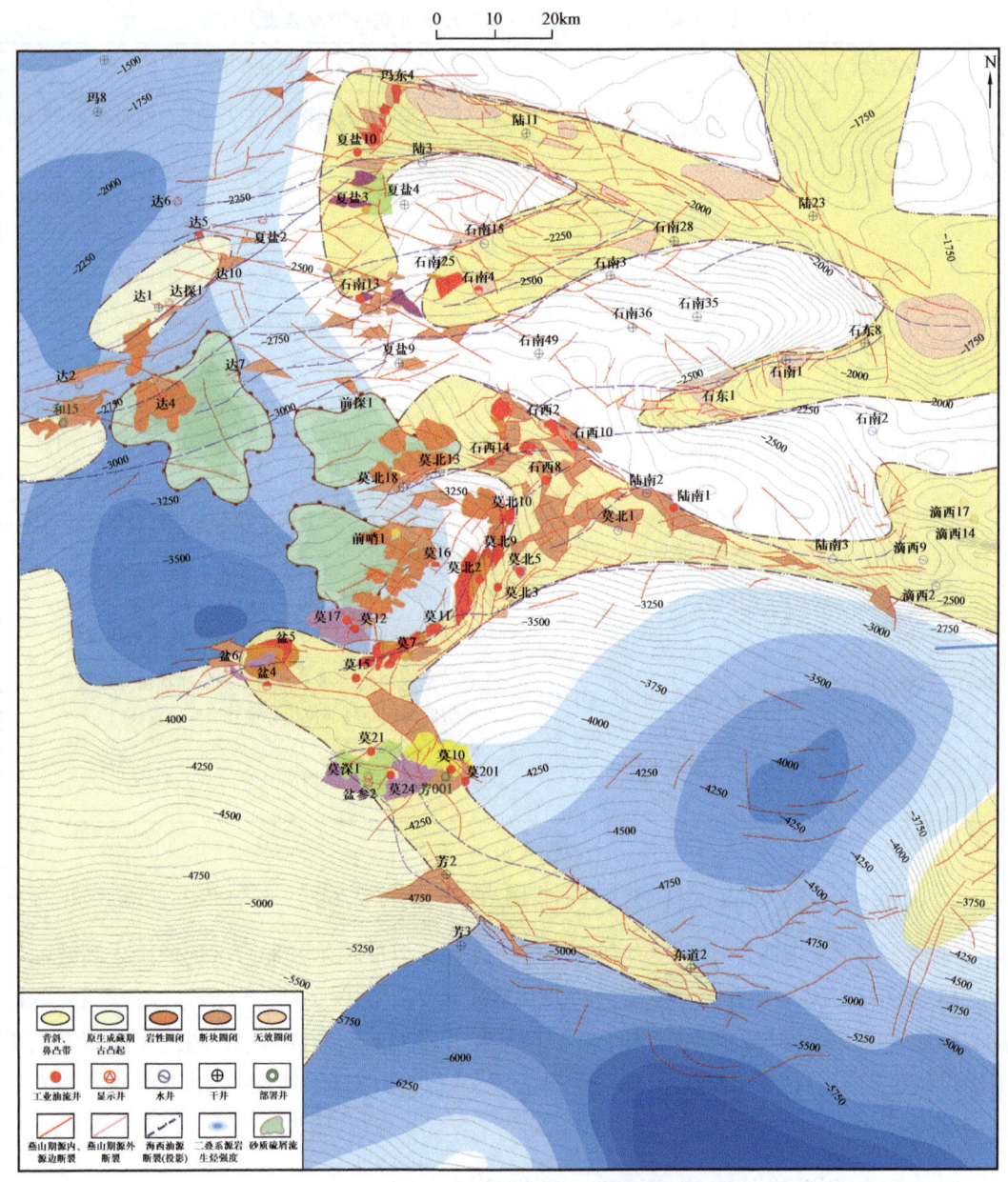

图 5-1-14 准噶尔盆地腹部三工河组综合评价图

（3）石西倾没端：主要发育断裂直通型岩性—规模油气藏。

（4）前哨低凸带：主要发育断裂直通型岩性—规模油气藏。

（5）莫北凸起东北端：主要发育接力调整型断块—高效油气藏。

（6）莫索湾鼻凸：主要发育断裂直通型断块、岩性—规模油气藏。

2. 准噶尔盆地腹部侏罗系头屯河组有利区带评价

通过叠合烃源区、鼻凸、尖灭线、风化黏土岩等控藏要素，编制侏罗系头屯河组综合评价图（图 5-1-15）。以头屯河组综合评价图为基础，结合头屯河组油气成藏主控要素，优选 3 个有利勘探区。

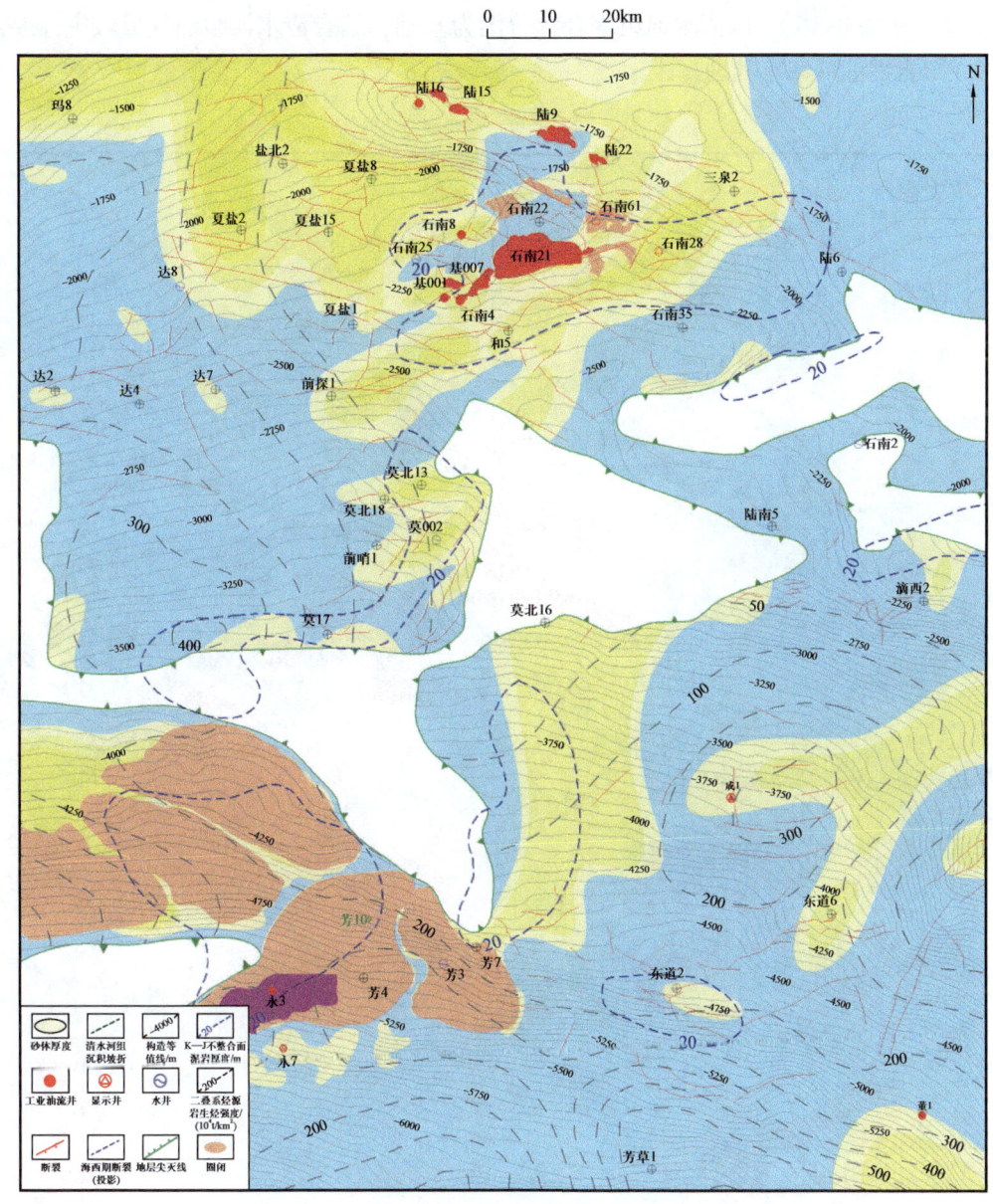

图 5-1-15　准噶尔盆地腹部侏罗系头屯河组综合评价图

（1）基东鼻凸两翼：以石南 21 油气藏为代表，发育源外阶状输导型地层岩性—规模油气藏。

（2）莫索湾凸起西南翼：以征 1 井油层为代表，发育源内断裂直通型地层岩性—规模油气藏。

（3）永进凸起东北翼：以永进油田为代表，发育源内断裂直通型地层岩性—规模油气藏。

3. 准噶尔盆地腹部白垩系清水河组有利区带评价

通过叠合烃源区、古油藏、构造、沉积体系、风化黏土岩等要素,编制清水河组综合评价图(图 5-1-16)。以清水河组综合评价图为基础,结合清水河组油气成藏主控要素,优选 3 个岩性油气藏有利勘探区。

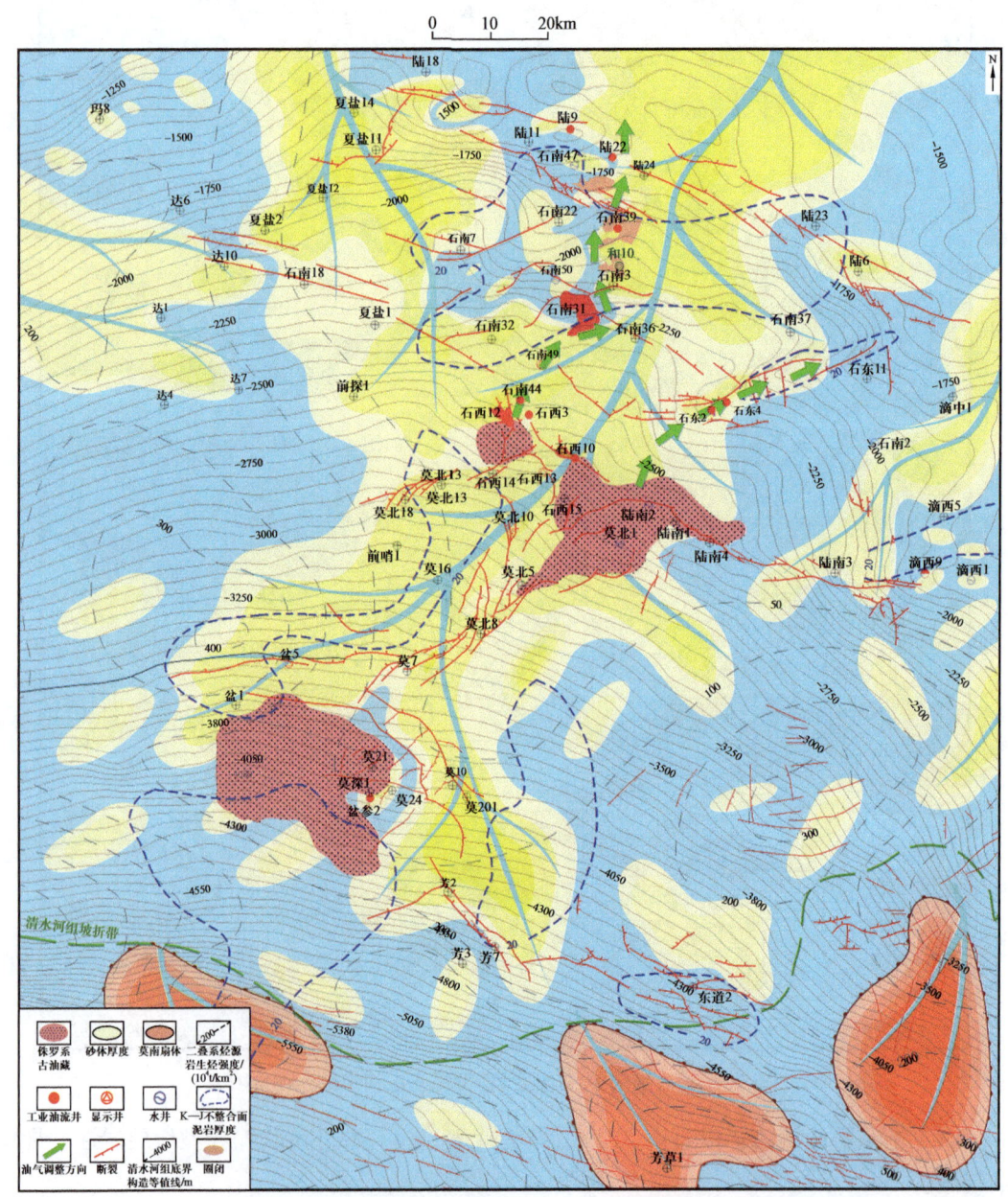

图 5-1-16 准噶尔盆地腹部白垩系清水河组综合评价图

(1)基东鼻凸东翼:以石南 31 油气藏为代表,主要发育源外古油藏调整型岩性—规模油气藏。

（2）石东鼻凸西翼：以石东2油气藏为代表，主要发育源外古油藏调整型岩性—规模油气藏。

（3）莫索湾南部低位扇：结合最新沉积研究成果，目标类型为源内断裂直通型岩性—规模油气藏。

第二节　柴达木盆地阿尔金山前油气藏地质综合评价

一、柴达木盆地阿尔金山前地质概况

柴达木盆地位于青藏高原北部，为昆仑山、阿尔金山、祁连山三大山系所环绕，是典型的高原内陆干旱盆地，盆地平均海拔2900m，沉积岩面积约$12×10^4km^2$。近年来，阿尔金山前带油气勘探不断取得突破，先后发现了东坪、牛东、尖北等多个大中型气田，已成为青海油田天然气勘探的重点和热点地区[15]。阿尔金山前东段区域的构造演化及油气成藏过程与盆地西南部有明显区别，通过地质评价流程及方法对其进行案例解剖（图5-2-1），对认识阿尔金断裂新生代活动方式、盆地油气成藏和勘探具有重要意义。

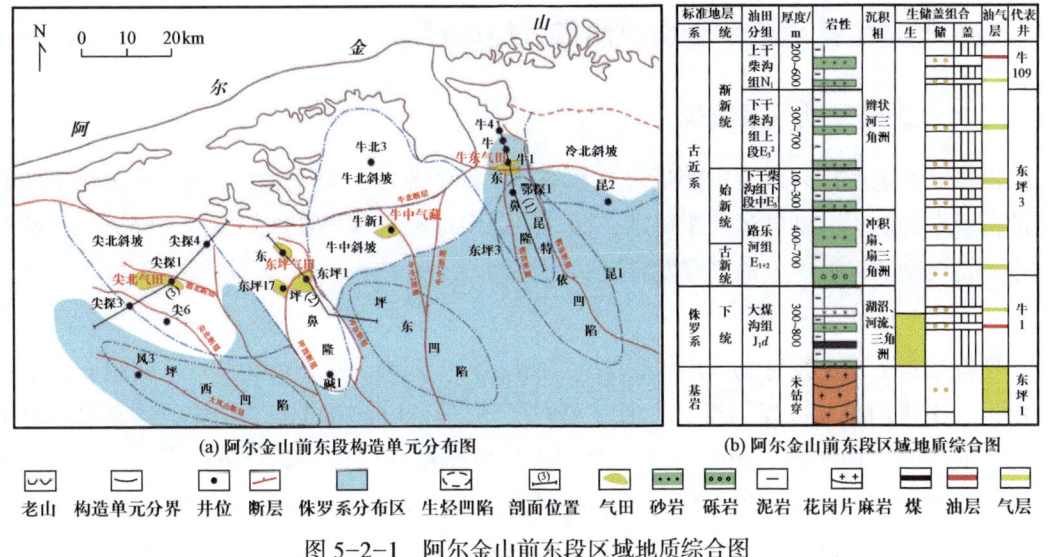

图5-2-1　阿尔金山前东段区域地质综合图

阿尔金山前东段地区受阿尔金走滑断裂活动影响，整体表现为南倾的构造斜坡，自西向东形成尖北斜坡、东坪鼻隆、牛北斜坡、牛中斜坡、牛东鼻隆、冷北斜坡6个构造单元，鼻隆与斜坡带相间排列，鼻隆带延伸较远，斜坡带相对宽缓。研究区以古近纪—新近纪沉积为主，总厚度为1000～5000m，地层整体向山前呈抬升减薄趋势。阿尔金山前带基岩及岩性较为复杂，主要为早元古代变质岩基底上形成的多期花岗岩侵入，岩性以花岗岩和变质岩为主，侏罗系以湖沼相、河流相和三角洲相为主，岩性以泥岩和砂砾岩为主，烃源岩主要分布于其南侧，自东向西分别发育昆特依、坪东、坪西侏罗系生烃凹陷。研究

区存在两种地层组合：一种是东坪地区地层组合，下部缺失侏罗系，自下而上分别为基岩、路乐河组（E_{1+2}）、下干柴沟组（下段 E_3^1、上段 E_3^2）、上干柴沟组（N_1）、下油砂山组（N_2^1），主要分布于东坪鼻隆、尖北斜坡、牛中斜坡；另一种是牛东地区地层组合，下部地层层序较全，自下而上分别为基岩、下侏罗统（J_1）、路乐河组（E_{1+2}）、下干柴沟组（下段 E_3^1、上段 E_3^2）、上干柴沟组（N_1），主要分布于牛东鼻隆。

阿尔金山前东段地区主要经历了燕山期和喜马拉雅期三个大的构造演化阶段：燕山早期断陷阶段—中生代（侏罗纪）的整体伸展断陷阶段，该阶段构造活动较强并形成了大规模的断裂，控制了现今侏罗系的分布范围和残留厚度；喜马拉雅早期断坳阶段—路乐河组—下干柴沟组上段的拉分断陷阶段，自盆地内部向阿尔金山前，各套地层均逐渐减薄，断裂、褶皱等构造活动相对减弱，东坪地区在断裂的控制下具有了古斜坡背景；喜马拉雅中晚期挤压反转阶段—上干柴沟组—下油砂山组的坳陷阶段，阿尔金山前发育一系列向盆内突出的弧形山体，由此形成向盆内倾伏的东坪、牛东等大型鼻隆，受燕山期断裂与弧形山体的共同控制，阿尔金山前带呈现"隆坳相间"的构造格局[16]。鼻隆主要分布在断裂的上盘，平面上延伸至侏罗系生烃凹陷中，鼻隆内各类圈闭非常发育，成藏条件优越。

二、柴达木盆地阿尔金山前油气藏地质评价

1.主力源灶及油气系统确定

勘探研究表明，阿尔金山前带自身基本不发育烃源岩，油气主要来源于东南侧生烃凹陷的侏罗系烃源岩，油气运移距离远，而储层以山前隆起和斜坡区的古近系碎屑岩和基岩为主，是典型的远源次生油气藏发育区。

1）主力烃源岩特征

侏罗系自下而上发育湖西山组、小煤沟组、大煤沟组、采石岭组和红水沟组，其中湖西山组、小煤沟组和大煤沟组是主力烃源岩层系，厚度近2000m[18]。侏罗系烃源岩总体以北西向展布，面积约为20000km²，其中下侏罗统湖西山组主要分布在冷湖构造带，主要为湖相暗色泥岩，局部发育煤层和碳质泥岩，下侏罗统小煤沟组和大煤沟组1～3段主要发育在鄂博梁构造带以西，延伸至阿尔金山前，发育以碳质泥岩、泥岩和煤层为特征，发育坪西、坪东、昆特依、伊北等多个生烃凹陷。大煤沟组4～7段集中发育在祁连山前，发育河流相和沼泽相，暗色泥岩、油页岩和煤系地层发育，主要发育鱼卡、尕丘等凹陷（图5-2-2）。

下侏罗统小煤沟组和大煤沟组烃源岩在坪西、坪东、昆特依生烃凹陷广泛分布，有效面积大，埋深变化大，以东坪构造以东的坪东—昆特依侏罗系凹陷为例，其有效烃源岩面积达到3500km²，埋深达到3000～10000m[19]。烃源岩随埋深增大，产气量增大，产气率达到300m³/t；有机质丰度高，以Ⅲ型干酪根为主，热演化程度高，以生气为主。

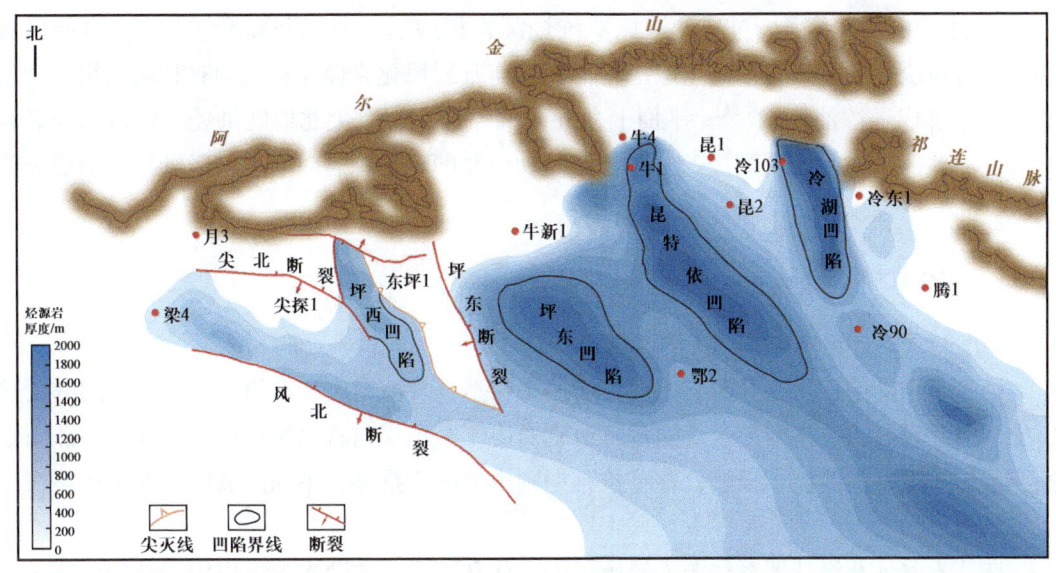

图 5-2-2 柴达木盆地侏罗系烃源岩分布特征[17]

2）烃源灶分布及控制范围

众多学者针对柴达木盆地阿尔金山前带进行了油气源对比分析[18,20-21]。周飞等[20]以柴达木盆地东坪—牛东地区天然气组分及碳同位素数据为基础，分析了天然气地球化学特征及成因和来源，研究结果发现，研究区烃类气体以甲烷为主，重烃（C_{2+}）含量低，介于 0.5%～6.5%。东坪地区天然气干燥系数大于 97%，为干气；牛东地区天然气干燥系数介于 90.3%～98.1%，具有干气、湿气共存的特点。天然气 $\delta^{13}C_1$ 值介于 −17.58‰～−36.4‰，$\delta^{13}C_2$ 平均值大于 −29‰，其中东坪 3 区块烷烃碳同位素倒转，呈现无机成因气的特征，结合 CO_2 含量与 $\delta^{13}C_{CO_2}$ 值的关系，以及研究区发育高成熟侏罗系煤系烃源岩的地质背景，综合研究认为天然气为有机成因的煤型气。通过天然气成熟度和流体包裹体研究，结合阿尔金山前东段的成藏模式，认为牛东地区天然气来源于昆特依凹陷下侏罗统煤系烃源岩，东坪地区天然气来源于坪东—里坪凹陷下侏罗统煤系烃源岩。田光荣等[21]通过天然气组分和碳同位素组成的分析，确认牛东地区天然气来源于昆特依凹陷，东坪地区及牛中地区天然气来源于坪东凹陷，尖北地区天然气来源于坪西凹陷（图 5-2-2）。

3）油气系统划分

通过烃源岩研究及气源对比，确定了阿尔金山前气藏的油气系统。纵向上，下侏罗统小煤沟组和大煤沟组 1～3 段烃源岩为主力烃源岩，储层为阿尔金山前的基岩储层和侏罗系、古近系—新近系碎屑岩储层，包括下侏罗统（J_1）、路乐河组（E_{1+2}）、下干柴沟组（下段 E_3^1、上段 E_3^2）、上干柴沟组（N_1）、下油砂山组（N_2^1）等。该区基底片麻岩、花岗岩发育裂缝及溶蚀孔洞，可作为良好的储层。阿尔金山前东段古近系路乐河组普遍发育一套含膏泥岩沉积，是良好的盖层，可与基岩风化壳形成良好的储盖组合。尽管阿尔金山前东段自身缺乏有效烃源岩，但该地区受燕山期和喜马拉雅期构造运动影响，地层内部发育深大断裂，可与邻近高—过成熟下侏罗统烃源岩相沟通，油气可沿不整合面向隆起区运移，在古新统—始新统路乐河组厚层含膏泥岩与基岩风化壳储层构成的有利储盖组合中聚集成藏，形成远源油气藏[22]。平面上，坪西凹陷烃源岩对尖北地区供烃，坪东凹陷烃源岩对东坪地区及牛中地区供烃，昆特依凹陷和伊北凹陷烃源岩对牛东地区供烃，形成天然气藏。

2. 关键成藏期确定

1）生烃史

阿尔金山前的侏罗系烃源岩主要经历两个构造—埋藏阶段，有机质经历了不同的受热历史，引起烃源岩发生两期生烃演化，分别对应于燕山期与喜马拉雅期，该区域在燕山期侏罗系最大埋藏由西向东推移，喜马拉雅期则由北向南推移，不同区域埋藏的时代存在一定差异。

柴达木盆地北缘侏罗系烃源岩经历了中生代和新生代的两次深埋作用，结合构造—沉积作用研究和不同构造单元上的单井有机质热演化研究，揭示了烃源岩在构造—埋藏作用的控制下，侏罗系有机质的受热温度呈阶段性增加。在燕山期下侏罗统底烃源岩最高受热温度较低；而到喜马拉雅期，由于埋深不断增加，下—中侏罗统底有机质受热温度大幅度增加，导致烃源岩的成熟度大幅度增高。由于埋藏的差异，烃源岩域上成熟演化存在明显分异，多数地区仅发生一次生烃作用，而部分地区发生过两次生烃演化，但主要生烃作用发生在喜马拉雅期。

生烃史研究表明，下侏罗统烃源岩经历了成熟、高成熟—过成熟等演化阶段，具有持续生烃、多期充注的特点，为阿尔金山前气藏的形成提供了充足的气源。坪东—昆特依凹陷侏罗系烃源岩于古新世—始新世末期（E_{1+2}）进入生烃门限（$R_o>0.5\%$）；渐新世—中新世早期（$E_3—N_1$早期），R_o值介于$0.5\%\sim1.3\%$，为生油高峰期，并有伴生气产出；中新世末期（N_1晚期），R_o值已达到1.3%，进入大量生气阶段，随着埋藏深度的不断增大、热演化程度的不断提高，到上新世—更新世早期（N_2^3—Q早期）R_o值达到3.0%，甚至更高，这个时期侏罗系烃源岩始终处于生气高峰期，并延续至今，天然气资源量达到$1\times10^{12}m^3$。

2）油气成藏史

成藏期次是油气成藏研究的重要内容，是了解成藏过程的重要步骤。成藏期次的确定通常有两种途径[23]：一是绝对定年法，即储层成岩矿物（主要是伊利石）同位素年代学分析法；二是相对定年法，即有机包裹体光性特征和均一温度分析法。

采用成熟度—生烃史法与储层流体包裹体法相结合的方法进行研究[21]，气源分析表明：牛东地区天然气来源于昆特依凹陷；东坪（包括东坪1、东坪17和东坪3井区）、牛中地区天然气来源于坪东凹陷；尖北地区天然气来源于坪西凹陷。根据探井和区域资料分别编制了昆特依、坪东、坪西3个生烃凹陷的生烃演化史图。把牛1、东坪1、尖北1等

井的天然气 R_o 数值投到对应的凹陷生烃史图上（这里忽略天然气在运移过程中成熟度的变化），确定了各个地区天然气藏的成藏时期。同时，利用牛1、牛3、东坪1等井的流体包裹体资料辅助确定油气充注及成藏期次。

分析结果表明，阿尔金山前各个区块成藏期次存在明显差异。牛东地区天然气藏为渐新世中晚期（N_1沉积期）、中新世中期（N_2^1沉积期）共两期成藏（图5-2-3），对应的天然气 R_o 值分别为0.9%和1.4%。另外，牛1井在1163.60m（E_3^2）、2225.10m（J_1）分别检测出发蓝绿色荧光和发黄绿色荧光的两类油包裹体，牛1井在2227~2233m（J_1）的储层包裹体中检测出70~80℃、90℃共两组均一温度数据，牛3井在681~689m（E_3^2）检测出50℃、60℃共两组均一温度数据，也佐证了该区存在两期油气充注、两期成藏。

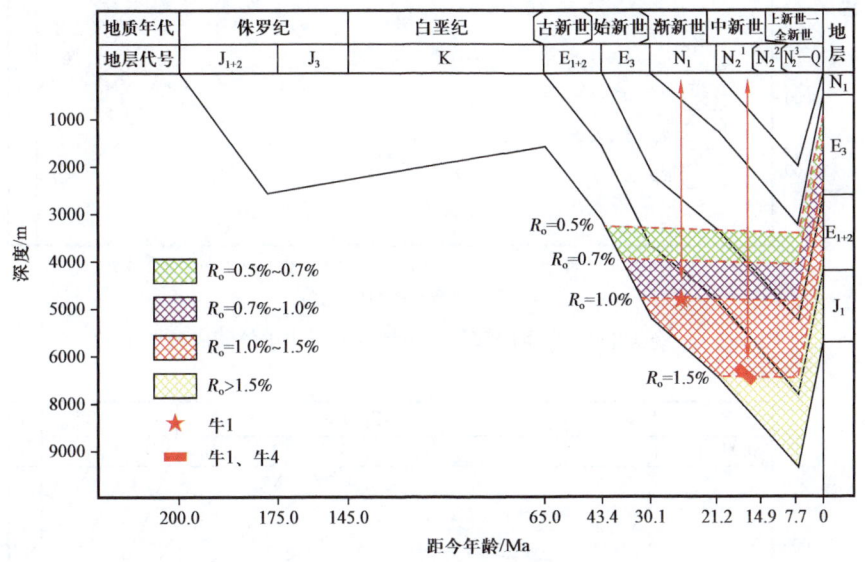

图5-2-3　昆特依凹陷 J_1 生烃演化与牛东气藏成藏期次[21]

东坪地区气藏具有持续充注、多期成藏的特征，主要包括渐新世早期（E_3^2沉积期）、渐新世中晚期（N_1沉积期）、中新世早中期（N_2^1沉积期）、中新世中晚期（N_2^2沉积期）和上新世至全新世（N_2^3—Q沉积期）5个成藏期（图5-2-4）。

东坪1井区天然气主要为中新世中晚期（N_2^2沉积期）1期成藏的产物，但个别烷烃碳同位素系列出现倒转现象，可能存在不同成熟度天然气的混入，同时东坪1井路乐河组（E_{1+2}）储层流体包裹体中检测出3组均一温度（80℃左右、90℃左右、120℃左右），结合该井埋藏史分析，其分别对应于渐新世中晚期（N_1沉积期）、中新世早中期（N_2^1沉积期）和中新世中晚期（N_2^2沉积期）共3期油气充注。综合分析认为，该区具有多期充注、1期成藏为主的特征；东坪3井区天然气存在4个成藏期（图5-2-3），分别为渐新世晚期（N_1沉积末期）、中新世早中期（N_2^1沉积期）、中新世中晚期（N_2^2沉积期）和上新世至全新世（N_2^3—Q沉积期）；东坪17井区天然气也来源于坪东凹陷，但成熟度较低，反映成藏期比较早，结合生烃史识别出渐新世早期（E_3^2沉积期）、渐新世中期（N_1沉积期）

共两个成藏期（图5-2-4）；牛中地区天然气成熟度单一，为渐新世晚期（N_1沉积期）一期成藏。尖北地区（尖探1井区）天然气成熟度单一，为中新世中期（N_2^1）一期成藏（图5-2-5）。

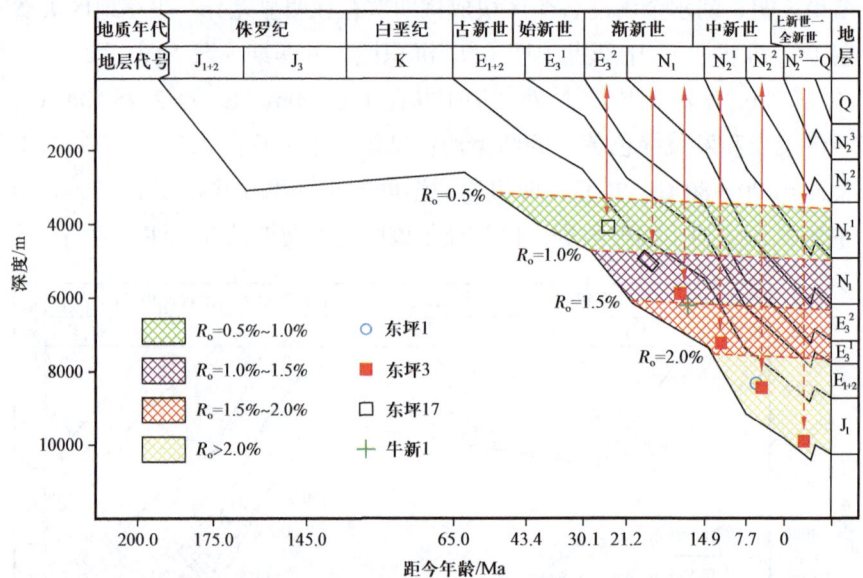

图5-2-4　东坪凹陷J_1生烃演化与东坪气藏、牛中气藏成藏期次[21]

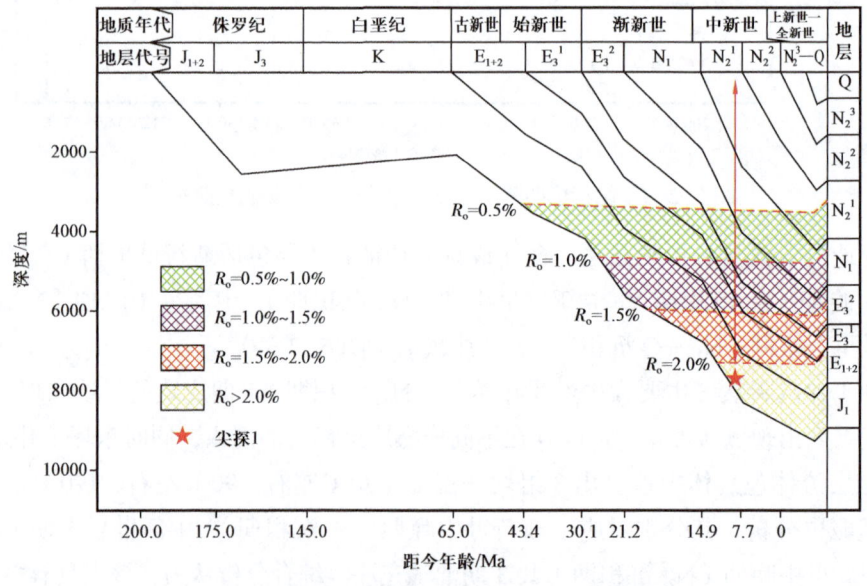

图5-2-5　坪西凹陷J_1生烃演化与尖北基岩气藏成藏期次[21]

3. 优势输导体系刻画

阿尔金山前东段输导要素主要为近南北向油源断层、基岩不整合结构层（主要为基岩风化残积层和半风化层）。断层以垂向输导为主，不整合以横向输导为主。基于基岩不整合与侏罗系不整合输导性存在显著差异，结合膏泥岩盖层的发育程度和对油气的控制作用，可将该区输导体系划分为两种组合类型（图5-2-6）：断层与基岩不整合输导组合、断层与侏罗系不整合输导组合。

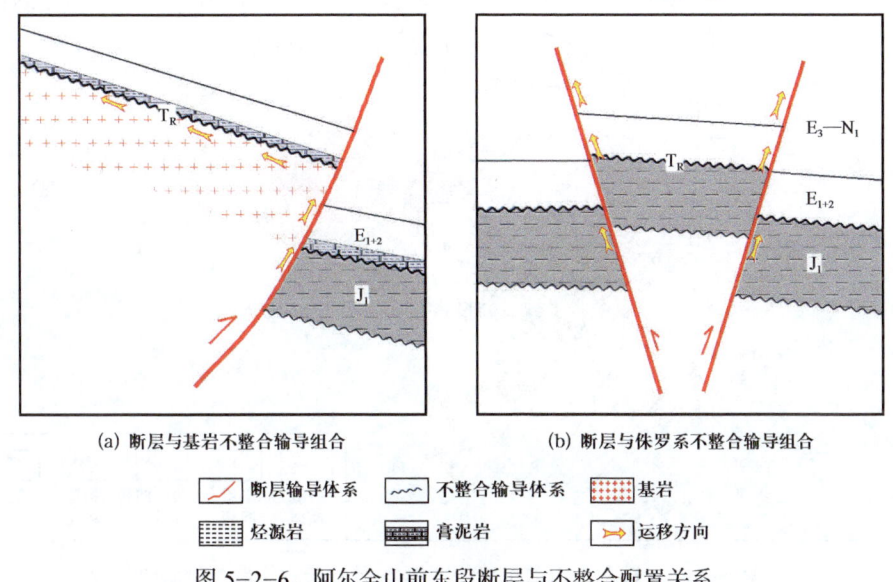

图 5-2-6 阿尔金山前东段断层与不整合配置关系

1）断层输导体系

（1）断层发育特征。

受区域构造挤压背景控制，研究区断层均为逆断层，平面上主要发育近东西向、近南北向、北西向三组断裂。根据断裂对构造、沉积的控制及演化史，可以分成一级断裂、二级断裂、三级—四级断裂三个级别。一级断裂（牛北断裂），控制盆地沉积，断穿基底，上下盘断距大（1000~2500m），平面上延伸距离大；二级断裂，控制构造带，是构造带的分界线，断距比较大（500~2000m），平面延伸距离较远，如坪东断裂、牛东断裂、鄂东断裂、潜北断裂等；三级—四级断裂，控制局部构造和圈闭，如形成鼻状构造的两翼断层，剖面上断距相对小（<500m），平面上延伸较短，如牛中 F_1、F_2 等断裂。根据断层与侏罗系生烃灶的配置关系，近南北向和北西向两组断层是该区最重要的油源断层，这两组油源断层的输导能力是控制山前带油气成藏的重要因素（图5-2-7）。

构造演化研究表明，该区断层形成期次较多，按发育期次可分为三类：早期断层，在古近纪发育，后期停止活动，如坪西、牛中 F_1、鄂西断层；继承性断层，这类断层自中生代以来长期继承性发育，一直持续到第四纪前，在剖面上具有生长断层特点，如坪东、牛东、鄂东断层等；晚期滑脱断层，形成于第四纪中晚期，断层面一般比较缓，向下消失在渐新统（E_3）中，如鄂西浅断层。由图5-2-8不难看出，①②类断层向下断至基岩、断穿侏罗系，纵向上沟通了烃源岩和储层，其输导性对油气成藏起控制作用。而③类断层由于形成时期晚（晚于主要成藏期），且数量少，纵向上未断至侏罗系烃源层，对油气成藏影响有限。

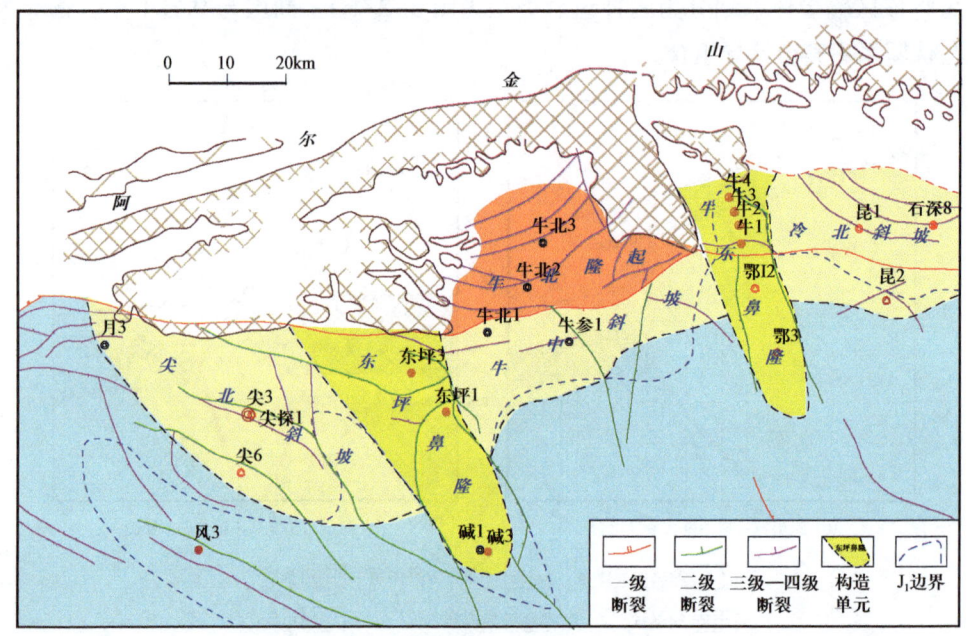

图 5-2-7　阿尔金山前东段构造纲要及 T_R 反射层断裂体系图

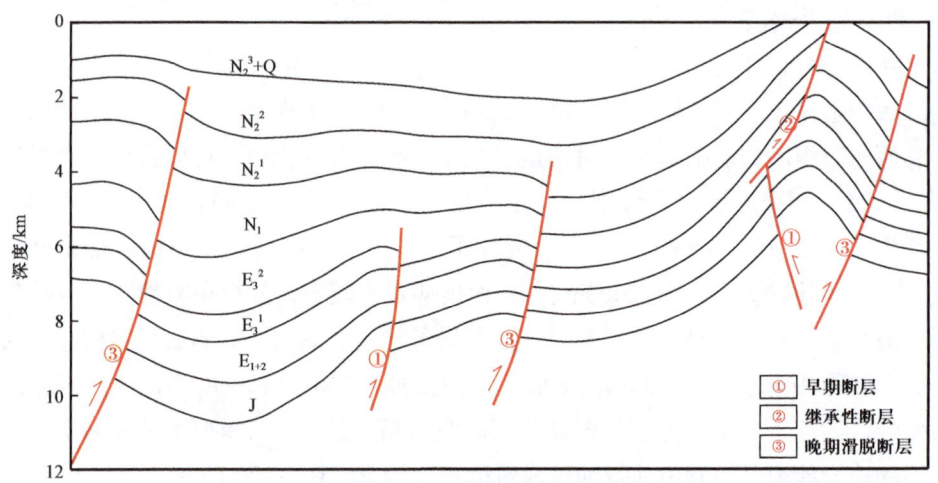

图 5-2-8　阿尔金山前断裂期次

（2）断层输导性。

大量研究已经证实，断层活动时期的"地震泵"效应使断层带在垂向上具有很好的输导性。但是这种活动性断层在输导油气的同时，也可能导致油气沿断裂带向地表逸散，除非在垂向上有较厚的塑性地层（如膏岩、泥岩等）的存在。由于该区纵向上不发育区域性的塑性地层，因此活动时期的断层输导性对该区油气成藏可能不起决定性作用。另一方面，虽然早期断层和继承性断层，尤其是继承性断层活动持续时间长，但由于断层活动是幕式的，即使是长期发育的继承性断层，相对于静止期，其活动期的时间总和也是非常小的。因此，认为静止时期的断层输导性可能是该区油气成藏的关键因素。这里讨论的断层输导性主要是指其静止时期的输导性。

影响断层输导性的因素很多，包括断层的力学性质、断层面形态、断层走向、断距、断裂充填物的性质、断层两盘岩性对置、断层面的泥岩涂抹等。不同地区勘探程度不同，资料的丰富程度不同，断裂体系输导性评价可以采取不同的方法。

按照断层输导性评价方法，首先找到过同一个点的 3 条不同方向的地震剖面，利用平衡剖面法计算各个地层单元的构造形变率，建立应力应变方程组，进而求取各个时期最大主压应力方向，根据最大主压应力方向与断层走向之间的夹角确定断层输导性：夹角≤30°为输导性好的开启断层；30°≤夹角≤60°为输导性较好的半开启断层；夹角＞60°定义为输导性差的封闭断层。从评价结果来看（图 5-2-9），不同时期、不同地区断层输导性差异较大，直接控制该区油气差异成藏。

2）不整合输导体系

柴达木盆地发育多个区域不整合，其中 T_a 反射层不整合在侏罗系分布区直接与烃源层接触，且分布范围大，是该区最重要的区域角度不整合，控制油气远距离运移。

根据不整合面上、下地层接触关系，T_R 不整合可划分为两种类型：一是基岩（顶）不整合，在缺失侏罗系的隆起区，古近系与基岩直接接触，不整合面上、下分别为古近系和基岩，该区的尖北、东坪、牛中及牛北等大部分地区均属此类；二是侏罗系（顶）不整合，在侏罗系发育区，不整合面上、下分别为古近系和侏罗系（J_1），主要分布在牛东地区。

研究区基岩不整合和侏罗系不整合都主要包括不整合面之上的底砾岩层、不整合面之下的风化残积层和半风化层三层结构。两种不整合面之间存在岩性组成、内部结构及其演化历史的差异，不同类型不整合以及不同结构层的输导性存在明显差异。本书第二章已对不整合的结构及输导特点进行了详细描述，本部分只介绍输导性能比较好的体系。

勘探研究表明，研究区输导性比较好的是基岩不整合的风化残积层和半风化层，底砾岩层整体输导性能较差，研究区侏罗系不整合在局部地区具有一定的输导能力，但是整体输导性不好。

研究区基岩不整合风化残积层储集空间较发育，岩石具有孔隙、裂缝双重孔隙结构，孔隙以溶蚀孔+网状缝（解理缝+低角度缝+部分充填的高角度缝）为主，在扫描电镜下还可见超微观的基质微孔，物性较好，孔隙度为 1.8%～11.6%，平均为 4.3%。因此，该结构层具有良好的输导性能。

基岩不整合的半风化层受基底岩性和古构造控制，其厚度变化大，从数十米到数百米不等，一般大于 100m，分布广泛。岩石孔隙以高角度缝+溶蚀缝为主，发育少量的溶蚀孔隙，物性较好。据钻井资料统计，东坪地区半风化层孔隙度为 1.1%～5.0%，平均为 2.4%，具有较好的输导性能。

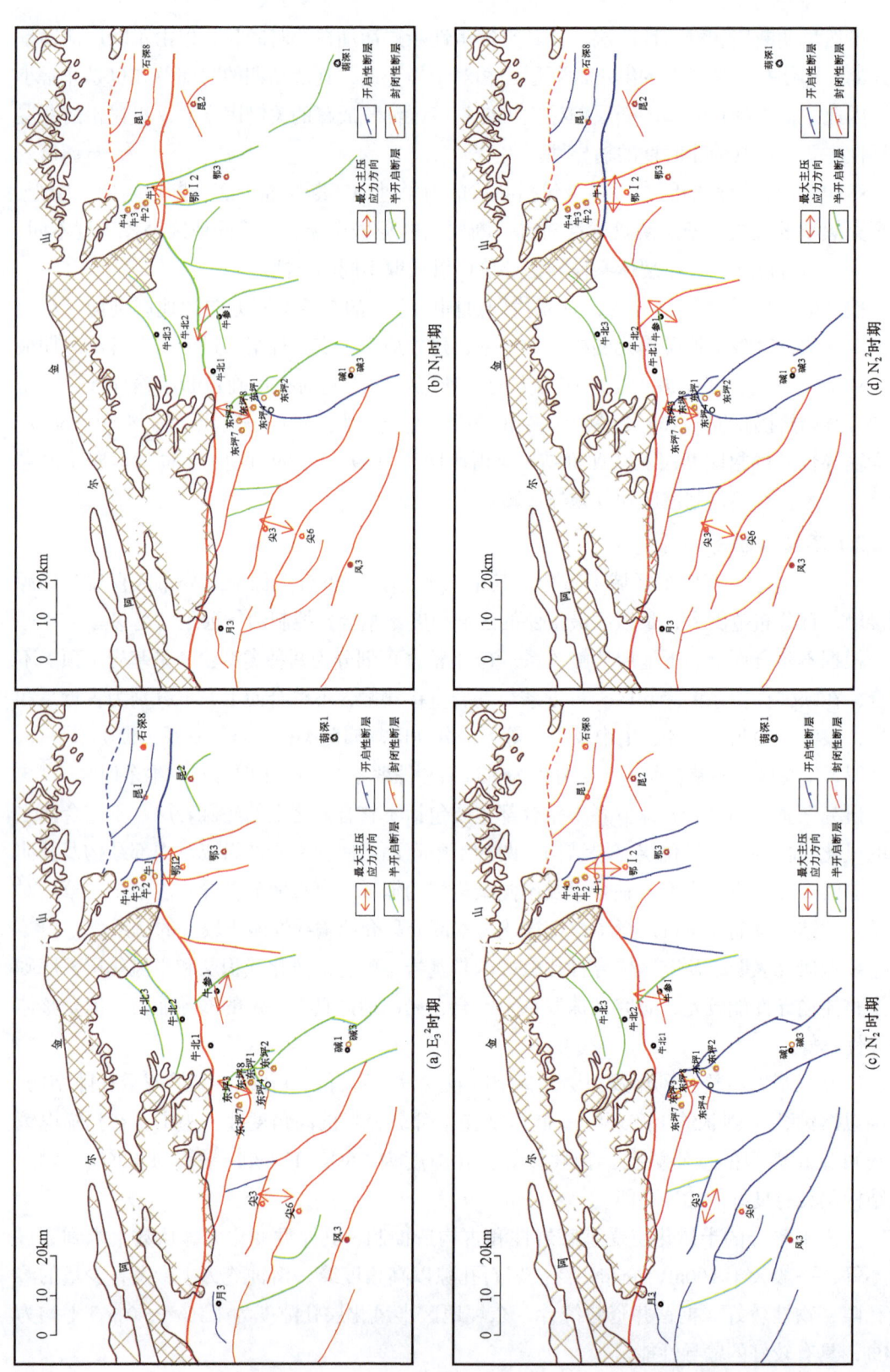

图 5-2-9 阿尔金山前东段主要成藏时期断层输导性评价[24]

4. 主力储盖组合确定

阿尔金山前带发育两大类储层：一是基岩风化壳储层，岩性以花岗岩和片麻岩为主，局部发育变质灰岩和片岩。储集空间以裂缝、溶蚀孔和微孔为主，具有厚度大、非均质性强等特征，是该区重要的储集类型，自下而上分别为基岩、路乐河组（E_{1+2}）、下干柴沟组（下段E_3^1、上段E_3^2）、上干柴沟组（N_1）、下油砂山组（N_2^1），主要分布于东坪鼻隆、尖北斜坡、牛中斜坡等斜坡区和隆起区；二是侏罗系、古近系碎屑岩储层，储集空间以原生粒间孔为主，总体具有层薄、横向变化快的特征，自下而上分别为基岩、下侏罗统（J_1）、路乐河组（E_{1+2}）、下干柴沟组（下段E_3^1、上段E_3^2）、上干柴沟组（N_1），主要分布在牛东鼻隆、东坪3井区。蒸发岩类（膏盐岩）往往作为优质的区域盖层与油气关系密切，岩性以膏质泥岩、含膏泥岩为主，夹少量纯膏盐岩薄层（纯石膏），具有较强的封盖能力，排驱压力大于30MPa。通过对该气藏成藏机理研究发现，膏泥岩盖层的发育程度控制了富集层系的差异分布，有效储盖组合是天然气成藏的关键要素。

1）基岩风化壳储层与膏泥岩盖层组合

研究区主要发育基岩风化壳储层，岩性以花岗岩和片麻岩为主，局部发育变质灰岩和片岩。储集空间具有孔隙加裂缝的双重介质储集空间，裂缝以构造裂缝和溶蚀缝为主，孔隙以溶蚀孔隙为主。花岗岩有效孔隙度变化范围为0.08%~12.3%，平均6.8%，渗透率小于1.1mD；花岗片麻岩有效孔隙度变化范围为0.03%~13.9%，平均7.9%，渗透率小于0.8mD；变质岩有效孔隙度变化范围为0.01%~10.6%，平均4.3%，渗透率小于1.0mD。总体而言，研究区基岩储层具有厚度大、非均质性强等特征，属低孔隙度、低渗透基岩风化壳型储层，是该区重要的储集类型，主要分布于东坪鼻隆、尖北斜坡、牛中斜坡等斜坡区和隆起区。

东坪地区路乐河组底部（基岩顶部）发育一套区域性含膏盐岩优质盖层，对该区基岩气藏具有良好的封盖作用。这套盖层岩性以膏质泥岩、含膏泥岩为主，夹少量纯膏盐岩薄层（纯石膏），具有较强的封盖能力，排驱压力大于30MPa。对该区含气层系的分析表明，膏泥岩盖层的发育程度控制了富集层系的差异分布（图5-2-10）。受古地貌、物源供给、气候等多种因素控制，膏泥岩盖层在空间分布上具有差异性。总体来看，这套盖层在尖北斜坡、东坪鼻隆非常发育，厚度大，但局部变化快，其中尖北地区这套盖层累计厚度超过100m，东坪17井区累计厚度超过90m，东坪1井区累计厚度为30~100m，而东坪3井区位于古地貌凸起区，这套盖层不太发育，累计厚度仅为0~7.9m；其次是牛中地区，盖层累计厚度普遍超过40m；牛东鼻隆这套盖层整体不发育。膏泥岩盖层发育区（厚度>10m），盖层封盖能力较强，富集程度高。油气层一般位于区域盖层之下，含气层系比较单一，以基岩气藏为主，局部路乐河组底部发育少量气层，如东坪1井区、东坪17井区、尖探1井区及牛新1井区，而膏泥岩盖层欠发育区（厚度<10m），盖层的封盖能力较弱，油气富集程度较低。在断层输导等因素联合作用下，油气易于向上运移，往往形成多层

系成藏，如牛东鼻隆（基岩、J_1、E_{1+2}、E_3^1、E_3^2、N_1 等层系含油气）、东坪3井区（基岩、E_{1+2}、E_3^1、E_3^2 等层系含气）。

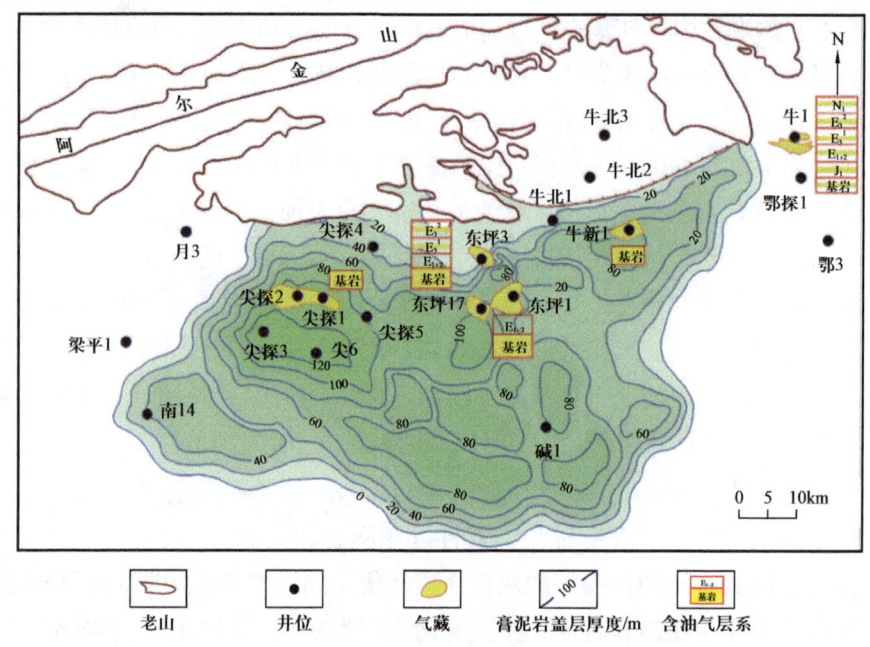

图 5-2-10　阿尔金山前带膏泥岩盖层分布与油气关系图[21]

蒸发岩类（膏盐岩）往往作为优质的区域盖层与油气关系密切，受构造运动和剥蚀作用的影响，基岩储层和上覆盖层在时间上是不连续的，但在空间上直接接触，含膏泥岩和泥岩盖层直接覆盖在基岩层之上，储盖组合配置好，形成大范围的面—面接触，对油气起到良好的遮挡作用。

2）侏罗系—古近系碎屑岩储层与膏泥岩盖层组合

侏罗系—古近系碎屑岩储层以路乐河组为主，其上段地层岩性以棕褐色泥岩为主，下段地层为棕褐色、棕红色泥岩、砂质泥岩和粉砂岩互层，该段地层厚度范围为700～1600m。储层的成岩作用包括压实作用、强溶蚀作用、中—弱胶结作用、强交代作用。主要特征有：压实作用中等—强，岩石颗粒排列趋于紧密或具方向性，颗粒以线接触为主，部分塑性岩屑被挤压呈假杂基状，石英次生加大的出现也说明这一点；胶结作用中—较弱，胶结物含量较低，一般小于5%，主要为亮晶方解石、结晶高岭石和少量的石英加大；较强的溶蚀作用，溶蚀作用主要表现为长石的高岭石化，可见粒内孔、铸模孔、粒间孔溶蚀扩大等，溶蚀作用极大地改善了岩石的物性，对储层起着至关重要的作用，主要分布在牛东鼻隆、东坪3井区[25]。

受沉积环境和干旱气候影响，方解石和膏岩类胶结于基岩顶部储层的孔隙和裂缝中，形成的顶封式局部盖层最厚不超过18m，有效孔隙度主要集中在0.4%～5.9%之间；突破压力差异较大，最大变化达43.1MPa，最小值为0.05MPa。

5. 阿尔金山前遮挡及圈闭成因确定

1）遮挡条件

阿尔金山前地带主力储层为基岩风化壳储层和侏罗系—古近系碎屑岩储层，发育有较多的岩性油气藏和构造油气藏，其遮挡条件包括岩性尖灭遮挡、断层遮挡等。

阿尔金山前的侏罗系—古近系以湖沼相、河流相、冲积扇相和三角洲相为主，岩性以泥岩和砂砾岩为主。地层主要的成岩作用是压实作用，随着岩石埋深加大，泥岩的孔隙度随深度的变化速率相对较大，而砂岩的变化速率相对较小。特别是深度超过900m之后，地层水大量排出，泥岩塑性消失，已相当致密且明显成层；砂岩已趋于点接触，但是胶结物较少，仍较疏松。泥质岩压实程度超过砂质岩，两者排替压力差逐渐增大，泥岩层易形成侧向封堵，有利于形成岩性气藏。在冲积扇和三角洲沉积体系下，沙坝带普遍发育，在斜坡背景下透镜体以及岩性上倾尖灭体等岩性圈闭非常发育。

受区域构造挤压背景控制，研究区内特别是新生界与中生界之间的不整合在阿尔金山前地带全区发育，对该区油气成藏起着十分重要的作用。下侏罗统的湖相泥岩，主要分布于昆特依凹陷、伊北凹陷、赛什腾凹陷和鱼卡断陷，而目前发现的主要油藏主要分布于构造高部位的古近系—新近系，从源到藏侧向上存在较远距离，不整合主要以油气运输通道存在。

2）圈闭成因

油气圈闭的成因与构造运动密切相关，通过构造运动的解析及典型油藏的解剖，明晰腹部浅层圈闭受到构造、地层、岩性等多种因素的影响。燕山运动晚期，受坪东等断裂的控制，在断层上盘形成了坪东等古凸起区，这些古凸起区后期继承性发育，为形成各类有利圈闭提供了基础，也是油气长期运移的优势指向区[26]。同时，这些古凸起区抬升相对较高，侏罗系遭受强烈剥蚀，甚至剥蚀殆尽，为基岩形成优质储层奠定了基础。基岩储层经历了长期的风化改造作用，发育溶孔—裂缝储集空间，具有较好的储集性能。喜马拉雅运动中期，阿尔金山前发育一系列向盆内突出的弧形山体，由此形成向盆内倾伏的大型鼻隆，如东坪鼻隆位于阿拉巴斯套弧的前缘，牛东鼻隆位于临海套弧的前缘。受燕山期断裂与弧形山体的共同控制，阿尔金山前带呈现隆坳相间的构造格局，形成东坪、牛东两个大型鼻隆（图5-2-11）。鼻隆主要分布在断裂的上盘，呈北北西向展布，平面上延伸相对较远，直接延伸至侏罗系生烃凹陷中。在古构造背景下，鼻隆上各类圈闭非常发育，成藏条件优越。

6. 控藏要素及成藏模式确定

受断层、不整合输导体系及膏泥岩盖层联合控制，阿尔金山前带东段发育3种成藏模式，分布于4个有利区带（牛东鼻隆、东坪鼻隆、尖北斜坡和牛中斜坡）。

1）断层垂向输导源上立体成藏模式

断层垂向输导源上立体成藏模式是以断层垂向输导为主、膏泥岩盖层不发育、局部盖层控制多层系成藏。该模式主要分布于牛东鼻隆，以牛东气田为代表。油气藏整体位于源内或源上,输导方式以断层垂向短距离输导为主;受断层输导性控制,成藏期相对较早,天然气成熟度低,干气、湿气并存;油气层具有单层薄、层数多、纵向分布广的特征;油气藏类型以构造—岩性、岩性—构造为主(图5-2-12)。

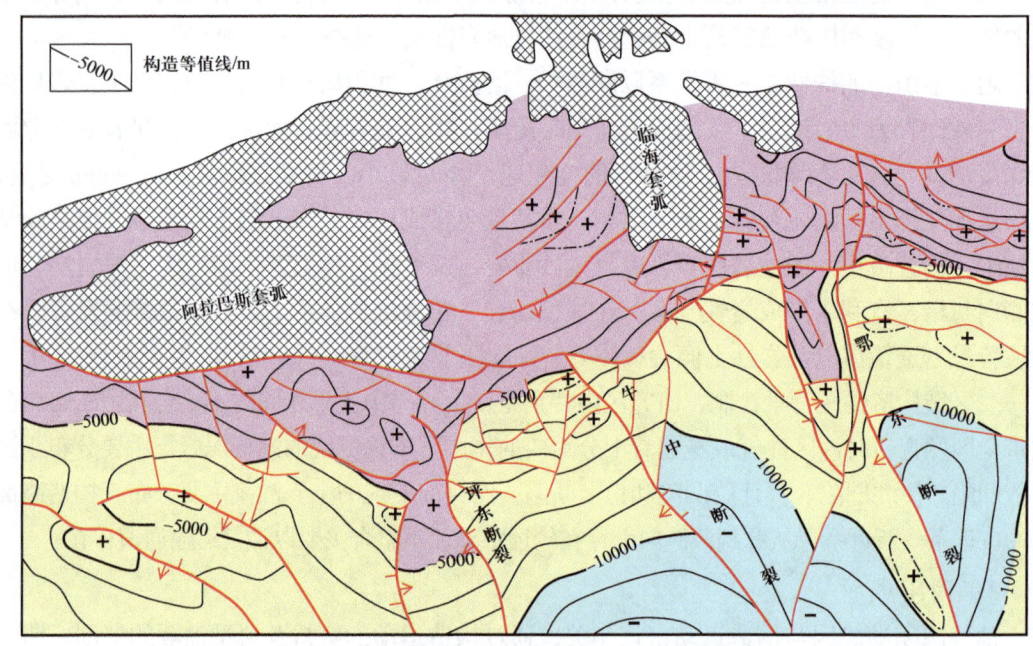

图5-2-11 阿尔金山前带基岩顶面构造图[21]

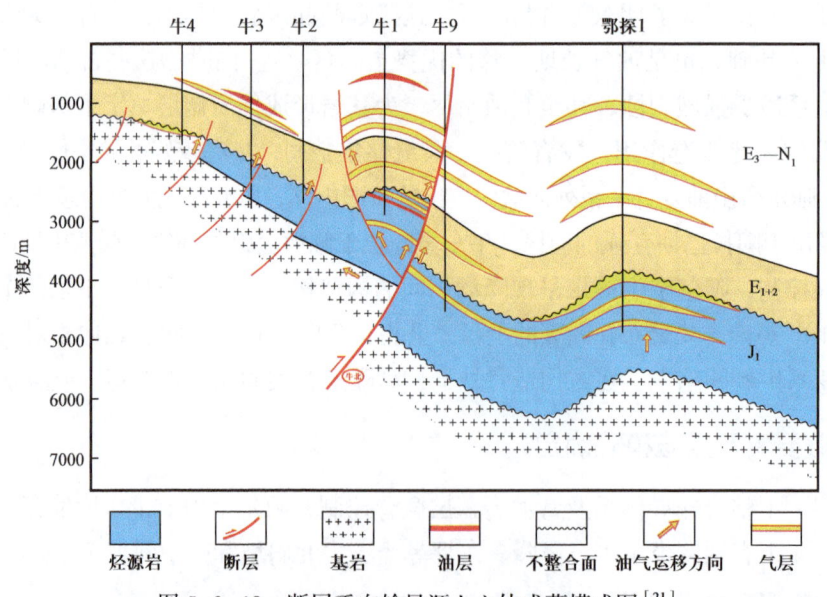

图5-2-12 断层垂向输导源上立体成藏模式图[21]

这种成藏模式决定了牛东地区目的层系多,适合深浅层立体勘探,与油源断层沟通的砂体易于形成构造—岩性油气藏,是下一步精细勘探的有利目标。

2）远源输导阶状复式成藏模式

远源输导阶状复式成藏模式分布于东坪鼻隆，以东坪气田为代表，包括东坪1、东坪17和东坪3等井区气藏。其最显著的特征是整体上具有持续充注、多期成藏的特征。气藏整体位于源外，输导方式为断层垂向输导和不整合横向输导，具有不整合横向输导占主导、远距离运移的特征，由于断层输导持续时间长、基岩不整合输导性好，不整合面构造脊优势路径长期发育，造就该区持续充注、多期成藏；受优质盖层封盖作用控制，膏泥岩盖层发育区（东坪1、东坪17井区），以发育基岩气藏为主，膏泥岩盖层欠发育区（东坪3井区）基岩及古近系多层系富集油气；以厚层块状基岩风化壳构造气藏为主，气藏规模大、丰度高，古近系气藏以低幅度层状岩性—构造、构造—岩性气藏为主，气藏规模较小（图5-2-13）。天然气主要来源于坪东凹陷，局部可能存在混源气。

该区勘探程度较高，构造圈闭均已钻探并获得突破，以基岩为主要目的层，在优势运移路径上的岩性—地层圈闭是下一步有利勘探目标。

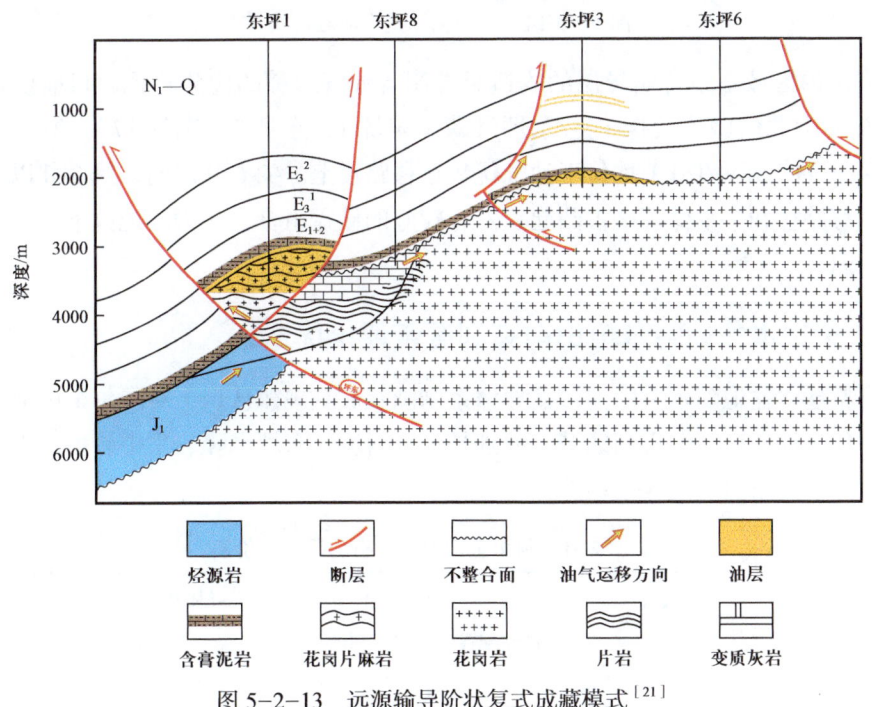

图5-2-13　远源输导阶状复式成藏模式[21]

3）远源输导盐下成藏模式

远源输导盐下成藏模式主要分布于尖北斜坡和牛中斜坡，以尖北基岩气田为代表（图5-2-14）。最显著特征是优质区域盖层非常发育，含气层系单一（基岩气藏）、气藏类型比较简单，以厚层块状基岩风化壳地层—构造气藏为主。气藏整体位于源外，输导方式为断层垂向输导和不整合横向输导；受断层输导性控制，成藏期较短，为中新世早中期（N_2^1）一期成藏。

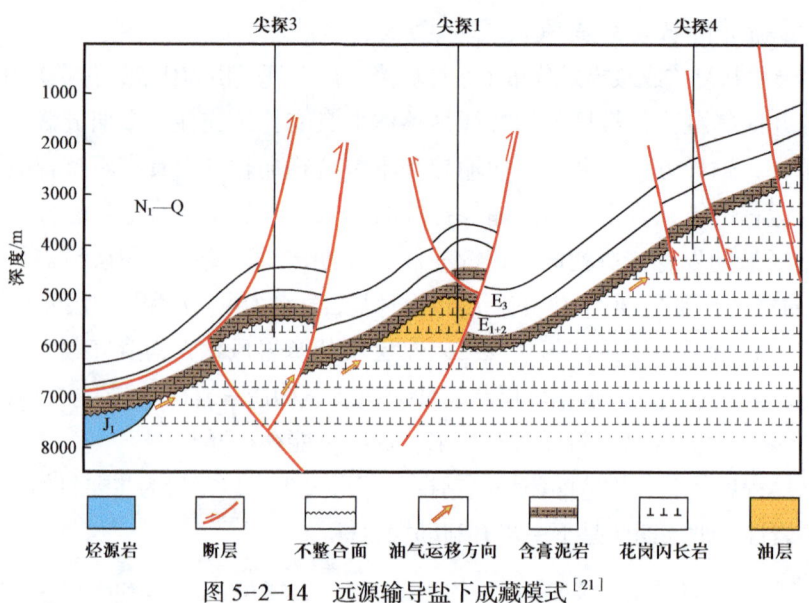

图 5-2-14　远源输导盐下成藏模式[21]

研究区内区域不整合输导层的构造脊控制着油气运移的优势路径，目前该区已发现的油气藏如尖北气藏（尖探1）、东坪气藏（东坪1、东坪3、东坪17）、牛中气藏（牛新1）、牛东油气藏（牛1）均位于油气优势运移路径上。尖6井以南、风3井以东存在一条优势运移路径和一个低幅度古凸起，发育较好的储盖组合，是尖北地区下一步精细勘探的有利方向。

三、柴达木盆地阿尔金山前有利区带评价优选

综合柴达木盆地阿尔金山前带输导体系刻画及成藏规律认识，对阿尔金山前东段进行了区带评价，评价出5个有利区带，分别是尖北斜坡、东坪鼻隆、牛中斜坡、牛东鼻隆和冷北斜坡（表5-2-1、图5-2-15）。

表 5-2-1　阿尔金山前东段有利区带评价表

序号	区带名称	面积/km²	主要目的层	源储配置	生烃灶	输导体系		盖层类型	评价级别
						主要油源断层	不整合输导性		
1	尖北斜坡	1000	基岩	远源	坪西	潜北、尖北	好	膏泥岩	I类
2	东坪鼻隆	700	基岩	远源	坪东	坪东、坪西	好	膏泥岩	I类
3	牛中斜坡	600	基岩	远源、近源	坪东	牛中1号	好	膏泥岩	II类
4	牛东鼻隆	500	J_1、E_{1+2}、E_3、N_1	源上、近源	昆特依	鄂东、鄂西	差	泥岩	I类
5	冷北斜坡	450	基岩、J_1	近源、源内	昆特依	牛北、昆2	差	泥岩	I类

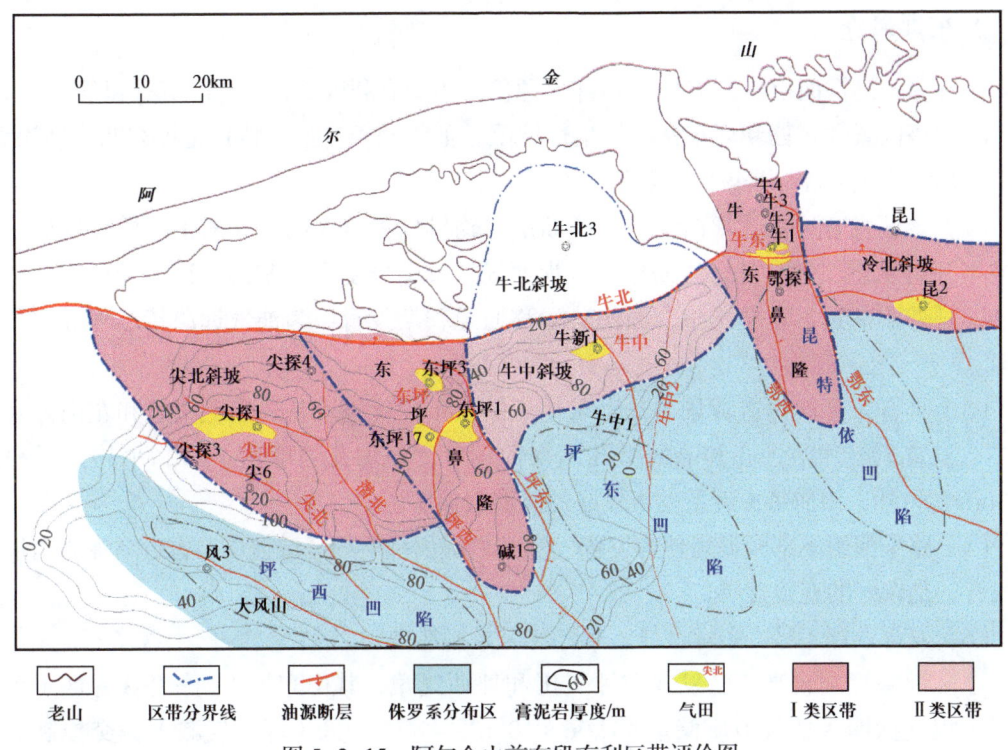

图 5-2-15　阿尔金山前东段有利区带评价图

1. 尖北斜坡

尖北斜坡位于研究区的西部，勘探面积约为1000km²，综合评价为Ⅰ类有利区带，具有以下有利条件：

（1）该区紧邻坪西侏罗系生烃凹陷，具备形成侏罗系煤型气藏的烃源岩条件。

（2）输导条件有利。该区发育潜北、尖北两条油源断层，输导性评价表明，这两条断层在N_2^1沉积时期处于开启状态，为油气垂向输导创造了条件；在N_2^1沉积时期，基岩不整合面发育古鼻隆，控制形成尖北、尖顶山两条优势运移通道，有利于南侧坪西凹陷的油气向山前运聚成藏。虽然侏罗系烃源岩总体位于基岩不整合面之上，但断层改变了这种源储配置关系，使断层下盘烃源岩与断层上盘基岩不整合输导层侧接，为油气通过不整合输导层控制的优势通道长距离运移奠定了基础。

（3）具有良好的储层条件。基岩风化壳储层较为发育，以花岗闪长岩为主，储集空间类型包含裂缝、基质孔（溶蚀孔），具双重孔隙介质，储层物性较好。

（4）路乐河组下部膏泥岩非常发育，具有优越的封盖条件。

（5）发育尖北1号、尖北2号、尖顶山等构造圈闭。

尖北地区已经发现尖北基岩气田，提交探明地质储量$211.37×10^8m^3$。大型构造圈闭均已钻探，沿着两条优势运移路径寻找小幅度构造圈闭和识别各类地层岩性圈闭是下步有利勘探方向。

2. 东坪鼻隆

东坪鼻隆勘探面积约为 700km², 综合评价为 I 类有利区带, 具有以下有利条件:

(1) 该区紧邻坪西和坪东侏罗系生烃凹陷, 油气来源充足, 特别是坪东凹陷埋深大、烃源岩热演化程度高, 是该区主要的气源岩。

(2) 该区发育坪东、坪西两条油源断层, 输导性评价表明, 这两条断层长期处于开启或半开启状态, 具有良好的输导性, 为油气持续输导奠定了基础; 该区发育继承性古鼻隆, 延伸距离远, 基岩不整合面优势运移通道长期发育, 为油气远源持续输导提供了保障。

(3) 具有古隆起构造背景, 基岩风化壳储层条件优越。基岩以花岗岩和花岗片麻岩为主, 发育裂缝、溶蚀孔和晶间微孔, 物性较好, 平均孔隙度达 4.5%, 平均渗透率为 2.63mD。另外, 山前带古近系发育较好的碎屑岩储层。

(4) 路乐河组下部膏泥岩较为发育, 为基岩提供优质的区域盖层, 古近系泥岩盖层较为发育, 是较好的直接盖层。

(5) 发育东坪 1 号、东坪 2 号、东坪 3 号等构造圈闭。

该区勘探程度较高, 已发现东坪气田和坪西气藏, 其中东坪 1、东坪 3 井区 (东坪气田) 提交探明天然气地质储量 $564.96 \times 10^8 m^3$, 坪 17 井区 (坪西气藏) 提交控制储量 $217.93 \times 10^8 m^3$。目前构造圈闭均已钻探并获突破, 进入气藏评价和开发阶段。

3. 牛中斜坡

牛中斜坡位于阿尔金山前东段的中部, 勘探面积约为 600km², 综合评价为 II 类有利区带, 成藏条件较为有利:

(1) 该区南侧紧邻坪东侏罗系生烃凹陷, 具有良好的烃源条件。

(2) 该区发育牛中 1 号、牛中 2 号两条油源断层, 输导性评价表明, 这两条断层大部分时间处于半开启状态, 具有较好的输导性, 为油气垂向输导奠定了基础。同时断层的存在改善了源储空间配置关系, 使断层下盘烃源岩与上盘基岩不整合半风化层侧接, 为基岩不整合和油气源提供了关键的输导通道; 该区具有古鼻隆和古斜坡构造背景, 基岩不整合面优势运移通道继承发育, 为油气远源输导提供了保障。

(3) 基岩风化壳储层条件较好。

(4) 路乐河组下部膏泥岩较为发育, 为基岩储层提供较好的封盖条件。

(5) 发育牛中 1 号、牛中 2 号、牛中 3 号等多个断块构造。

该区基岩埋深较大, 钻探工程难度大, 目前勘探程度较低, 仅发现牛中气藏 (牛新 1 井)。今后依靠钻井工程技术的进步, 该区仍有较大勘探潜力。

4. 牛东鼻隆

牛东鼻隆位于阿尔金山前东段的东部, 勘探面积约为 500km², 综合评价为 I 类有利区带，具备以下有利成藏条件：

（1）该区发育昆特依侏罗系生烃凹陷，具有良好的烃源条件。

（2）该区发育鄂东、鄂西、牛北等多条油源断层，输导性评价表明，这些断层在E_3^1、N_1、N_2^1、N_2^3—Q沉积时期具有较好的输导性，为油气垂向输导奠定了基础。

（3）纵向上发育多套储盖组合。该区侏罗系主要处于三角洲—滨浅湖沉积相带，砂体比较发育；古近系—新近系主要发育辫状河三角洲前缘沉积，各类河道砂体发育，储层条件整体较好。

（4）该区中浅层发育牛东1号、牛东2号、牛东3号等众多构造圈闭和地层岩性圈闭。

该区目前已发现牛东气田，牛1井区提交探明+控制天然气地质储量$96×10^8m^3$，牛9井区提交天然气控制储量$33.54×10^8m^3$。该区发育断层垂向输导源上立体成藏模式，这种成藏模式决定了该区目的层系多，适合深浅层立体勘探，与油源断层沟通的砂体易于形成构造—岩性油气藏，是下步精细勘探的有利目标。

5. 冷北斜坡

冷北斜坡位于阿尔金山前东段的东端，勘探面积约为$400km^2$，综合评价为Ⅱ类有利区带，成藏条件比较有利：

（1）该区紧邻侏罗系生烃灶，南部位于侏罗系生烃范围之内，具有较好的烃源条件。

（2）该区发育牛北断层、昆2井区断层等油源断层，具有较好的输导性，为油气垂向输导奠定了基础。同样，位于生烃灶内的断层改善了源储配置关系，使断层下盘的烃源岩与上盘基岩风化壳直接侧接，为基岩成藏提供了条件。

（3）基岩风化壳储层条件较好。

（4）侏罗系泥岩盖层厚度大、分布广，为基岩储层提供较好的封盖条件。

（5）发育昆2井构造等基岩圈闭。

该区基岩埋深较大，但昆2井加深钻探6000m以下基岩获得工业气流，提交天然气控制储量$410.22×10^8m^3$，揭示深层—超深层基岩储层仍然具有一定的勘探潜力。

参 考 文 献

[1] 陈栩, 卞保力, 李啸, 等. 准噶尔盆地腹部中浅层油气输导体系及其控藏作用[J]. 岩性油气藏, 2021, 33（1）：46-56.

[2] 李博偲, 李美俊, 唐友军, 等. 烃源岩生物标志化合物分布特征及其地质意义——以准噶尔盆地腹部地区中二叠统下乌尔禾组为例[J]. 东北石油大学学报, 2022, 46（5）：68-82, 105, 9.

[3] 唐勇, 王智强, 庞燕青, 等. 准噶尔盆地西部坳陷二叠系下乌尔禾组烃源岩生烃潜力评价[J]. 岩性油气藏, 2023, 35（4）：16-28.

[4] 李二庭, 靳军, 王剑, 等. 准噶尔盆地沙湾凹陷周缘中、浅层天然气地球化学特征及成因[J]. 石油与天然气地质, 2022, 43（1）：175-185.

[5] 王小军, 宋永, 郑孟林, 等. 准噶尔盆地复合含油气系统与复式聚集成藏[J]. 中国石油勘探,

2021, 26(4): 29-43.

[6] 支东明, 唐勇, 郑孟林, 等. 准噶尔盆地玛湖凹陷风城组页岩油藏地质特征与成藏控制因素[J]. 中国石油勘探, 2019, 24(5): 650-658.

[7] 何琰, 牟中海, 唐勇. 准噶尔盆地陆西地区油气成藏条件与模式研究[J]. 西南石油大学学报(自然科学版), 2007, 29(4): 34-38.

[8] 潘建国, 黄林军, 王国栋, 等. 源外远源油气藏的内涵和特征——以准噶尔盆地盆1井西富烃凹陷为例[J]. 天然气地球科学, 2019, 30(3): 312-321.

[9] 唐勇, 宋永, 郭旭光, 等. 准噶尔盆地玛湖凹陷源上致密砾岩油富集的主控因素[J]. 石油学报, 2022, 43(2): 192-206.

[10] 周勇水, 邱楠生, 宋鑫颖, 等. 准噶尔盆地腹部超压地层烃源岩热演化史研究[J]. 地质科学, 2014, 49(3): 812-822.

[11] 高帅, 马世忠, 庞雄奇, 等. 准噶尔盆地腹部侏罗系油气成藏主控因素定量分析及有利区预测[J]. 吉林大学学报(地球科学版), 2016, 46(1): 36-45.

[12] 李杰. 准噶尔盆地中部莫西庄—永进地区侏罗系储层孔隙结构与渗流特征研究[D]. 西安: 西北大学, 2021.

[13] 朱传真. 准噶尔盆地远源岩性油气藏成藏机制与模式[D]. 青岛: 山东科技大学, 2017.

[14] 费李莹, 王仕莉, 苏昶, 等. 准噶尔盆地盆1井西凹陷东斜坡侏罗系三工河组油气成藏特征及控制因素[J]. 天然气地球科学, 2022, 33(5): 708-719.

[15] 李国欣, 石亚军, 张永庶, 等. 柴达木盆地油气勘探、地质认识新进展及重要启示[J]. 岩性油气藏, 2022, 34(6): 1-18.

[16] 曹正林, 魏志福. 柴达木盆地东坪地区油气源对比分析[J]. 岩性油气藏, 2015, 25(3): 17-21.

[17] 孙秀建, 马峰, 白亚东, 等. 柴达木盆地阿尔金山山前带基岩气藏差异富集因素[J]. 新疆石油地质, 2020, (4): 394-401.

[18] 马达德, 袁莉, 陈琰, 等. 柴达木盆地北缘天然气地质条件、资源潜力及勘探方向[J]. 天然气地球科学, 2018, 29(10): 1486-1496.

[19] 孙秀建, 阎存凤, 张永庶, 等. 柴达木盆地阿尔金山前基岩气藏成藏条件分析[J]. 特种油气藏, 2015, 22(1): 75-78.

[20] 周飞, 张永庶, 王彩霞, 等. 柴达木盆地东坪—牛东地区天然气地球化学特征及来源探讨[J]. 天然气地球科学, 2016, 27(7): 1312-1323.

[21] 田光荣, 王建功, 孙秀建, 等. 柴达木盆地阿尔金山前带侏罗系含油气系统成藏差异性及其主控因素[J]. 岩性油气藏, 2021, 33(1): 131-144.

[22] 付锁堂, 马达德, 陈琰, 等. 柴达木盆地阿尔金山前东段天然气勘探[J]. 中国石油勘探, 2015, 20(6): 1-13.

[23] 丁超, 郭顺, 郭兰, 等. 鄂尔多斯盆地南部延长组长8油藏油气充注期次[J]. 岩性油气藏, 2019, 31(4): 21-31.

[24] 田光荣, 白亚东, 裴明利, 等. 柴达木盆地阿尔金山前东段输导体系及其控藏作用[J]. 天然气地球科学, 2020, 31(3): 348-357.

[25] 唐子杰. 柴达木盆地东坪—牛东地区粗碎屑岩储层特征研究[J]. 石化技术, 2019, 26(7): 118-119.

[26] 王云波, 谭伟, 吕继, 等. 阿尔金山前带燕山期断裂与油气成藏的关系[J]. 石油地球物理勘探, 2018, 53(z1): 287-292.